高等职业教育"十二五"规划教材

全国高职高专通信类专业规划教材

现代通信电源

陈永彬　闫海煜　主编

科学出版社

北　京

内 容 简 介

　　本书从实际应用角度出发，紧紧围绕提高通信供电可靠性和稳定性的要求，以通信电源系统的组成为框架，比较全面、系统地介绍了通信电源系统涉及的基本概念、相关技术与原理以及操作、管理、维护方法与规程。

　　全书共 9 章，主要内容包括通信电源系统概述、通信配电、整流与变换设备、蓄电池与油机、UPS、接地与防雷、通信电源集中监控系统，以及新型电源和新电源技术。书中每章都配有内容简介、重点、难点、小结和习题，从而便于教学和读者自学。

　　本书内容新颖、丰富、实用性强，可作为高职高专院校通信、电子信息类专业或其他相关专业的教材或教学参考书，也可作为通信工程技术人员的参考用书。

图书在版编目（CIP）数据

现代通信电源/陈永彬，闫海煜主编. —北京：科学出版社，2011
　（高等职业教育"十二五"规划教材·全国高职高专通信类专业规划教材）
ISBN 978-7-03-031658-5

Ⅰ. ①现⋯　Ⅱ. ①陈⋯　②闫⋯　Ⅲ. ①通信设备-电源-高等职业教育-教材　Ⅳ. ①TN86

中国版本图书馆 CIP 数据核字（2011）第 117441 号

责任编辑：孙露露　隽青龙 / 责任校对：柏连海
责任印制：吕春珉 / 封面设计：东方人华平面设计部

科 学 出 版 社 出版
北京东黄城根北街 16 号
邮政编码：100717
http://www.sciencep.com

新科印刷有限公司 印刷
科学出版社发行　各地新华书店经销

*

2011 年 8 月第 一 版　开本：787×1092　1/16
2018 年 7 月第五次印刷　印张：18 1/2
字数：415 000
定价：43.00 元
（如有印装质量问题，我社负责调换〈新科〉）
销售部电话：010-62142126　编辑电话：010-62135763-8212

全国高职高专通信类专业规划教材
编写指导委员会

序　言

通信产业是国民经济的基础产业，是推动未来信息社会发展的先导性和战略性产业，也是目前中国乃至世界发展最快的产业之一。通信技术的发展，对加速全球信息化的进程，推动国民经济发展和社会进步发挥着巨大的作用。

当前，通信产业面临着难得的发展机遇和全新的挑战，以 NGN、3G、LTE 等技术为代表的新兴通信技术的发展与应用，极大地促进了通信产业的发展，宽带化、智能化、个性化、媒体化、多功能化等是通信技术发展的新趋势。尤其是电信重组吹响了 3G 移动通信产业的号角，各大运营商对 3G 网络的大力兴建，促使通信类人才需求量急剧增加，特别是对于工程建设、设备生产、测试、网络运行与维护、网络优化等应用型人才需求的缺口进一步扩大。同时，随着 3G 应用的广泛拓展，其增值业务的开发和销售岗位所需人才也将持续增加，并将在今后一段时期内维持较高的水平。在通信行业对高素质技能型专业人才需求大幅度增长的同时，与产业增长相适应的人才储备却明显不足。综上所述，面对通信技术的快速发展，可以预见通信产业又将迎来高速发展期，同时也将进一步加剧通信专业人才的供应缺口以及通信行业人才的结构调整。

高等职业教育强调"以服务为宗旨，以就业为导向，走产学结合发展道路"。服务社会、促进就业和提高社会对毕业生的满意度，是衡量高等职业教育是否成功的重要标准。坚持"以服务为宗旨，以就业为导向，走产学结合发展道路"体现了高等职业教育的本质，是高等职业教育主动适应社会发展和可持续发展的必然选择。

2009 年 3 月，我们组织了全国 25 所设有通信类专业的高职高专院校，在北京召开了研讨会。与会人员在如何进行通信类专业的教学改革和课程改革以及教材建设等方面交换了意见，并决定以国家社会科学基金"十一五"规划（教育科学）"以就业为导向的职业教育教学理论与实践研究"课题（BJA060049）的子课题"以就业为导向的高等职业教育通信类专业教学整体解决方案的研究"为平台，组织全国相关院校，对通信类专业的教学整体解决方案设计和教材建设进行系统研究。

随着课题研究工作的全面展开，2009 年 6 月，课题组在苏州工业园区职业技术学院召开了会议。会议强调要做好专业市场调研及社会需求分析，结合各个学院相关专业教学的实践，在深刻理解通信类专业——制造类、工程类、运行维护类和业务类四个专业方向的人才培养目标、就业岗位群体和人才培养规格的基础上，构建了各个专业方向的课程体系，并认真剖析了每门课程的性质、任务、课程类型、培养目标、知识能力结构、工作项目构成、学习情境等，制订了每门课程的课程标准，确定了以就业为导向的课程教材编写大纲，并决定开发立体化教材。全国有 25 所高等职业院校的 60 多位通信类专业教师、企业人员和行业代表参与了课题研究。

课题组成员以课题研究的成果为基础，对通信类专业系列教材的特色、定位、编写思路、课程标准和编写大纲进行了充分讨论与反复修改，确定首批启动 20 种教材的编写，并计划于 2010 年年底完成。有关图书主编、副主编和参编者由全国具有该门课程丰富教学经验的专家、一线教师和部分企业人员担任。

本套教材是该课题成果的重要组成部分。教材的开发和编写汇聚了国内相关高职高专院校通信类专业优秀教师的教学经验和成果，并按照高等职业教育教学改革的精神，以职业能力培养为核心，通过校际交流、校企互动等途径进行了优质教学资源的最大整合和教材内容的重构，集中体现了专业教学过程与相关职业岗位工作过程的一致性。

本套教材的特点是，在强调内容实用性、典型性的同时，针对通信行业的技术特点和发展趋势，尽可能地把一些相关联的新技术、新工艺、新设备等介绍给读者，最大程度体现通信类专业"以就业为导向，能力为本位"的课程体系和教学内容改革成果，专业平台课程突出专业技能所需要的知识结构，并与实训项目相配合，专业核心课程则从通信项目实践中提炼出主要学习任务，以任务为导向，在完成任务的过程中学习和掌握相关的知识和技能，使原来抽象难懂的知识具体化、目的化，旨在培养实际应用能力。整套教材的编写内容衔接有序、图文并茂，内容安排上能满足高职高专院校通信类专业教学和职业岗位培训需求。

希望这些工作能够对通信类专业的课程改革有所帮助，更希望有更多的同仁对我们的工作提出意见和建议，为推动和实现通信类专业教学改革与发展做出应有的贡献。

全国高职高专通信类专业规划教材
编写指导委员会

前　言

通信电源是电信网络运行的心脏，通信供电直接影响着通信质量和通信可靠性。随着经济的发展和科技的进步，我国通信事业取得了飞速发展，网络规模变得庞大，设备种类繁多，通信设备对电源的要求越来越高。性能良好的通信供电设备和丰富有效的管理维护经验已成为电信运营商确保通信质量，争夺用户市场，赢得竞争优势的必要条件之一。

随着电子技术的发展，推动了新型电子元器件的产生，在通信电源方面涌现出了高频开关整流器和交流不间断电源等新型设备。为了确保供电可靠，在备用电源方面，阀控式密封铅酸蓄电池得到了广泛应用，新能源电池引起了业界广泛关注。同时，自动化无人值守油机发电机组得到了推广。为了确保供电可靠，提升电源管理维护水平，采用通信电源集中监控系统，从而使得通信局（站）及偏远区域的电源维护工作上了一个新台阶，极大地提高了维护人员的工作效率。因此，在当今信息时代，要确保通信网的安全、高效运行，赢得竞争优势，业界需要一大批电源设备工程师。

通信电源领域涉及知识面广、内容新，对从业人员提出了更高的要求。因此，熟悉通信电源系统的组成，了解通信设备供电的要求，明确现代通信电源系统中常用设备的基本原理和使用性能，掌握通信电源系统的设计、施工和管理维护方法，是电子、通信类专业学生学习的重要任务之一。掌握好通信电源知识和维护技能是现代社会对信息人才的基本要求。

本书共 9 章，第 1 章介绍了通信电源系统的组成、供电要求及安全用电知识；第 2 章介绍了交、直流供电系统的组成，典型设备及其维护方法，通信配电以及通信网电源工程设计；第 3 章介绍了整流与变换设备，重点阐述了高频开关整流器技术；第 4 章介绍了蓄电池的结构、工作原理、充放电特性以及蓄电池的使用与维护；第 5 章介绍了交流不间断电源设备；第 6 章介绍了油机发电机组；第 7 章介绍了通信接地与防雷；第 8 章介绍了通信电源集中监控系统；第 9 章介绍了新型电源和新电源技术。

作者在编写中注重选材、概念清楚、思路明晰，力求使本书内容丰富新颖、图文并茂、通俗易懂，具有系统性、先进性和实用性。

本书是作者在总结 20 余年从事通信维护实践和科研工作的基础上，结合多年教学、教改经验，并大量参阅了国内外相关文献，在原有讲稿的基础上编写而成。它既有国内外专家知识的浓缩，也包含作者多年专业知识的积累，希望能给读者带来一些启迪和帮助。为了便于教学和学习，在书中各章增设了内容提要、重点、难点和小结，有利于学生提纲挈领地学习和巩固所学知识。

  本书的第 1 章、第 8 章由陈永彬编写；第 2 章、第 3 章由龚国友编写；第 6 章由荀月凤编写；第 4 章、第 7 章、第 9 章由闫海煜编写；第 5 章由汪娟编写。全书由陈永彬、闫海煜担任主编并审改，严三国高级工程师校核。

  由于编者学识水平有限，书中难免有不妥之处，敬请读者批评指正。

目　　录

第1章

通信电源概述

❖ **本章内容简介**

本章从通信电源系统的组成出发，阐述了通信电源在通信系统中的地位，以及通信电源系统各部分的作用。主要内容有：通信电源系统的组成及各部分的主要作用，通信电源系统的发展趋势，电信系统对通信电源的供电要求以及安全用电知识，同时简要介绍了现代通信设备对电源的要求。

❖ **本章重点**

本章重点是通信电源系统的组成，通信电源系统各组成部分的主要作用。

❖ **本章难点**

本章难点是理解通信电源系统各功能模块的作用。

1.1

通信电源系统的组成

通信电源是向通信设备提供所需直流电或交流电的设备。我们知道，设计和评价一个通信系统，最重要的指标是它的有效性和可靠性。如果通信电源供电质量不佳，将会使通信质量下降甚至导致通信设备无法正常工作；如果通信电源供电中断，将会导致通信设备瘫痪。因此，通信电源是通信设备的"心脏"，它是保证通信系统有效性和可靠性的前提和基础。

1 通信电源设备和设施

通信电源设备和设施主要包括：交流市电引入线路、高低压局内变电站设备、油机发电机组、整流设备、蓄电池组、直流变换器（DC/DC）、交/直流配电设备、UPS 以及监控系统等。另外，在很多通信设备上还配有板上电源（power on board），即 DC/DC 变换。

2 通信配电

通信配电就是把上述的电源设备，组合成一个完整的供电系统，合理地进行控制、分配、输送，满足通信设备的需求。一个完整的通信配电系统，其组成如图 1.1 所示。

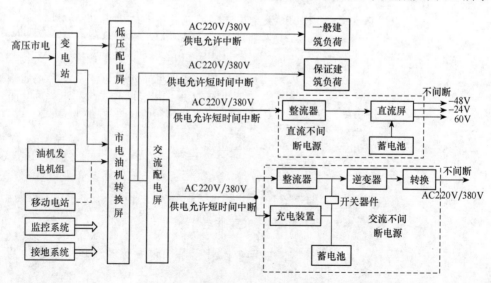

图 1.1 通信配电系统组成框图

相关知识

一般建筑负荷是指一般空调、一般照明以及其他备用发电机组不保证的负荷；保证建筑负荷是指通信用空调设备、保证照明、消防电梯和消防水泵等。

由于市电比油机发电、蓄电池等其他形式电能更可靠、经济、环保，所以市电是通信设备用电的主要能源。为了提高市电的可靠性，大型通信局（站）的电源一般采用高压电网供电。在大型交换中心或重要通信枢纽（局），为了进一步提高供电可靠性，在可能的情况下，可引入两路高压市电，并且由专线引入。一路主用，一路备用。

高压线路电能先经高压配电所（high-voltage distribution substation，HDS）集中，再由高压配电线路将电能分送到各变电所（shop transformer substation，STS），变电所将高压电变为低压电送给低压配电屏（含有计量、市电/油机发电转换、电容补偿、防雷、分配等功能），然后再由低压配电屏将电能分送给交流配电屏。也就是说通过这些变、配电设备，将高压市电（一般为 10kV）转为低压市电（三相 380V），然后给交、直流不间断电源设备、机房空调及建筑负荷提供交流电能。

通常，大中型电信局采用 10kV 高压市电，经电力变压器降为 380V/220V 低压电后，再供给整流器、不间断电源设备（UPS）、通信设备、空调设备和建筑用电设备等。小型电信局（站）则一般采用低压市电电源。

注意

在距离 10～35kv 导电部位 1m 以内工作时，应切断电源，并将变压器高、低压两侧断开，凡有电容的元件应先放电。

3 通信电源系统的组成

通信电源系统是对通信局（站）内各种通信设备及建筑负荷等提供用电的设备和系统的总称。该系统由交流供电系统、直流供电系统和接地系统组成。

一个完整的通信电源系统一般由交流配电单元、整流模块、直流配电单元、蓄电池组、监控模块和防雷接地系统 6 部分组成，如图 1.2 所示。

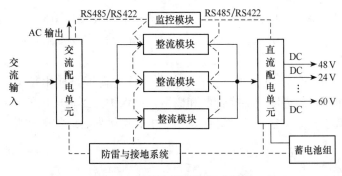

图 1.2　通信电源系统组成框图

1.1.1 交流供电系统

通信电源的交流供电系统由高压室、高压开关柜、降压电力变压器、低压交流配电屏、低压电容器屏、油机发电机组、UPS 和交流调压稳压设备及连接馈线等组成。

> **注意**
>
> 高压室禁止无关人员进入，在危险处应设防护栏，并设置明显的告警牌，如"高压危险，不得靠近"等字样。

交流供电系统可以有 3 种交流电源：变电站供给的市电、油机发电机供给的自备交流电、UPS 供给的后备交流电。

（1）高压开关柜

高压开关柜的主要功能，除了引入高压（一般 10kV）市电外，还能保护本局的设备和配线；防止本局的设备故障影响到外线设备；另外，它还有操作控制、监测电压和电流的功能。

高压开关柜内安装有高压隔离开关、高压真空断路器（或油断路器）、高压熔断器、高压仪用互感器和避雷器等元器件。

> **提示**
>
> 高压开关柜中的高压熔断器用于对输电线路和变压器进行过流保护。在配备通信电源器材时，熔断器应有备用，不应使用额定电流不明或不合规定的熔断器。熔断器的温度应低于 80℃。

（2）降压电力变压器

降压电力变压器是把 10kV 高压电源变换到 380/220V 低压的电源设备。电力变压器一般采用油浸式变压器，也有的采用有载调压变压器。近年来，由于干式电力变压器便于在机房大楼内安装，因此，也逐渐得到应用。

（3）低压交流配电屏

低压交流配电屏的作用是输入市电，为各路交流负载分配电能。当市电中断或交流电压异常时（如：过压、欠压、缺相等），低压配电屏能自动发出相应的告警信号。

（4）低压配电设备

低压配电设备将降压电力变压器输出的低电压电源或直接由市电引入的低电压电源进行配电，作市电的通断、切换控制和监测，并保护接到输出侧的各种交流负载。低压配电设备由低压开关、空气断路开关、熔断器、接触器、避雷器和监测用的各种交流电表等组成。

提示

隔离开关无特殊的灭弧装置，因此，它的接通或切断不允许在有负荷电流的情况下进行。

（5）低压电容器屏

根据原水电部《供用电规则》规定："无功电力应就地平衡，用户应在提高用电自然功率因数基础上，设计和装置无功补偿设备"以达到规定的要求。电信局（站）以采用低压补偿用电功率因素的原则，装设电容器屏。屏内装有低压电容器、控制接入或撤除电容器组的自动化元器件和监测用的功率因数表等。

相关知识

"功率因数"就是有功功率与视在功率的比值。功率因数 $\cos \phi = P/S$，其物理意义是供电线路上的电压与电流的相位差的余弦。

（6）调压稳压设备

在市电电压变动超出规定时，需装设调压设备使输出电压稳定在额定电压允许范围内。除采用有载调压变压器在高压侧调压外，电信局（站）一般在低压侧调压，过去曾采用感应调压器，但因调节速度慢、体积大等问题，目前已改用自动补偿式电力稳压器和交流参数稳压器等设备。

（7）油机发电机组

为防止停电时间较长导致电池过放电，电信局一般都配有油机发电机组。当市电中断时，通信设备可由油机发电机组供电。油机分普通油机和自动启动油机。当市电中断时，自动启动油机能自动启动，开始发电。

提示

油机发电机的额定电压比电网电压高 5%（考虑负荷电流在线路上产生压降损失）。

油机发电机组是用汽油或柴油作为动力，驱动三相交流发电机提供电能。柴油机利用柴油在发动机汽缸内燃烧，产生高温高压气体爆炸做功，经过活塞连杆和曲轴机构转化为机械动力。柴油机分为二冲程柴油机和四冲程柴油机。二冲程柴油机是两个冲程（曲轴旋转一周）完成一个工作循环，四冲程柴油机是四个冲程（曲轴旋转两周）完成一个工作循环。

（8）UPS

为了确保通信电源不中断、无瞬变，近年来，在某些通信系统中已采用交流不间断电源系统，也称 UPS。UPS 一般都由蓄电池、整流器、逆变器和静态开关等部分组成。市电正常时，市电和逆变器并联为通信设备提供交流电源，而逆变器是由市电经整流后为它供电。同时，整流器也为蓄电池充电，蓄电池处于并联浮充状态。当市电中断时，蓄电池通过逆变器为通信设备提供交流电源。逆变器和市电的转换由交流静态开关完成。

1.1.2 直流供电系统

1 直流供电系统组成

通信设备的直流供电系统由高频开关电源（AC/DC 变换器）、蓄电池组、DC/DC 变换器、直流配电屏和相关的配电线路等部分组成。

（1）整流器

从交流配电屏引入交流电，将交流电整流为直流电压后，输出到直流配电屏与负载及蓄电池连接，为负载供电，给电池充电。

（2）蓄电池

当交流电停电时，蓄电池向负载提供直流电，是直流系统不间断供电的基础条件。蓄电池可分为酸性电解液的铅酸蓄电池和碱性电解液的碱蓄电池。

铅酸蓄电池自法国物理学家普兰特 1859 年发明以来，已有 150 年的历史，由于它具有电压的稳定性和可以进行大电流放电，所以在通信局（站）内得到广泛使用。目前，铅酸蓄电池已由防酸式铅蓄电池发展为阀控式密封铅酸蓄电池。

阀控式密封铅酸蓄电池是一种新型的蓄电池，使用过程中无酸雾排出，不会污染环境和腐蚀设备；阀控式密封铅酸蓄电池可以和电信设备安装在一起，平时维护比较简便，不需加酸和加水；它体积较小，可以立放或卧放工作；阀控式密封蓄电池组可以进行积木式安装，节省占用空间。因此，在 20 世纪 80 年代后，它在我国电信局（站）得到迅速推广使用，并正在逐步取代防酸式铅蓄电池。目前，蓄电池制造厂通过改进工艺结构设计来保证电池质量，防止电液渗漏，提高电池使用寿命，研究、开发有效而简便的电池容量测试器。

蓄电池正常情况下是与整流器并联工作的，所以，它有两个作用：在交流电停电时，自动向直流负载供电，保证供电连续不间断；当交流电正常供电时，它可以等效为一个充分大的电容器，滤掉整流器输出的各种谐波（即杂音），保持直流电的纯度。蓄电池的容量越大，直流电的纯度越高。

蓄电池与整流器并联工作可以保证供电连续不间断，但并不是万无一失。蓄电池放电时，随着放电时间的延长，端电压不断降低；蓄电池充电时，为了保证电池能充足电，充电电压必须提高。这就存在供电系统电压变动范围的问题。一方面，设计直流供电系统时，要充分保证直流负载能承受的电压变动范围；另一方面，设计通信设备时，要考虑蓄电池固有的特性，给出一个合理的供电电压范围，使蓄电池尽可能延长使用寿命。

需要特别注意的是：当一套直流系统同时向不同电压范围的交换机供电时，蓄电池的工作方式需兼顾考虑；差太大时，需要分别重建直流供电系统，独立供电。

（3）直流配电屏

直流配电屏是连接和转换直流供电系统中整流器和蓄电池向电信负载供电的电源设备，屏内装有刀开关、自动空气断路器、接触器、低电熔断器、电工仪表等元器件。

直流配电屏按照配线方式不同，分为低阻配电屏和高阻配电屏两种。高阻配电屏是把馈线改用小截面电缆出线，每路出线的负线上加装上一定的电阻，如爱立信交换机为26毫欧。高阻配电的好处是：当任何一路负载发生短路时，供电母线上的电压变动较小，不足以影响其他分路供电，供电系统的可靠性相对较高。

直流配电屏是为不同容量的负载分配电能。当直流供电异常时，要产生告警或保护。如：熔断器断告警、电池欠电压告警、电池过放电保护等。

（4）DC-DC 变换器

DC-DC 变换器将基础电源电压（−48V 或 +24V）变换为各种直流电压，以满足通信设备内部电路多种不同数值的电压（±5V、±6V、±12V、±15V、−24V 等）的需求。

2 直流供电系统分类

1）按电信设备供电电压允许变动范围的不同，可分为窄电压和宽电压直流供电系统。

2）按电源设备的安装地点的不同，可分为集中直流供电系统和分散直流供电系统。

3）按馈电线配线方式的不同。可分为低阻配线直流供电系统和高阻配线直流供电系统（高阻配线又分为一次高阻配线和二次高阻配线等方式）。

1.1.3 接地系统

为了提高通信质量、确保通信设备与人身的安全，通信局（站）的交流和直流供电系统都必须有良好的接地装置。

接地系统是为了保证各类通信设备可靠和安全地工作。接地就是对各种电气设备设置零电位点，该点在物理上与大地有良好的电气连接，这种连接称为接地。构成接地的一切装置称为接地系统。

1 接地系统组成

接地系统通常由接地体、接地引入线、接地汇集线、接地排和接地线等组成，如图 1.3 所示。

（1）接地体

接地体就是埋入地中并直接与大地接触的金属导体，也就是通常所称的地网。

（2）接地汇集线

接地汇集线是建筑物内各种接地线汇接的地方，可以理解为建筑物内的总接地排。

为了接地的安全和可靠，通常把不同方向、不同物理位置的接地汇集成一条接地干线，该干线称为接地汇集线。

（3）接地引入线

接地引入线是建筑物内接地总汇集线与接地体之间的连接线。在设计接地系统时，为了减少接触电阻，通常安装多根金属接地体。把多根接地体用一个金属导体连接成一组并接入建筑物内接地汇集线。也就是说接地汇集线通过接地引入线连接到地网，只有这样，接地汇集线才算是连接到了地网。

（4）接地排

接地排就是从接地总汇集线上接出到建筑物各层或各房间中的接地装置，各机房内通信设备的接地，都接到机房的接地排上。

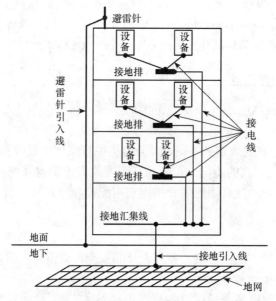

图 1.3　通信局（站）的接地示意图

（5）接地线

被接地的设备或电源系统与接地汇集线可靠连接的导体称为接地线。

2　通信设备接地技术

通信设备接地路径为：设备的接地线→接地排→接地总汇集线→接地引入线→接地体（地网）。通过上述连接方式，就实现了设备与大地的接地连接。在通信局（站）设计时，对于比较简陋的机房（例如，只有一个机房的通信局（站）），机房内的接地排也可以看作是整个局（站）的接地总汇集线，这时从接地排上直接连接接地引入线到接地体就可以了。

提示

为了防止雷电损坏机房设备，引入通信局（站）的交流高压电力线应取高、低压多级避雷装置。

1.1.4 通信电源系统分类

1 按照供电类型

国内外大部分通信设备，如：程控数字交换机、移动通信设备、微波通信设备和光纤传输设备等，均采用直流供电；有些通信设备，如：无线电收发设备，卫星通信地球站的通信设备和大多数终端设备等，一直采用 220/380V 交流供电。因此，通信电源系统按照供电类型可以分为交流基础电源和直流基础电源两大类。

（1）交流基础电源

交流基础电源就是由市电或备用发电机组（含移动电站）提供的低压交流电源。低压交流电源的额定电压为 220/380V（220V 为单向三相制，380V 为三相五线制），即相电压为 220V，线电压为 380V，额定频率为 50Hz。

（2）直流基础电源

直流基础电源就是向各种直流电源通信设备、逆变器和直流变换器提供直流电压的电源。

2 按照系统供电容量

通信电源系统按照供电容量可以划分为中小容量电源系统、中大容量电源系统和大容量电源系统 3 类。

1）中小容量电源系统输出容量在 300A 以下，适用于模块交换局、移动基站、接入网等。

2）中大容量电源系统输出容量为 300～600A，适用于中小交换局、移动基站、卫星通信站等。

3）大容量电源系统输出容量在 600A 以上，适用于大交换局、汇接局、长途局等。

相关知识

"系统容量"在市电供电时，指的就是电力变压器的额定容量；柴油发电机组供电时，指的就是柴油机的额定功率；UPS 供电时，指的就是 UPS 的额定功率。但是它们表示容量的单位却不一样，电力变压器和 UPS 计量单位是伏安（VA）或千伏安（kVA），我国国家标准（GB）规定发电机组必须用瓦（W）或千瓦（kW）表示。伏安表示的是视在功率，瓦表示的是有功功率。这在实际应用中是有很大的区别的，只有在理想情况下，它们的功率因数都等于 1 时，在数值上是相等的。

1.2

通信电源供电要求

我们知道，通信电源是通信设备的"心脏"，它是保证通信设备正常运转的动力源。为了确保通信系统迅速、准确、稳定、不间断地进行信息传送，通信电源系统必须做到随时确保设备工作所需电能，提供的电能质量随时满足行业相关指标要求。为了减少甚至避免通信电源对其他电子设备造成干扰，电磁兼容性要符合相关标准的规定。通信电源设备应利用先进技术、元器件和工艺，采用模块化结构，提高智能化程度。做到经济、高效、体积小，重量轻，便于安装维护和扩容。

1.2.1 供电可靠性

1 供电可靠性指标

可靠性是指通信电源应能满足通信设备连续供电的要求。通信电源系统的可靠性用"不可用度"指标来衡量。电源系统的不可用度用公式（1.1）表示。

$$电源系统不可用度 = \frac{故障时间}{故障时间 + 正常供电时间}$$

2 YD/T1051-200 标准

我国通信行业标准 YD/T1051-200《通信局（站）电源系统总技术要求》规定了各种通信局（站）电源系统的最主要、最基本的技术要求。该标准适用于作为通信电源工程设计，设备引进、研制、生产、安装和维护的技术依据。进入通信局（站）的各种通信设备对交流和直流电源的要求也应符合本标准的有关规定。

YD/T1051-200 规定，大区中心通信枢纽（含国际局）、省会城市、市话汇接局、数据局、无线局、长途传输一级干线站、市话端局以及特别规定的其他通信局（站）电源系统的不可用度应不大于 5×10^{-7}，即平均 20 年，每个电源系统故障累计时间不大于 5min；地市级综合局、1～5 万门市话局，长途传输二级干线站或相当的通信局（站）等，电源系统的不可用度应不大于 1×10^{-6}，即平均 20 年，每个电源系统故障累计时间不大于 10min；县（含县级市）综合局、万门以下市话局，电源系统的不可用度应不大于 5×10^{-6}，即平均 20 年，每个电源系统故障累计时间不大于 50min。

3 通信电源系统设备的可靠性要求

通信电源系统设备的可靠性，用"不可用度"和"MTBF"指标来衡量。通信电源系统设备的可靠性在 YD/T1051-200 中作了具体规定。例如，直流配电设备，在 15 年使用时间内，平均故障间隔应不小于 10^6 h，不可用度应不大于 1×10^{-6}；高频开关整流器，在 15 年使用时间内，平均故障间隔应不小于 5×10^4 h，不可用度应不大于 6.6×10^{-6}；阀控式密封铅酸蓄电池组，全浮充工作方式在 15 年使用时间内，平均故障间隔应不小于 5.25×10^5 h，不可用度应不大于 3.43×10^{-5}。

> **相关知识**
>
> MTBF（Mean Time Between Failure），即相邻两次故障之间的平均工作时间，也称为平均故障间隔。它是衡量一个产品的可靠性指标，是体现产品在规定时间内保持功能的一种能力。单位为"小时"。

为了确保通信电源设备供电的高可靠性，目前主要通过设计和维护两方面来进行改进。在设计方面：一是，尽量采用可靠的市电来源，包括采用两路高压供电；二是，交流和直流供电都应有相应的优良的备用设备，如：自启动油机发电机组（甚至能自动切换市电、油机电）、蓄电池组等，对由交流供电的通信设备应采用交流不间断电源（UPS）。在维护方面，要求工作人员操作使用准确无误，爱岗敬业，经常检修分析，做到防患于未然。

1.2.2　供电质量

各种通信设备都要求电源电压稳定，不能超过允许的变化范围。电源电压高了会损坏通信设备中的电子元器件，低了通信设备不能正常工作。

对于直流供电电源来说，稳定还包括电源中的纹波系数要低于允许值，不允许有电压瞬变，否则，会严重影响通信设备的正常工作。

对于交流供电电源来说，稳定还包括电源频率的稳定和应具有良好的正弦波形，防止波形畸变和频率的变化影响通信设备的正常工作。

1 　交流基础电源质量

YD/T1051-200 规定，通信设备用交流供电时，在通信设备的电源输入端子处，电压允许变动范围是额定电压值的 +5%～-10%。

通信电源设备及重要建筑用电设备用交流供电时，在设备的电源输入端子处，电压允许变动范围是额定电压值的 +10%～-15%。

当市电供电不能满足上述规定时，应采用调压或稳压设备来满足电压允许变动范围的要求，例如，采用自动补偿式电力稳压器或交流参数稳压器。

在交流基础电源中，交流电的频率变动允许范围是额定值的 ±4%，电压波形正弦畸变率应不大于 5%。

为使通信电源的功率因数值符合电力部门的规定，应根据供、用电规则的要求安装无功功率补偿装置。

YD/T1051-200 规定，通信机房内每一直流机架的输入端子处，-48V 电源允许电压变动范围在-40～-57V 之间；-24V 电源允许电压变动范围在-21.6～-26.4V 之间。

高频开关整流器的输出电压应自动稳定，其稳定精度不大于±0.6%；通信用直流电源电压的纹波，通过杂音电压来衡量。-48V 直流基础电源输出端子处测量的杂音电压，应满足以下指标。

1）电话衡重杂音电压≤2mV。

2）峰—峰值杂音电压≤400mV（进网开关整流器不大于 200mV）。

1.2.3　安全供电

通信安全用电十分重要，涉及面广，例如，机房电源应按有关规定满足防火、抗震、防止电力线短路、防止鼠患等防灾害要求。操作人员应具有相应的业务技能和职业资格证书，严格执行安全供电管理规定，工作时应严格遵守操作规程。在通信电源施工、管理和维护方面，为了保证人身、设备和供电安全，应满足以下要求。

1）电源系统应有完善的接地与防雷设施，具有可靠的过电压和雷击防护功能，电源设备的金属壳体应可靠地接上保护地。

2）通信电源设备及电源线应具有良好的电器绝缘，包括有足够大的绝缘电阻和绝缘强度。

3）通信电源设备应具有保护与警告性能。

4）为安全供电，专用高压输电线和电力变压器不得让外单位反搭接负荷。

1.2.4　现代通信设备对通信电源要求

1　低压、大电流，多组供电电压需求

现代通信设备对通信电源提出了低压、大电流，多组供电电压等方面需求。对通信电源系统功率密度要求大幅度提升，通信电源系统供电方案和电源应用方案设计呈现出多样性。

2　模块化

模块化便于自由组合、系统扩容以及互为备用，提高了电源系统安全系数，模块化有两方面的含义：一是指功率器件的模块化；二是指电源单元的模块化。实际上，由于频率的不断提高，致使引线寄生电感、寄生电容的影响愈加严重，对器件造成更大的应力（表现为过电压、过电流毛刺）。为了提高系统的可靠性，而把相关的部分做成模块。把开关器件的驱动、保护电路也装到功率模块中去，构成了"智能化"功率模块（IPM），

这既缩小了整机的体积，又方便了整机设计和制造。

多个独立的模块单元并联工作，采用均流技术，所有模块共同分担负载电流，一旦其中某个模块失效，其他模块再平均分担负载电流。这样，不但提高了功率容量，在元器件容量有限的情况下满足了大电流输出的要求，而且通过增加相对整个系统来说功率很小的冗余电源模块，便极大地提高了系统可靠性，即使万一出现单模块故障，也不会影响系统的正常工作，而且为修复提供了充分的时间。

现代电信要求高频开关电源采用分立式的模块结构，以便于不断扩容、分段投资，并降低备份成本。不能像习惯上采用的 1+1 的全备用（备份了 100% 的负载电流），而是要根据容量选择模块数 N，配置 $N+1$ 个模块（即只备份了 $1/N$ 的负载电流）即可。

3 能实现集中监控

现代电信运维体制要求动力机房的维护工作通过远程监测与控制来完成。这就要求电源自身具有监控功能，并配有标准通信接口，以便与后台计算机或与远程维护中心通过传输网络进行通信，交换数据，实现集中监控。实行集中监控，提高了维护的及时性，减小了维护工作量和人力投入，提高了维护工作的效率。

4 自动化、智能化

要求电源能进行电池自动管理、故障自诊断、故障自动报警等，自备发电机应能自动开启和自动关闭。

5 小型化

随着电子技术的发展，现代各种通信设备的集成度越来越高，小型化成了通信设备的发展趋势。这就要求电源设备也相应的小型化，作为后备电源的蓄电池也应向免维护、全密封、小型化方面发展，以便将电源、蓄电池随小型通信设备布置在同一个机房，而不需要专门的电池室。

6 新的供电方式

目前通信局（站）采用的供电方式主要有集中供电、分散供电、混合供电和一体化供电等 4 种方式。相应于电源小型化，供电方式应尽可能实行各机房分散供电。通常在通信局（站）设备特别集中时才采用电力室集中供电，大型的高层通信大楼一般采用分层供电（即分层集中供电）。

（1）集中供电方式

集中供电方式由交流供电系统、直流供电系统、接地系统和集中监控系统组成，如图 1.4 所示。采用集中供电方式时，通信局（站）一般设置分别由两条供电线路组成的交流供电系统和一套直流供电系统为局（站）内所有负载供电。

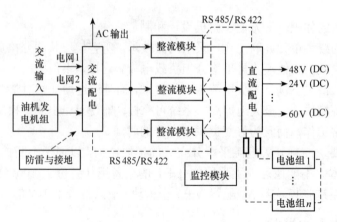

图 1.4　集中供电系统框图

对于集中供电，电力室的配置包括交流配电设备、整流器、直流配电设备、蓄电池。各机房从电力室直接获得直流电压和其他设备、仪表所使用的交流电压。这种配置有它的优点，例如，集中电源于一室，便于专人管理。蓄电池不会污染机房等。但它有一个致命的缺点，即浪费电能，传输损耗大，线缆投资大。因为直流配电后的大容量直流电流由电力室传输到各机房，传输线的微小电阻也会造成很大的压降和功率损耗。

提示

变电站和备用发电机组构成的交流供电系统一般采用集中供电方式。

（2）分散供电方式

分散供电方式实际上是指直流供电系统采用分散供电方式，如图 1.5 所示。在通信电源供电方式中，交流供电系统基本上是集中供电。同一通信局（站）原则上应设置一个总的交流供电系统，由它分别向各直流供电系统提供低压交流电。

在分散供电方式中，将直流供电系统（交流配电屏、整流器、蓄电池、直流配电）分散设置。各直流供电系统可分楼层设置，也可根据通信设备设置；设置地点可以放在各楼层的单独电力电池室，也可与通信设备在同一机房。

对于分散供电，可将电力室作为单纯交流配电的部分；将直流供电系统（整流器、直流配电和蓄电池等）分散装于各楼层或机房内。采用分散供电方式，由于有多个直流供电系统，多个供电系统同时出故障的概率小，即全局通信瘫痪基本不可能出现，因而供电可靠性高。

在分散供电方式中，由于有多个直流供电系统，每个直流供电系统容量相对较小，便于设备集成化、小型化。但这里有个先决条件，蓄电池必须是全密封型的，以免腐蚀性物质的挥发而污染环境、损坏设备（现行的全密封型的电池已经能达到要求了）。

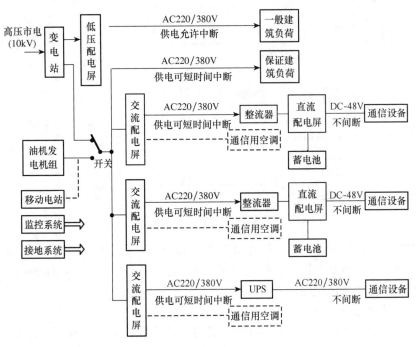

图 1.5 分散供电系统框图

分散供电最大的优点是节能和减少线料费用。因为从配电电力室到机房的传输线上，原先传输的直流大电流，现在变为传输 380V 的交流。计算表明，在传输相同功率的情况下，380V 交流电流要比 48V 的直流电流小得多，在传输线上的压降造成的功率损耗只有集中供电的 1/49～1/64。分散供电方式电源设备应靠近通信设备布置，从直流配电屏到通信设备的直流馈线长度缩短，故馈电线路能耗减小、节能，并可减少线料费用。所以，现代通信大楼通常采用分散供电方式。

（3）混合供电方式

在无人值守的光缆中继站、微波中继站、移动通信基站，通常采用交、直流与太阳能电源、风力电源组成的混合供电方式。采用混合供电的电源系统由市电、油机发电机组、整流设备、蓄电池组、太阳电池、风力发电机等部分组成，如图 1.6 所示。

1）太阳能发电。物质吸收光能产生电动势的现象，称为光生伏特效应。这种现象在液体和固体物质中都会发生。但是，只有固体，尤其是半导体 PN 结器件在太阳光照射下的光电转换效率较高。利用光生伏特效应原理制成晶体硅太阳电池，可将太阳的光能直接转换成为电能。

2）风力发电。风力发电的原理是利用风力带动风车叶片旋转，再透过增速机将旋转的速度提升，来促使发电机发电。依据目前的风车技术，速度大约是 3m/s（微风的程度），便可以开始发电。因为风力发电不需要燃料，也不会产生辐射和空气污染，所以风力发电正在世界上形成一股热潮。

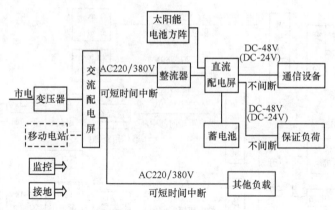

图 1.6　混合供电系统框图

　　风力发电机因风量不稳定,故其输出的是 13~25V 变化的交流电,须经整流,再对蓄电瓶充电,使风力发电机产生的电能变成化学能。然后用有保护电路的逆变电源,把电瓶里的化学能转变成交流 220V 市电,才能保证稳定使用。

　　(4)一体化供电方式

　　一体化供电方式就是通信设备和电源设备组合在同一个机架内,由交流电源供电。例如,日本产 NEAX2400 数字程控交换机就采用该方式供电。

　　一体化供电设备包括:交流配电装置、整流模块、直流配电装置、蓄电池组和监控单元等。通常通信设备位于机架的上部,电源设备装在机架的下部。

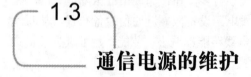

1.3

通信电源的维护

　　电源是保证通信畅通的基础。为了适应信息时代的需要,需要推进电源管理维护改革工作,建立新的维护管理机制,加强电源及相应监控系统设备的运行维护管理,保障电源系统稳定、可靠地运行和优质供电。

1.3.1　通信电源维护工作的基本任务

　　1)保证向电信设备不间断地供电,供电质量符合标准。

　　2)保证电源系统设备的电气性能、机械性能、维护技术指标符合标准。

　　3)合理调整系统设备配置,提高设备利用率,延长电源系统设备使用时间,发挥其最大效能。

　　4)迅速准确地排除故障,尽力减少故障造成的损失。

　　5)在保证通信畅通的前提下,降低能耗,节约维护费。

6）积极采用新技术，改进维护方法，提高工作效率。逐步实现集中监控，少人或无人值守。

7）保证设备和环境整洁。

1.3.2　实行三级维护体制

根据电信电源技术发展的需要，通信电源维护实行三级维护体制。设立全国电源技术维护中心，即一级中心，其业务上受电信总局直接领导；各省设立省级电源技术维护支援中心，即二级中心，其业务上受邮电管理局直接领导，同时受一级中心的技术指导；地市局电源空调维护中心为三级维护中心，其业务上受地市局直接领导，同时受上级电源中心的业务领导。各级电源维护中心的主要职责有以下几方面。

1　一级电源技术维护支援中心的主要职责

1）贯彻落实国家和信息产业部关于电信电源维护和发展的有关方针、政策。

2）组织编制电源技术维护指标、维护规程和维护手册等，研究维护的方式和方法，改进维护手段。

3）负责解决系统和设备运行中出现的普遍性问题和疑难问题。

4）提出提高系统和设备运行质量与运行安全的技术措施和方法。

5）负责中高级维护人员的短期培训，提高维护队伍素质。

6）定期对全国电源系统运行情况、质量情况和重大疑难问题进行分析研究，编发通报，提出有针对性的改进措施、意见和办法。

7）对二、三级电源维护中心进行技术指导。

8）组织推广新技术、新设备。

2　二级电源技术维护支援中心的主要职责

1）做好重大故障分析工作，并及时向省局及一级中心汇报。

2）负责解决本省电源系统和设备维护中存在的问题。

3）做好电源专业短期培训工作。

4）负责推广新技术、新设备。

5）负责编制维护规程实施细则。

3　三级维护中心的主要职责

1）认真执行维护规程和维护细则，做好设备的维护工作。

2）跟踪监测设备运行情况，发现障碍及时处理。

3）参与基建工程、大修工程方案会审和竣工验收。

4）做好设备的故障统计工作，重大故障要及时上报。

5）负责对县及以下通信局站的电源维护人员进行技术指导和技术支援。

6）申报设备更新、改造、大修计划，待批准后组织实施。

7）定期进行业务技术学习。

1.3.3　电源维护班组主要职责

1）电源维护班组应认真执行维护管理的各项规章制度、维护规程，岗位责任落实到人。

2）制定维护作业计划，经常分析电源系统设备运行情况，保证设备完好、系统运行正常。

3）按时保质保量地完成维护作业计划。

4）发生故障时，要迅速处理并向上级报告。

5）提出设备的更新和改造项目，经上级批准后进行实施。

6）受理各机房提出的意见和建议，积极采取措施，保证服务质量。

7）管理好各类原始记录和技术档案资料。

8）组织维护人员学习业务技术和先进经验，不断提高维护水平。

1.3.4　电源设备维护人员职责

1　电源设备主管工程师主要职责

设备主管工程师应由较高技术水平和丰富实践经验的并具有一定组织能力的人员担任。其主要职责是以下几方面。

1）指导维护人员做好设备的预检预修，经常了解设备的运行情况，参加重要的测试和检修工作。

2）组织维护人员学习业务技术，做好技术培训和考核工作。

3）编制设备大修、更新计划和技术革新、技术改造方案，制定年度维护作业计划。

4）协助监控主管工程师分析监控系统和设备运行情况。

5）负责处理出现的故障。

6）分析设备和供电质量存在的问题，负责进行调查研究，并提出改进措施。

7）参与基建和大修工程的方案会审、质量检查和验收工作。

8）采用新技术，推广先进经验。

2　监控主管工程师主要职责

监控主管工程师应由熟悉计算机通信和电源、空调技术，具备丰富实践经验和一定组织能力的技术人员担任。其主要职责是以下几方面。

1）负责并指导维护人员做好动力监控系统设备的日常维护工作，保证监控系统可靠正常地运行。

2）负责编制监控系统设备维护测试计划和技术革新、技术改造方案。

3）协助设备主管工程师分析电源系统和设备运行情况。

4）参与监控系统工程方案会审、质量检查和验收工作。

5）积极学习先进技术，推广先进经验。

6）组织维护人员学习业务技术，做好技术培训和考核工作。

3　电源班组长的主要职责

1）负责日常维护工作的调度和值班人员的临时调配，保证维护工作正常进行。

2）管理值班现场，经常检查值班、交接班工作和劳动纪律，发现问题及时处理。

3）编制月度维护作业计划，审核、检查个人计划的执行情况。

4）经常了解设备运行情况，检查障碍记录，监督障碍处理工作。

5）负责班内质量检查工作，提交月度检查报告，落实提高质量的具体措施。

6）负责安全生产工作，经常检查安全保密制度的执行情况，发现问题及时解决。

7）督促有关人员认真填写原始记录，对各种原始记录按月、年整理成册，妥善保管。

8）组织业务技术学习。

4　值班人员的主要职责

1）严格执行各项规章制度，服从班组长或电源空调维护中心指挥调度，按时完成个人作业计划，认真填写工作记录。

2）按时交接班，值班期间精力集中，未经批准不得离开岗位或调换班次。

3）随时观察各种告警信号，发现异常及时处理。

4）严格执行操作规程，未经批准不做超越职责范围的操作。

5）及时、准确、清楚地填写原始记录，如实反映情况。

6）认真执行安全保密制度，监督入室登记，监护配合外来人员工作。

7）爱护和正确使用工具、仪表及技术资料。

8）保持机房整洁，温湿度符合要求。

1.3.5　值班和交接班制度

1　值班制度

1）有人值守局（站）电力机房应实行 24 小时值班制；与其他电信机房同屋布放的电源设备，夜间无专人值班时，必须指定兼职人员；无人值守局（站）的电源设备应实行定期巡视检查制度。

2）监控管理中心应实行 24 小时值班制。

3）未经上岗考核或考核不合格的人员，不得单独承担值班工作和独立操作。

4）值班人员必须准时交接班，坚守值班岗位，认真完成作业计划，不做与值班无关的事。

5）保持生产现场整洁，与生产无关的物品不得带入机房。

6）严格执行操作规程。

7）遵守故障处理规定，准确迅速地处理系统设备障碍，不得以任何理由和借口推诿、拖延处理障碍时间。

8）及时、准确、完整地填写值班日志和各种规定的记录。

9）严禁任意关闭告警信号。

10）严格遵守通信纪律和安全保密制度。

11）当有两人以上同时值班时，应指定一人负责值班期间的全面工作。

2 交接班制度

1）交接班应认真、准时，接班人未到岗，交班人不得离岗。

2）交班人员须事先做好交班准备，填好交接班日志。

3）交接班人员应将交接内容逐项检查核实并确认无误，双方在交接班日志上签字后，交班人方可离岗。

4）交班期间由交班人负责处理一切值班事宜，交班过程中若发生故障或事故，应暂停交接，以交班人为主，接班人协助共同处理，直至故障或事故修复或处理告一段落后再继续交班。

5）因漏交或错交而产生的问题由交班人员承担责任，因漏接或错接而产生的问题由接班人承担责任，交接双方均未发现的问题由双方承担责任。

3 交接班内容

1）上级指示、通知及有关单位联系事项。

2）系统设备运行情况和告警性能。

3）供电负荷变化情况。

4）工具、仪表、图纸、资料、钥匙是否齐全定位。

5）设备和机房的清洁情况。

6）尚待处理的问题。

1.3.6 电力室应建立的资料

1 电力机房应建立的技术资料

1）机房设备平面布置图。

2）交、直流供电系统图。

3）供电系统布线图和配线表（标明型号、规格、长度、条数）。

4）设备说明书。

5）监控系统的工程资料、操作维护手册等相关资料。

6）地线网布置图。

7）耐压试验资料。

8）竣工验收资料。

9）有关的文件、规章制度、协议、守则等。

2 电力机房应建立的记录

1）值班日志。

2）设备运行记录。

3）蓄电池测试记录。

4）机历簿。

5）设备维修记录。

6）设备障碍分析记录。

7）变、配电室停电、供电记录和高压操作。

电力室工作人员应将设备启用、停用、大修、故障及重要测试数据应认真及时填入机历簿。各种记录在当月工作完成后要及时整理。每年的作业计划、报表和记录要装订成册，并写上醒目的类别标题。各种图纸、说明书和有关资料要妥善保管，集中存放，由专人定期整理，不准随便带出机房。设备调拨时，有关资料应随机转移，不得扣留或抽取插页。各种维护报表、值班记录，保存期限 3 年，过期的资料经局技术主管批准后方可销毁。

1.3.7 设备器材管理

1 仪表工具的管理

工具、仪表是保证设备维护的重要条件，对电源室的仪表、工具应认真管理，并做到以下几方面。

1）专人管理，放置整齐，账、卡、物一致。

2）定期校验仪表、工具；不合格的工具、仪表不得使用。

3）工具、仪表借出时应办理借还手续，禁止私自领取做他用。

2 备品备件和材料的管理

备品备件和材料是确保设备及时维修的重要条件，电力室的备品备件和材料，应实行集中管理，专人保管。

1）加强备品备件的计划管理，应建立备品备件管理档案。每年按时汇总，并办理申报手续。

2）储备一定数量的易损备品备件，并根据消耗情况及时补充，为防止备品备件变质和性能的劣化，存放环境应与机房环境要求相同。

3）加强备品备件和材料的质量检查，故障板应及时送修，不合格产品不出库。

4）备品备件管理，应逐步由人工管理过渡到计算机管理，集中监控管理系统应具备备品、备件管理功能。

电力室工作人员发现运行中的设备发生故障，且已查明故障部位时，可用备用件代替。在未查明设备故障原因时，不得插入备件试验。对硫酸、燃油应专室存放。

1.3.8　变流设备的维护

变流设备应安装在干燥、通风良好、无腐蚀性气体的房间。室内温度应不超过30℃。高频开关型变流电源设备宜放置在有空调的机房，机房温度不宜超过28℃。

1　变流设备维护一般要求

1）输入电压的变化范围应在允许工作电压变动范围之内。工作电流不应超过额定值，各种自动、告警和保护功能均应正常。

2）宜在稳压并均分负荷的方式下运行。

3）要保持布线整齐，各种开关、熔断器、插接件、接线端子等部位应接触良好、无电蚀。

4）机壳应有良好的接地。

5）备用电路板、备用模块应每年试验一次，保持性能良好。

2　整流器的维护

相控整流器不宜长期工作在小于额定值 10% 的状态下。

3　UPS 设备的维护

1）各种自动、告警和保护功能均应正常。

2）定期检查 UPS 自动旁路性能，工作和故障指示灯。

3）对于并联冗余系统宜在稳压并机均分负荷的方式下运行。

4）察看告警记录，分析产生的原因。

5）各地根据当地市电频率的变化情况，选择合适的跟踪速率。对于市电频率变化过快的地区，UPS 的工作方式宜采用内同步。

4　变换器、逆变器的维护

定期检查告警性能，检查接线是否良好，检查开关、接触器件是否可靠接触。

1.3.9　变配电设备的维护

高压室各门窗、地槽、线管、孔洞应做到无孔隙，严防水及小动物进入。为安全供电、专用高压输电线和电力变压器不得让外单位搭接负荷。高压防护用具（绝缘鞋、手套等）必须专用。高压验电器、高压拉杆应符合规定要求。高压维护人员必须持有高压操作证，无证者不准进行操作。变配电室停电检修时，应报主管部门同意并通知用户后再进行。继电保护和告警信号应保持正常，严禁切断警铃和信号灯。自动断路器跳闸或熔断器烧断时，应查明原因再恢复使用，必要时允许试送电一次。熔断器应有备用，不应使用额定电流不明或不合规定的熔断器。

直流熔断器的额定电流值应不大于最大负载电流的 2 倍。各专业机房熔断器的额定电流值应不大于最大负载电流的 1.5 倍。交流熔断器的额定电流值：照明回路按实际负荷配置，其他回路不大于最大负荷电流的 2 倍。交流供电应采用三相五线制，零线禁止安装熔断器，在零线上除电力变压器近端接地外，用电设备和机房近端不许接地。交流用电设备采用三相四线制引入时，零线不准安装熔断器，在零线上除电力变压器近端接地外，用电设备和机房近端应重复接地。电力变压器、调压器安装在室外的其绝缘油每年检测一次，安装在室内的其绝缘油每两年检测一次。每年检测一次接地引线和接地电阻，其电阻值应不大于规定值。停电检修时，应先停低压、后停高压；先断负荷开关，后断隔离开关。送电顺序则相反。切断电源后，三相线上均应接地线。

本 章 小 结

电信局（站）通信设备的可靠供电系统是由交流市电电源、交流自备电源、交流不间断电源、直流供电电源组成。

市电从生产到引入通信局（站），通常要经历生产、变换、输送和分配 4 个环节。通信电源设备和设施主要包括：市电引入线路、变电站设备、油机、整流设备、蓄电池组、直流变换器（DC/DC）、交/直流配电设备、UPS 以及通信电源/空调集中监控系统等。

通信配电就是把各种通信电源设备，组合成一个完整的供电系统，合理地进行控制、分配、输送，满足通信设备供电的要求。

通信电源的交流供电系统由高压配电室、高压开关柜、变压器、低压交流配电屏、低压电容器屏、油机发电机、UPS 和交流调压稳压设备及连接馈线等组成。

为了确保通信设备供电，交流供电系统有变电站供给的市电、油机发电机供给的自备交流电和 UPS 供给的后备交流电 3 种交流电源。

通信设备的直流供电系统由高频开关电源（AC/DC 变换器）、蓄电池组、DC/DC 变换器、直流配电屏和相关的配电线路等部分组成。

接地系统是通信电源系统的重要组成部分，它不但直接影响通信的质量和电力系统的正常运行，而且还起到保护人身和设备安全的作用。

接地系统通常由大地、接地体（或接地电极）、接地汇集线、接地引入线、接地排和接地线等组成。

通信电源接地种类按照接地系统的用途可分为工作接地、保护接地和防雷接地。

通信电源系统按照容量可以划分为中小容量电源系统、中大容量电源系统和大容量电源系统 3 类。

通信电源经历了线性电源、相控电源和开关电源的发展过程。开关电源具有转换效率高、稳压范围宽、功率密度比大和重量轻等优点，因此，它取代了相控电源，成为通信电源的主体。

电气设备在运行过程中，受外界的影响，有可能发生各种故障和不正常的运行情况，为了保证电气设备使用的安全，电气设备的保护一般有过负荷保护、短路保护、欠电压保护、断相保护以及防误操作保护。

习 题

一、填空题

1. 通信电源是向通信设备提供所需交流电或＿＿＿＿＿＿＿的电能源。

2. 通信配电就是将通信电源系统的所有设备和设施，组合成一个完整的供电系统，合理地进行控制、分配、输送，满足＿＿＿＿＿＿＿供电的要求。

3. 直流供电系统目前广泛应用＿＿＿＿＿＿＿供电方式。

4. 通信局（站）的基础电源分为交流基础电源和＿＿＿＿＿＿＿两大类。

5. 熔断器应有备用，不应使用＿＿＿＿＿＿＿不明或不合规定的熔断器。

6. 高压熔断器用于对输电线路和变压器进行＿＿＿＿＿＿＿。

7. 降压电力变压器是把 10kV 高压电源变换到＿＿＿＿＿＿＿低压的电源设备。

8. 低压交流配电设备由低压开关、空气断路开关、熔断器、接触器、避雷器和用于监测用的各种＿＿＿＿＿＿＿等组成。

9. 为了防止雷电损坏机房设备，引入通信局（站）的交流高压电力线应取高、低压＿＿＿＿＿＿＿装置。

10. 交流用电设备采用三相四线线制引入时在零线上除电力变压器近端接地外，用电设备和机房近端应＿＿＿＿＿＿＿。

11. 为了确保通信电源不中断、无瞬变，近年来，在某些通信系统中，已采用交流＿＿＿＿＿＿＿。

12. 变电站和备用发电机组构成的交流供电系统一般采用＿＿＿＿＿＿＿供电方式。

13. 隔离开关无特殊的灭弧装置，因此，它的接通或切断不允许在有＿＿＿＿＿＿＿的情况下进行。

14. 高压室禁止无关人员进入，在危险处应设防护栏，并设明显的＿＿＿＿＿＿＿，如"高压危险，不得靠近"等字样。

15. 配电屏四周的维护走道净宽应保持规定的距离，各走道均应铺上＿＿＿＿＿＿＿。

16. 在距离 10～35kV 导电部位＿＿＿＿＿＿＿以内工作时，应切断电源，并将变压器高低压两侧断开，凡有电容的器件应先放电。

二、选择题

1. 通信设备用交流电供时，在通信设备的电源输入端子处测量的电压允许变动范围为额定电压值的（　　）。

    A．－5%～＋5%   B．－10%～＋5%

    C．－10%～＋10%   D．－15%～＋10%

2. 通信电源设备及重要建筑用电设备用交流电供电时，在设备的电源输入端子处测量的电压允许变动范围为额定电压值的（　　）。

    A．－5%～＋5%   B．－10%～＋5%

    C．－10%～＋10%   D．－15%～＋10%

3. 交流基础电源中，交流电的频率允许变动范围为额定值的（　　）。

    A．±3%   B．±4%

    C．±5%   D．±6%

4. 我国规定，配电压低压交流电的电压波形正弦畸变率极限小于（　　）。

    A．3%   B．4%

    C．5%   D．6%

5. 发电机的额定电压比电网电压高（　　）是考虑到负荷电流导致在线路上产生压降损失。

    A．4%   B．5%

    C．6%   D．10%

6. 用于完成 DC/AC 变换的器件是（　　）。

    A．直流/直流变换器   B．整流器

    C．逆变器   D．变压器

7. 交流用电设备采用三相四线制引入时，零线（　　）。

    A．不准安装熔断器   B．装与不装装熔断器均可

    C．必须安装熔断器   D．经批准可以安装熔断器

8. 为了安全供电，专用高压输电线和电力变压器（　　）。

    A．不得让外单位反搭接负荷

    B．经主管部门批准可以让外单位搭接负荷

    C．可以让外单位搭接负荷

    D．经主管部门批准可以允许有关单位搭接负荷

9. 熔断器的温度应低于（　　）。

    A．60℃   B．70℃

    C．80℃   D．90℃

三、判断题

1. 不间断电源设备对通信设备及其附属设备提供不间断直流电源。　　（　　）

2. 低压交流电的标准电压为 220/380V，频率 50Hz。　　（　　）

3．交流电不间断电源在市电中断时，蓄电池通过逆变器（DC/AC 变换器）给通信设备供电。（　　）

4．电源系统的不可用度指标是指电源系统故障时间与正常供电时间的比值。（　　）

5．一般建筑负荷是指非通信用空调设备、一般照明灯具和发电机组等不保证供电的其他负荷。（　　）

四、简答题

1．为什么说通信电源是通信设备心脏？

2．简述通信电源系统的构成，并画出系统组成框图。

3．通信电源设备和设施组要包含哪些？并说明其主要作用。

4．简述集中供电和分散供电的优缺点？

5．什么接地？什么是接地系统？

6．简述通信设备对电源的要求。

7．简述通信电源系统的发展趋势。

第 2 章

通 信 配 电

❖ **本章内容简介**

本章重点阐述交、直流供电系统的组成，典型供电设备的工作原理和技术性能，为通信网交、直流负荷供电提供合理的方案。主要内容有：交流高压供电系统，交流低压供电系统，变配电设备的维护，直流配电的方式与应用，最后对通信电源工程的设计做了简单介绍。

❖ **本章重点**

本章重点是交、直流供电系统的组成，典型供电设备的工作原理和技术性能，以及如何为通信网负荷提供合理的交、直流供电方案。

❖ **本章难点**

本章难点是对交流供电、直流供电各种方式和供电设备（模块）应用的理解。

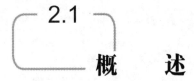

概　述

1　电力系统的组成

电力系统是由发电厂、电力线路、变电站和电力用户组成。通信局（站）属于电力系统中的用户。

市电从电厂生产出来到引入通信局（站），通常要经历生产、输送、变换和分配 4 个环节。

2　几个概念

（1）电网

在电力系统中，各级电压的电力线路以及相联系的变电站称为电力网，简称电网。

（2）区域电网、国家级电网和地方电网

通常用电压等级以及供电范围大小来划分电网种类，一般电压在 10kV 以上到几百千伏且供电范围大的称为区域电网；如果把几个城市或地区的电网组成一个大电网，则成国家级电网；电压在 35kV 以下且供电范围较小，单独由一个城市或地区建立的发电厂对其附近的用户供电而不与国家电网联系的称为地方电网。

（3）配电网

包含配电线路和配电变电站，电压在 10kV 以下的电力系统称为配电网。

3　电力系统的交流输配电方式

由国家电力网供给的交流电称为市电，市电的生产、输送和分配是一套完整的系统。电力系统的交流输配电方式如图 2.1 所示。

目前，我国多数发电厂输出的额定电压在 3.15～20kV，为了将电能输送到更远的地方，并且在输送电能的同时降低线路对电能的损耗，供电部门会将发电厂输出的电压经升压变电站升高到 35～500kV 后进行输送，称为输电。电能输送到城市周边后，再由降压变电站将电压降至 3～10kV，经高压配电线送到用户配电变电所降压至 380V 低压，供用电设备使用，称为配电。

我国已于 1985 年建成 500kV 高压输电网，国际上不少国家已建成 750kV 高压输电网，我国和国际上都在开发 1000～1500kV 超高压输电网。

常用的输电电压有 35kV、110kV、220kV、330kV、500kV，配电电压有 3kV、6kV、10kV。常用的输、配电方式为交流、高压、三相三线制（目前业内对直流输电方式也在

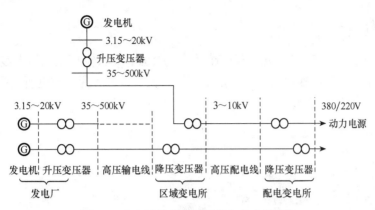

图 2.1 电力系统的交流输配电方式示意图

研究和试验中）。

我们知道，通信局（站）电源系统由交流供电系统、直流供电系统和接地系统 3 大系统组成。其中的交流供电系统又可细分为高压交流供电系统和交流低压供电系统。

我们在第 1 章 1.1 节介绍了通信电源设备和设施，我们知道通信电源设备和设施主要包括交流市电引入线路、高低压局内变电站设备、油机发电机组、整流设备、蓄电池组、直流变换器（DC/DC）、交/直流配电设备、UPS 以及通信电源/空调集中监控系统等。通信配电就是把上述的电源设备，组合成一个完整的供电系统，合理地进行控制、分配、输送，满足通信设备的要求。

对于通信局（站）中的配电变压器，其一次侧额定电压即为高压配电网电源，即 3kV、6kV 或 10kV。二次侧额定电压因其供电线路距离较短，则其额定电压只需高于线路额定电压（3380/220V）5%，仅考虑补偿变压器内部电压降，一般选 400/230V，而用电设备受电端电压为 380/220V。

通信配电的主要内容是研究交、直流供电系统的组成，典型配电设备的工作原理和技术性能，为全局交直流负荷提供合理的供电方案。

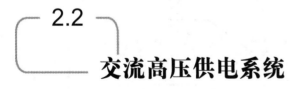

2.2 交流高压供电系统

2.2.1 高压配电方式

高压配电方式，是指从区域变电所，将 35kV 以上的输电高压降到 3～10kV 配电高压送至企业变电所及高压用电设备的接线方式。高压配电网的基本配电方式有 3 种：放射式、树干式和环状式。

1 放射式配电方式

放射式配电方式是指从区域变电所的 3kV～10kV 母线上引出一路专线，直接连接到电信局（站）的配电变电所配电，沿线不接其他负荷，各配电变电所无联系。图 2.2 为放射式配电方式示意图。

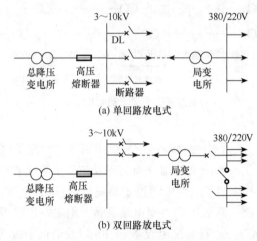

(a) 单回路放电式

(b) 双回路放电式

图 2.2　放射式配电方式

放射式配电方式的优点是，线路敷设简单，维护方便，供电可靠，不受其他用户干扰，适用于一级负荷。

2 树干式配电方式

树干式配电方式，是指由总降压变电所引出的各路高压干线沿市区街道敷设，各中小型企业变电所都从干线上直接引入分支线供电，如图 2.3 所示。

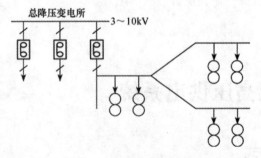

图 2.3　树干式配电方式

树干式配电方式的优点是，降压变电所 6～10kV 高压配电装置数量减少，投资相应可以减少。缺点是，供电可靠性差，只要线路上任何一段发生故障，线路上变电所都将断电。

3 环状式配电方式

环状式配电方式，如图 2.4 所示。环状式配电方式的优点是运行灵活，供电可靠性较高，当线路的任何地方出现故障时，只要将故障邻近的两侧隔离开关断开，切断故障点，便可恢复供电。为了避免环状线路上发生故障时影响整个电网，通常将环状线路中某个隔离开关断开，使环状线路呈"开环"状态。

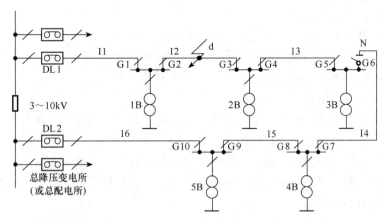

图 2.4　环状式配电方式

2.2.2　交流高压供电系统的组成

常用的高压电器包括：高压熔断器、高压断路器、高压隔离开关、高压负荷开关和避雷器等。

通信局（站）变电所从电力系统受电经变压器降压后馈送至低压配电房。为了缩短配电距离，减少电能损失，要求变电所尽量靠近负荷中心。主接线应简单而且运行可靠，同时要便于监控和维护。

通信局（站）的交流高压供电系统是从当地供电部门引入高压市电（宜用 10kV），经变压器降压后为通信设备的交流负荷供电。为保证通信的可靠工作，局内的交流高压供电系统一般由市电引入线路和专用变电站组成。

1 市电的引入

根据 YD/T 1051—2000《通信局（站）电源系统总技术要求》，将市电的供给分为 4 类。

（1）一类市电供电方式

一类市电供电方式由两路独立、可靠的电源引入供电线，不会出现同时检修停电，事故停电极少。一类市电供电方式的不可用度指标：平均月市电故障次数应不大于 1 次；平均每次故障持续时间不大于 0.5 小时；市电的年不可用度小于 6.8×10^{-4}。

（2）二类市电供电方式有两种

二类市电供电方式有两种：一种方式是从两个以上独立电源构成的稳定可靠的环形网上引入一路供电线的供电方式；另一种方式是从一个稳定可靠的电源或从稳定可靠的输出线路上引入一路供电线的供电方式。二类市电供电方式的不可用度指标：平均月市电故障不大于 3.5 次；平均每次市电故障持续时间应不大于 6h；市电的年不可用度应小于 3×10^{-2}。

（3）三类市电供电方式

三类市电供电方式是从一个电源引入一路供电线的供电方式。三类市电供电方式的不可用度指标：平均月市电故障不大于 4.5 次；平均每次市电故障持续时间应不大于 8h，市电的年不可用度小于 5×10^{-2}。

（4）四类市电供电方式

四类市电供电方式是从一个电源引入一路供电，经常昼夜停电，供电无保障或有季节性长时间停电，市电的年不可用度大于 5×10^{-2}。

类别不同的供电方式涉及到供电系统的可靠性，通信局（站）可与当地供电部门协商，根据附近公用电网中变电站的位置、电压等级、供电质量、通信局（站）的重要性等情况，引入适当的市电。

一类市电需引入两路高压电，供电质量十分可靠，但两路市电的引入线路投资大，建设困难，还要向供电部门加倍交纳供电贴费和配电贴费。供电贴费是指用户应承担的 10kV 以上的电压等级的外部供电工程及其配套设施的建设费用；配电贴费是指用户承担的 10kV 及以下外部供电工程及其配套的建设费用。因此，一类市电主要适用于用电量大，地位十分重要的通信局（站），如：国际电信局、省会及以上长途枢纽局、一类国际卫星地球站和大型无线电台。

当引入两路高压市电时，其高压供电系统的运行方案有 3 种：第一种方案是一路主用一路备用；第二种方案是两路市电互为主、备用；第三种方案是两路市电分段地同时向负荷供电。当采用主、备用运行方式时，备用电源宜配置自动投入装置，自动投入装置可安装在变压器高压侧或低压侧。当市电容量有限时，采用分段供电运行方式。图 2.5 所示为两路高压引入方案，主备用运行方式。

二类及以下市电供电方式采用一路高压引入，常见引入方案有 3 种，如图 2.6 所示。

1）跌落试熔断器引入方案。跌落试熔断器方案如图 2.6（a）所示，它是在高压电侧加装跌落式熔断器。此方案要求停电检修时，先停低压电，后停高压电。断开高压电是用专用的绝缘棒顶开跌落式熔断器来完成的，须按步骤正确操作。

2）负荷开关及熔断器的引入方案。负荷开关及熔断器的引入方案如图 2.6（b）所示，它是在高压电侧加装负荷开关及熔断器。负荷开关用于带载操作，可接通和断开负荷电流，熔断器用于断开负荷短路电流。此方案仍应先停低压，后停高压，可通过操作机构接通或断开负荷开关。

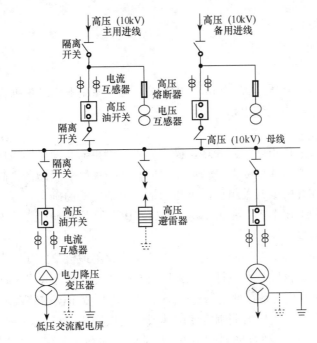

图 2.5　两路高压引入方案

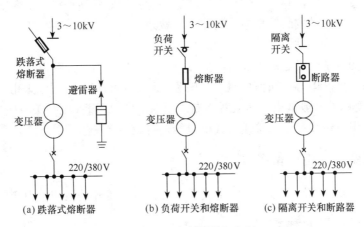

图 2.6　一路高压引入方案

　　3）隔离开关和断路器的引入方案。隔离开关和断路器的引入方案如图 2.6（c）所示，它是在高压电侧加装隔离开关和断路器的引入方案。断路器中有灭弧装置，能带载操作。当线路发生短路和过负荷时，断路器能自动断开，故障排除后又能直接合闸。隔离开关断开时有明显的断点，便于观察。操作时要求先断断路器，后断隔离开关。

　　通信局（站）引入的交流高压多为 10kV 架空线路，架空线路投资少，检修维护方便，但易受雷电、飞禽和机械碰撞等危害。在风景名胜地区或多雷地区可采用电力电缆引入，但初期投资大。

2 专用变电站

专用变电站包括高压开关柜和降压电力变压器，专用变电站根据用电量的不同，分为小型变电站和大、中型变电站。

（1）小型变电站

小型变电站一般由市电引入线路、操作开关、避雷器和变压器组成。

操作开关包括跌落式熔断器、带熔断器的负荷开关、油断路器、高压负荷开关等，具体采用何种操作开关或开关组合，可与当地供电部门协商确定。

小型变电站的变压器容量不大于 400kVA，适用于卫星地面站、微波站、长途干线有人站和县级综合局。

根据变压器的安装位置不同，又可分为杆架式、落地台垫式和室内式。

杆架式是指变压器安装在电杆上，距地 2.5m 以上，考虑承重的问题变压器容量小于 180kVA。落地台垫式是在地上修建一个水泥台，将变压器安装在水泥台上，为防止人员、牲畜触电，需在变压器周围修建围墙或安装铁栅栏。

变压器安装在室内，既能防日晒雨淋，也能防止闲杂人员靠近造成触电，安全可靠。但安装时应注意通风和散热，一般在变压器底部预先做好水泥沟槽，将变压器安装在沟槽上。在沟槽的出墙端安装铁栅栏，防止小动物进入。

（2）大、中型变电站

大、中型变电站一般是室内式的，由市电引入线路、高压开关柜、一台或多台变压器组成，适用于大区中心、通信枢纽局、国际卫星地面站和 5 万门以上市话局。

大、中型变电站一般采用一路或两路专线引入市电，经过高压开关柜接入供电母线，供电母线多采用单母线树干式接线方式供电给一台或多台变压器。

2.2.3 高压变、配电设备简介

通信局（站）常用的高压变、配电设备主要包括高压开关柜和电力变压器。

1 电力变压器的种类

通信局（站）常用的变压器为降压变压器，它把三相三线制 10kV 高压变成三相五线制 220/380V 低压，此类降压变压器又称配电变压器，配电变压器可根据不同方式进行分类。

1）按相数。可分单相和三相。一般采用三相变压器，三相变压器的原、副边绕组有多种连接方式，如：Y/Y_{n0}，即变压器的原边接成星形，副边接成星形且中性点接地；Δ/Y_{n11}，即变压器原边接成三角形，副边接成星形且中性点接地。

2）按容量。有 100kVA、126kVA、160kVA 等，是采用 IEC 推荐的 R10 系列，其容

量按 1.26 倍递增，容量等级较密，便于选用。

3）按调压方式。可分为有载调压和无载调压。一般采用无载调压变压器，当供电电压超出允许变化范围时，选用有载调压器。

4）按绕组类型。可分为双绕组、三绕组和自耦变压器。一般采用双绕组变压器。根据绕组的材料还可分为铜芯和铝芯变压器，由于铜芯变压器的损耗低，过载能力强，一般选择铜芯变压器。

5）按冷却方式。可分为干式、油浸式和充气式变压器。油浸式变压器又可分为油浸自冷式、油浸风冷式、油浸水冷式和强制循环冷却式，一般采用油浸自冷式。

安装在通信大楼内的变压器一般选择环氧树脂浇注的干式变压器。它具有噪声低、防潮、阻燃、空载损耗小、过载能量力强、抗雷电冲击好等特点。

2　油浸式变压器的结构

1）铁芯。变压器的铁芯是由导磁性能很好的硅钢片叠加而成，硅钢片厚度为 0.35～0.5mm，两面涂有绝缘漆。铁芯的形状有"口"字形和"日"字形，三相变压器的铁芯一般为"日"字形。如图 2.7（a）所示：三个铁柱上分别套上高、低压绕组，用铁轭闭合，构成闭合磁路。

2）绕组。绕组又称为线圈，是用绝缘的铜线或铝线绕制的，分高压绕组和低压绕组。低压绕组套在铁芯上，高压绕组套在低压绕组外面，其目的是便于绝缘，如图 2.7（b）所示。绕组与绕组之间留有油道，便于变压器油的自由流通。

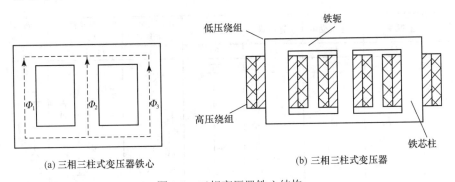

(a) 三相三柱式变压器铁心　　　　　　(b) 三相三柱式变压器

图 2.7　三相变压器铁心结构

3）油箱和散热器。油箱就是变压器的外壳，是用钢板做成的。油箱内装有铁芯和绕组，铁芯和绕组之间充满变压器油，变压器油用来绝缘和散热。为了扩大散热面积，在油箱外面四周装有圆形或扁形的散热管。油箱上部还有油枕，用管道与油箱相通。油枕的作用是减少变压器油与空气的接触面积，使油不易受潮和氧化。油枕中装有呼吸孔与外界相通，使变压器油有一个热胀冷缩的缓冲空间，保持变压器内部压力正常，以免油箱变形。油枕端部刻有油标，油标上的几根红线是表示不同温度下的油面高度。

4）绝缘套管。为了避免与油箱短路，高、低压绕组的引出线需经绝缘套管引出，在油箱上标有 A、B、C 的是高压套管，标有 a、b、c 的是低压套管。

5）电压分接开关。其又叫无载调压开关，是调整变压比的装置，一般有 3～5 个分接头。3 个分接头的中间分头为额定电压位置，相邻分头相差±5%，5 个分接头的中间分头为额定电压位置，相邻分头相差±2.5%，变压器出厂时，调压开关设置在额定电压位置，用户应根据市电电压的高低进行相应的设置，以保证变压器输出电压为 400V，设置时一定要先断电。

3 高压开关柜

高压开关柜是一种高压成套配电装置，有固定式和车载式两大类，在通信局（站）中一般采用固定式。其作用是保护本局（站）的设备和配电线路，防止雷电侵入或本局（站）的故障波及到外线设备，对本局（站）的交流用电进行监测和控制。高压开关柜内装有高压隔离开关、高压真空断路器（或油断路器）、高压熔断器、高压仪用互感器和避雷器等元器件，其型号很多，如：GG-1A 型、KGN-10 型、KYN1-10（Z）型等。GG-1A 型高压开关柜为电力部门推荐的产品（其他型号的产品也在推广使用）。GG-1A 型高压开关柜为开启式结构，由角钢焊接成骨架，钢板压制成面板，柜后无保护板。柜顶部由绝缘子支撑母线，柜上部安装油断路器，柜下部安装隔离开关，适用于工矿企业变电站，交流频率 50Hz，电压 3～10kV，三相单母线系统。

GG-1A 型高压开关柜的一次线路方案有 124 种，图 2.8 所示为常用的一次线路方案。任意两种开关柜可组合成组合柜使用，其典型组合有 10 多种。

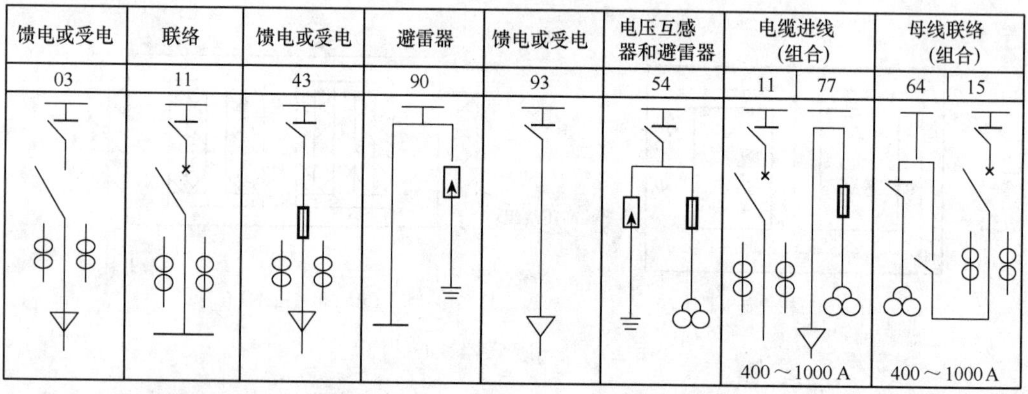

图 2.8　GG-1A 型高压开关柜一次线路图

图 2.9 所示为 7 台 GG-1A 型高压开关柜的组合，完成两路高压进、出线倒换、测量和防雷。

主用高压经 2 号柜 GG-1A-81 引入，经隔离开关后分为两路，测量分路送本屏电压互感器，主分路送 1 号柜 GG-1A-11，经电流互感器、少油断路器、隔离开关到母排，母排上的高压经 3 号柜上的隔离开关、断路器、电流互感器输出到主变压器。同理，备

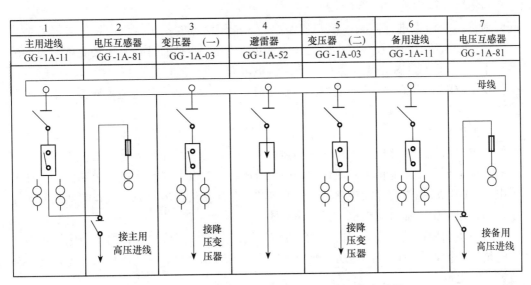

1	2	3	4	5	6	7
主用进线	电压互感器	变压器 （一）	避雷器	变压器 （二）	备用进线	电压互感器
GG-1A-11	GG-1A-81	GG-1A-03	GG-1A-52	GG-1A-03	GG-1A-11	GG-1A-81

图 2.9　用 GG-1A 型开关柜组成的二路高压供电系统

用高压也经 7 号柜和 6 号柜送到母排，再经 5 号柜送到备用变压器。各断路器按步骤操作可完成由主用高压对两台或其中一台变压器供电，当主用高压停电时，改由备用高压对两台或其中一台变压器供电。

在高压维护中为了防止误操作，大多数高压开关柜都装有连锁装置，连锁装置分机械连锁和电气连锁。其目的是保证各开关、断路器必须按步骤正确操作才能断开和闭合，以达到"5 防"。所谓"5 防"，是指防止误分、误合断路器；防止带负荷拉、合隔离开关；防止带电挂接地线；防止带接地线闭合开关（停电检修时相线上均应接地线，闭合开关前应将挂接的地线去掉）；防止人员误入带电间隔。连锁装置的结构和动作原理繁多，不再详述。

停电检修时，应先停低压电，后停高压电；先断负荷开关，后断隔离开关。送电顺序则相反。

2.3

交流低压供电系统

交流低压供电系统一般由主用低压市电、油机发电机组或移动电站、市电油机转换屏、低压配电屏、交流配电屏、交流不间断电源设备（UPS）以及相关的配电线路组成。

2.3.1　交流低压配电

交流低压配电是指将 220/380V 市电和自备交流电源适当分配给整流器、UPS、保证建筑负荷和一般建筑负荷，将 UPS 的输出分配给要求交流电源不间断的通信设备，同时对低压交流电进行监测、控制和保护，对低压交流的不正常供电发出告警信息。

通信局（站）的建设规模不同，其低压交流供电系统繁简不一，主要是配电设备的多少不一。交流低压配电无论繁简都要求供电可靠、供电质量符合规定指标、接线简单、操作安全方便、具有一定的灵活性。配制交流熔断器时，其额定电流值应不大于最大负载电流的两倍。

小型的通信局（站），如：微波、移动基站等，由于用电设备少、用电量小，其交流低压供电系统可简化成配电箱——电源柜结构，即直接将低压市电（220/380V）引入到低压配电箱，在配电箱上完成计度、用电分配、控制和保护。配电箱上输出一路动力用电到开关电源柜的交流配电单元。开关电源设备的交流配电单元一般设置两路交流输入，另一路可引入油机发电机电源或空置不用。

大中型的通信局（站），如：省会通信枢纽局、市话汇接局等，由于用电设备多，用电量大，设置有专门的配电房，配电房中主要安装切换屏、低压配电屏、无功功率补偿屏等配电设备。

2.3.2　交流低压供电系统的组成

交流低压供电系统由油机发电机组、市电油机转换屏、低压配电屏、交流不间断电源设备（UPS）以及相关的馈电线路组成。

1　备用发电机组或移动电站

通信局（站）内一般都配有备用发电机组，当市电停电时，用它向交流配电屏和保证建筑负荷等供给220/380V交流电。备用发电机组主要采用柴油发电机组，不少通信局（站）采用了可以无人值守的自动化柴油发电机组，当市电停电时能自动启动、自动加载，在市电恢复后能自动卸载停机；燃气轮发电机组已开始试用，它与柴油发电机组相比，性能更好，具有体积小、重量轻、不需水冷却系统、发电品质好、运行可靠性高、使用寿命长和有利于环境保护等显著优点，但价格较昂贵，目前国内仅在个别枢纽局使用。

现在通信局（站）大多装备了先进的交换、传输和监控设备，这些设备的正常运行十分依赖机房内的空调装置。例如，程控交换机，当空调持续停止工作45min以上时，机房内的温升就可能使它难以维持正常工作，甚至发生瘫痪。所以通信网数字化、程控化后，通信局（站）电源系统确保交流供电显得非常重要。一旦市电停电，数分钟内一定要使备用发电机组启动运行，以保证通信用空调装置等用电。

2　三相五线制低压交流供电

三相五线制（即TN-S系统）低压交流电的接线原理图如图2.10所示，图中降压电力变压器仅画出了副绕组。副绕组采用星形（Y形）连接，副绕组的首端引出3根相线：L1、L2和L3，副绕组的中性点接地，从其地线汇流排上引出两根线，一根为零线（中性线）

N，另一根为保护地线（无流零线）PE，它们都应当用绝缘导线布放。零线 N 流过三相不平衡电流；保护地线 PE 专门用于保护接地，接到设备的金属外壳上，平时无电流通过，当交流相线与机壳短路时，流过较大的短路电流，使接于相线中的断路器或熔断器等保护器件迅速动作，及时切断故障电流，从而保证人身和设备的安全。严禁在零线和保护地线中加装开关或熔断器。在三相五线制系统中还严禁采用零线作为保护地线。为了便于区分不同的电源线，电气设备中电源线的颜色应符合规定：相线为 U 相（A 相）黄色、V 相（B 相）绿色、W 相（C 相）红色，零线为黑色，保护地线为黄、绿双色。

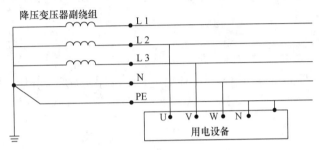

图 2.10　三相五线制接线原理图

在三相五线制供电系统中，单相供电采用单相三线制，三线即相线、零线和保护地线。

3　切换屏

切换屏的主要功能是对两路或两路以上的交流电源切换。高压电侧切换一般是在高压开关柜内通过操作油断路器进行的。低压电侧切换由专门的切换屏（例如，市电油机转换屏）来完成。市电油机转换屏对交流配电屏和保证建筑负荷进行由市电供电或备用发电机组供电的自动或手动切换，手动切换一般采用三刀双投闸刀开关，自动切换一般采用交流接触器。并进行供电的分配、通断控制、监测和保护。

4　低压配电屏

从降压电力变压器引入三相五线制 220/380V 市电，经低压配电屏进行配电。低压配电屏分动力屏和照明屏，其主要功能是对一般建筑负荷进行市电供电的分配、监测、通断控制、计度以及保护和告警。低压配电屏根据用电量的大小、用电的性质来配置台数。

5　交流配电屏

从市电油机转换屏引入三相五线制 220/380V 交流电，对各高频开关整流器、交流不间断电源设备（UPS）等进行供电的分配、通断控制、监测、告警和保护。

通信用空调、保证照明也可由电力室中的交流配电屏供电。在大容量的通信用高频开关电源系统中，交流配电屏是其中的一个独立机柜。在组合式高频开关电源设备中，没有单独的交流配电屏，但设备中必有交流配电部分。

6 交流不间断电源设备

卫星通信地球站的通信设备、数据通信机房服务器、网管监控服务器及其终端、计费系统服务器及其终端等，采用交流电源并要求交流电源不间断，为此应采用交流不间断电源设备对其供电。

UPS 由整流器、蓄电池组、逆变器和静态开关等部分组成，其输入、输出均为交流电。在通信电源系统中通常采用在线式 UPS。正常情况下，不论市电是否停电，均由UPS 中的逆变器输出稳定、纯净的正弦波交流电压（50Hz 三相 380 V 或单相 220 V）供给负载，供电质量高。

7 无功功率补偿屏

无功功率补偿屏的主工功用是对交流供电系统进行无功功率补偿，以提高功率因数。

2.4 直流配电

2.4.1 直流电源配电方式

在通信电源系统中，一般都把交流市电或发电机产生的电力作为交流输入，经整流等变换后给各种电信设备和二次变换电源设备或装置供电，我们把变换后的电源称为直流电源。直流电源也可由化学电池、太阳电池和热电装置等产生。

直流电源的电压种类一般有 3V、5V、12V……以及高直流电压 440V、1500V、9200V等，如表 2.1 所示。直流供电系统由整流器、蓄电池组、直流配电屏和相关的馈电线路组成。直流供电系统可分为集中式供电系统、分散式供电系统和混合式供电系统等类型。

直流基础电源的设备主要由整流器、蓄电池组、直流配电屏等组成。除直流基础电

表2.1　直流电源的电压种类及说明

电压种类	说　明
3V、5V 和 12V 电压	用于集成电路的供电
24V、48V 和 60V 电压（−24V、−48V、和 −60V 电压）	用于电信设备的供电。按各国传统，电信设备供电电压大都采用 24V、48V 和 60V3 种。我国提出直接向电源设备供电，并可对换流设备供电的电源称为基础电源，并提出我国电信设备用的−48V 电源可直接向程控交换、数字传输等各种通信设备供电，对换流设备如直流变换器等供电时具有广泛的适用性，提出−48V 为直流基础电源。信息产业部颁布的《通信局（站）电源系统总技术要求》中明确规定了−24V、−48V 和−60V3 种直流基础电源
110V 和 220V 电压	用于变电室高压开关合闸电源使用
270V 和 440V 电压	用于 UPS 逆变器供电
1500V 和 9200V 电压	用于海底电缆远距离供电

源外，通信电源还有二次变换电源。二次变换电源把直流基础电源的电压变换为交换机或其他电信设备适用的各种电压，如：+24V、±12V、±5V、±3V 等。另外，逆变器（直流变交流）给电信设备提供多种交流电源。直流集中供电系统方框图如图 2.11 所示。

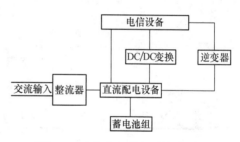

图 2.11　直流集中供电系统方框图

任何通信局（站）的电源系统必须能保证稳定、可靠、安全地供电。不同局（站）由不同的电源系统组成。直流电源系统的组成可分为以下 4 种类型，如表 2.2 所示。

表 2.2　4 种直流电源系统类型

直流电源系统类型	说　明
集中供电直流电源系统	由整流器设备、蓄电池组、直流配电设备组成，各类供电设备、电池组都集中放在电力室或电池室内。在电源引出端和负载间应装设中间滤波装置，否则会对电信设备造成干扰。该类系统建设工程量大、设备安装难度高、扩容困难
分散供电直流电源系统	同一通信局（站）共用一个总的交流供电系统，各直流供电系统可以分楼层设置，可以设置在单独的电力电池室内，也可以与电信设备放在同一机房或机架上
独立供电直流电源系统	一般在没有市电的地区采用独立的交流供电电源系统，通过直流控制屏给电信系统供电。独立供电直流电源系统结构，如图 2.12 所示
混合供电直流系统	对于市电可靠性差的地区，常采用交流电源与独立直流电源相结合的供电方式。混合供电电源系统结构，如图 2.13 所示

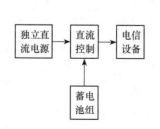

图 2.12　独立供电直流电源系统结构

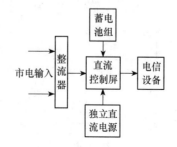

图 2.13　混合供电电源系统结构

2.4.2　直流配电系统的供电方式

现代电信系统对直流供电的质量要求很高，电压不允许瞬间中断，且其波动、瞬变和杂音应小于允许的范围，并且对直流供电系统要做到少维护和集中监控。直流电源供电方式有很多种，要保障通信不中断，蓄电池几乎成为直流电源必不可少的组成部分。

1　整流器供电方式

整流器供电方式方框图，如图 2.14 所示，该供电方式不用蓄电池，市电经过整流器后直接给电信系统供电。这种方式适用于小交换机或个别移动通信基站等允许通信中断的系统。

图 2.14　整流器供电方式方框图

2　整流器、蓄电池组联合供电方式

整流器、蓄电池组联合供电方式是当前的主要供电方式，它在整流器供电方式的基础上增加备用蓄电池组。根据蓄电池的使用方法，整流器、蓄电池组联合供电方式可分为充放电、半浮充、全浮充、低压恒压充电和 VRLA 蓄电池充电 5 种方式。这 5 种方式的说明如表 2.3 所示。

表 2.3　5 种方式

方　式	说　明	
低压恒压充电方式	该方式与全浮充方式基本相同，在蓄电池不脱离负载的情况下进行。蓄电池定期地进行均衡充电，在市电停电时放电和自放电引起的容量损失，在浮充状态下由低压恒压充电予以补足。该方式具有简化整流器输出、降低蓄电池充电温升、简化供电系统结构及操作等优点，利于维护、能降低机房的建筑要求和提高用电效率	
VRLA 蓄电池充电方式	1）在线充电方式由于整流器具有限流恒压功能，蓄电池在供电系统中放电后，采用在线充电方式进行正常充电，即整流器在给负载供电的同时，又对蓄电池进行充电，有 3 种方式	① 浮充充电。当整流器恢复工作后，以限流稳压方式对电池充电，即充电前期整流器以某限制电流的恒流方式输出：当整流器输出电压上升至浮充电压设定值后，继续浮充，使蓄电池内电流降至浮充电流值为充足
		② 限流恒压充电。将限流点和恒压值适当提高，充电结束后，整流器自动将输出电压降为浮充电压，并继续保持全浮充
		③ 递增电压充电。与限流恒压充电方法基本相同，只是在充电快要结束时，将电压递增，目的是使电池在充电末期获得足够的充电电流
	2）离线充电方式	将 VRLA 蓄电池脱离供电系统，提升恒压值以限流恒压方式快速充电，在较短的时间补足电量
充放电方式	在整流器方式基础上，采用两组蓄电池交替进行充放电。此方式供电的电源稳定性好，但效率低，需要两组大容量蓄电池，充电用整流器容量大，维护工作频繁，因此，已基本淘汰	
半浮充方式	在充放电方式基础上，由一组或两组蓄电池与整流器并联对电信设备供电，部分时间由蓄电池单独放电供电，与充放电方式相比，半浮充方式的蓄电池容量小，且能减少蓄电池反复充放电的循环和功率损耗，利于延长蓄电池寿命，但蓄电池仍然要进行充放电，使用的寿命还是比较短	
全浮充方式	该方式又称蓄电池连续浮充方式或并联方式，由蓄电池与整流器并联对电信设备连续供电，在市电停电或必要时，由蓄电池放电供电。蓄电池放出的电量或自放电的容量损失由浮充时补充。蓄电池平时保持在完全充满状态，该方式下的蓄电池比在充放电或半浮充方式下的蓄电池充放电循环次数少，因而电能利用率高，蓄电池使用寿命长，维护工作量也小而且能更可靠地起到备用作用，另外蓄电池对负载中的浪涌现象有一定的吸收作用，全浮充的供电方式，如图 2.15 所示	

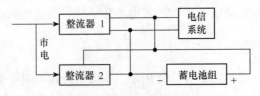

图 2.15　全浮充的供电方式

3 DC/DC 变换器供电方式

电信系统的模块和器件种类繁多、供电电压各异，有的还需要长距离传送，靠蓄电池组的直流供电系统难以完全满足要求。因此，可采用集中或分散的 DC/DC 变换器（直流/直流变换器）提升或降低电压以满足各种供电要求。DC/DC 变换器供电方式，如图 2.16 所示。

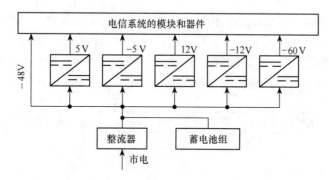

图 2.16　DC/DC 变换器供电方式

4 自然能、蓄电池供电方式

目前用于电信系统直流供电的自然能主要有太阳电池和风力发电机，它们可以分别与蓄电池组成直流供电系统，也可以与整流器和蓄电池共同组成混合系统。几种组合供电方式如表 2.4 所示。

表 2.4　几种组合供电方式

类　型	说　明
太阳电池、蓄电池供电系统	主要适用于市电难以达到而太阳能资源比较丰富的地区。可根据电信系统的能量要求和当地气象条件，选取合适的太阳电池阵数量和蓄电池容量，并进行适当连接
风力发电机、蓄电池供电方式	主要适用于市电难以达到而风力资源比较丰富的地区。可根据电信系统的功率要求和当地气象条件，选取合适的风力发电机和蓄电池容量
太阳能、风能和蓄电池组合供电方式	特别适用于太阳能和风力资源比较丰富的地区，而且太阳能和风能够互补的地区，可以减小蓄电池的容量
整流器、太阳能（和风能）与蓄电池组合的供电方式	适用于市电供电质量、保障较差，而且自然条件较好的地区。为了保证电信系统供电，可以采用该供电方式

5 UBS 供电方式

UBS（uninterruptible battery system，不间断蓄电池系统或称不间断直流供电系统）的引入有利于减小备用电源蓄电池的设计容量，扩展备用时间，提高供电系统可靠性。

UBS 是由蓄电池和直流发电机并联组成的备用电源。当市电或整流器出现故障时，由浮充的蓄电池放电供电。当蓄电池电压下降到接近于最低允许值时，由监控系统启动直流发电机，为电信系统供电，并给蓄电池充电。当市电恢复或整流器排除故障时，直流发电机自动退出。因此，在 UBS 中蓄电池容量可减小，而且在没有其他交流负载的情况下，常规的备用交流发电机组可以取消。

UBS 适用于偏远地区由太阳能供电的通信站、计算机系统、铁路信号单元和移动通信站等。

6 整流器、燃料电池供电方式

燃料电池和普通化学电池结构相同，也由电极、催化剂和电介质组成。它是把燃料的化学能直接变换为电能的装置。燃料电池的反应物储藏在电池外部，不同于一般化学电池把反应物储藏在电池内部。燃料电池的能量变换效率高，只要供给燃料和氧化剂，就能长时间连续提供电力。整流器、燃料电池供电方式，如图 2.17 所示。

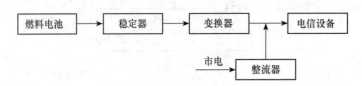

图 2.17　整流器、燃料电池供电方式

7 浮充供电系统调压方式

为了满足直流供电系统的电信设备对电源电压的要求，通常采用尾电池调压、降压调压、升压器调压和升降压补偿器调压 4 种方式，以保证无论是在浮充充电还是在放电状态下电信设备进线端子的电压保持在规定的电压值范围内。浮充供电系统的几种调压方式，如表 2.5 所示。

表 2.5　浮充供电系统的几种调压方式

方　式	说　　明	
尾电池调压方式	该方式的蓄电池组分主电池和尾电池两种。当市电或整流器出现故障时，由主电池供电。主电池电压下降到某一值后，接入尾电池提高输出电压。该方式可靠性高、输入电阻低、滤波性能好，但接入尾电池时电压会发生阶段变化，须配置控制尾电池接入和断开装置，并解决电池的充电问题	
降压调压方式	当蓄电池的浮充电压比负载电压高时，须在主电路中串联接入减压元件降压后供电。主要有 3 种降压调压方式	1) 电阻降压方式。通过串联在配电回路中的电阻降低蓄电池组电压后，对负载供电。当放电供电蓄电池电压下降时，适时地短路部分乃至全部电阻，可保持供电电压在电信设备允许的电压变动范围之内，延长供电时间
		2) 二极管降压方式，通过二极管降压方式可以把电压减到所希望的值，也可使电信系统供电的电压保持在允许的范围之内。充电完毕，可通过开关回到正常的浮充电状态
		3) 反压电池降压，把电阻降压方式中的降压电阻改用反压电池替代，就会把铅酸电池的电压降到负载所需的电压，放电供电时，逐个切除碱反压电池，就能保持供电电压在电信设备允许的电压变动范围之内，延长供电时间，反压电池降压方式的接入和切除机构复杂，维护较麻烦，已基本淘汰
升压器调压方式	把尾电池调压方式的尾电池换成升压变换器，这种方式称为升压器调压方式，该方式能进行电压微调，保持供电电压恒定，适合电源电压要求严格的通信设备供电使用。升压器电路复杂，可靠性低，价格较贵，因而其采用受到了限制	
升降压补偿器调压方式	在同一个电信局（站）中，如果有两种不同供电电压的电信设备，可采用升压和降压补偿器的调压方式。如果工作在常规直流需要的低容差工作电压下，可插入用于升降电压的补偿器，这个补偿器必须补偿电信系统与充电和放电蓄电池之间的电压差	

2.4.3　直流配电的作用和功能

直流配电是直流供电系统的枢纽，他将整流输出的直流和蓄电池输出的直流汇成不间断的直流输出母线，再分接为各种不同容量的负载供电支路，串入相应熔断器和负载开关箱负载供电。图 2.18 所示的直流配电一次电路示意图即表示直流配电的作用。

直流配电作用和功能的实现一般需要专用的直流配电屏（或配电单元）完成。直流配电屏除了完成图 2.18 所示的一次电路的直流汇接和分配作用以外，通常还具有以下功能。

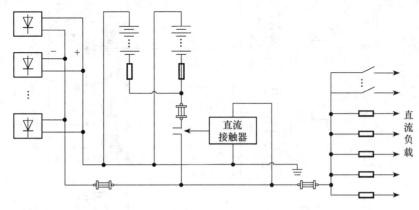

图 2.18　直流配电一次电路示意图

1　测量

测量系统输出总电压，系统总电压；各负载回路用电电流；整流器输出电压、电流；各蓄电池充放电电压、电流等。并能将测量所得到的值通过一定方式显示。

2　告警

提供系统输出电压过高、过低告警；整流器输出电压过高、过低告警；蓄电池组充（放）电电压过高、过低告警；负载回路熔断器熔断告警等。

3　保护

在整流器的输出线路上，各蓄电池组的输出线路上，以及各负载输出回路上都接有相应的熔断器短路保护装置。此外，各蓄电池组线路上还接有低压脱离保护装置等。

2.4.4　典型直流配电屏原理

对应小容量的供电系统，比如分散供电系统，通常交流配电、直流配电和整流、监控等组成一个完整、独立的供电系统，集成安装在一个机柜内。

相对大容量的直流供电系统，一般单独设置直流配电屏，以满足各种负载供电的需要。图 2.19 所示是一张独立的直流配电屏电路图。

现代通信电源

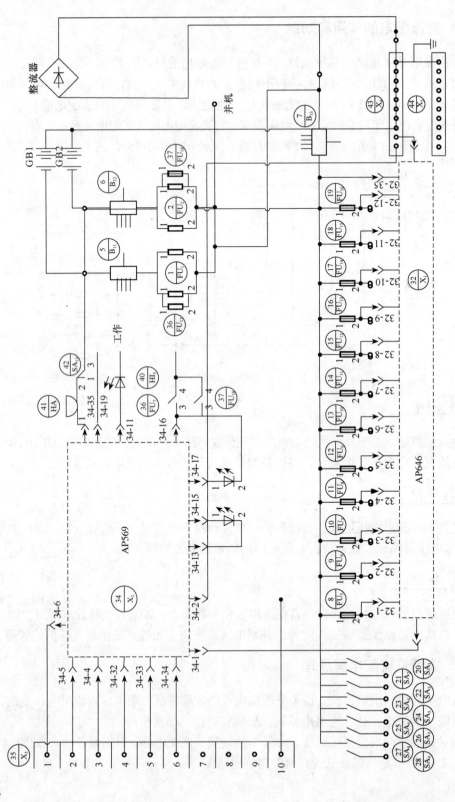

图 2.19　直流配电屏电路图

46

整流器输出直流电压由配电屏的正、负汇流排接入，两组蓄电池由直流屏的电池排接入。根据负载的容量，各路输出电压可经过熔断器或空气开关接到负载。图中 AP569 为信号集中告警电路板，当电池主熔断器 FU1（1）或 FU2（2）熔断后，相应的信号熔断器 FU17（36）或 FU18（37）迅速熔断，该信号熔断器的一组接点 3、4 闭合，接通发光管 HL1（38）的电源，发光管发出电池熔断器熔断灯光告警。同时，信号熔断器 FU17（36）或 FU18（37）的另一组接点 3、4 闭合后，AP569 告警板的 34-16 端变为负电位，该板的继电器 K1 吸合，其一组接点闭合，蜂鸣器 HA（41）发出声音告警。与蜂鸣器串联的开关 SA13（42）用于维修时停止声音告警。

负载熔断器熔断时，信号加到 AP646 上，经过处理后，电路板 AP646 的 32-18 端输出熔断信号给告警板 AP569 的 34-1 端，从而驱动发光管 HL2，发出负载熔断器熔断灯光告警，同时还使得蜂鸣器 HA（41）发出声音告警信息。

信号集中告警板 AP569 可提供直流系统各种告警信息，分别通过告警输出插座 X3（35）的 1、2、3、4、5、6 脚向外电路传递"负载熔断器熔断告警"和"电池熔断器熔断告警"（比如送往开关电源的监控模块的用户接口板上，以提供监控模块的控制和显示）。此外，告警输出插座 X3（35）的 9、10 脚提供直流电压取样信号。它把整流器的输出、蓄电池组和负载连接起来，构成全浮充工作方式的直流不间断电源供电系统，并对直流供电进行分配、通断控制、监测、告警和保护。直流配电屏按照配电方式不同，分为低阻配电和高阻配电两种。大多数通信设备采用低阻配电，低阻配电屏的输出分路较少，每个输出分路的馈电线截面积应足够大，使输出馈线上的压降小于规定值。有的通信设备，如：瑞典 AXE—10 型程控交换机，则要求采用高阻配电，高阻配电屏的输出分路多，分别给交换机各机架馈电，各输出分路均引出正负馈线，其中每根负馈线都经熔断器引出，为小截面高阻馈线，每根负馈线的电阻应不小于 $45m\Omega$，负馈线的截面积为 $10mm^2$，若馈线长度较短，则串入 $30m\Omega$ 电阻片，正馈线电阻则应小于 $1m\Omega$，蓄电池内阻应小于 $4\sim5m\Omega$。高阻配电的优点是：当某一机架发生短路时，由于高阻馈线电阻为电池内阻的 10 倍左右，它限制了短路电流，因此，可以大大减小其他机架供电电压的跌落。在大容量的通信用高频开关电源系统中，直流配电屏是其中的一个独立机柜。在组合式高频开关电源设备中，没有单独的直流配电屏，但设备中必有直流配电部分。

2.4.5 防止电池过放电的保护措施

在直流供电系统中，当交流停电或开关整流器故障时，由蓄电池组放电向负载供电。为了防止电池过放电，容量较小的开关电源系统通常有防止电池过放电的保护措施，即负载下电和电池保护。

图 2.20 所示电路为采用常闭主触点来完成电池保护的一个例子。

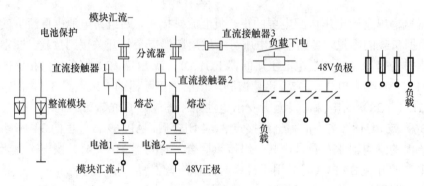

图 2.20　直流配电屏主电路

负载下电是指蓄电池组放电当其端电压下降到一定值（如：46 V）时，将相对不重要的一些负载或大容量的负载从供电回路中断开，以减小蓄电池组的放电电流，延长蓄电池组的放电时间。

电池保护是指当蓄电池组放电到放电终止电压（如 43.2 V）时，断开蓄电池组或断开全部负载，防止电池组深放电，此时直流供电中断。负载下电和电池保护的整定值，参照负载情况和电池参数来设定。负载下电和电池保护通过直流接触器来完成。直流接触器的主触点可以是常闭的，也可以是常开的。

在图 2.20 中，正常情况下直流接触器的线圈中无电流、不动作，其主触点闭合接通有关电路。当蓄电池组端电压下降到负载下电整定值（如 46 V）时，经采样、比较，由控制电路输出控制电压使直流接触器 3 动作，其主触点断开部分负载，完成负载下电保护；当蓄电池组端电压下降到电池保护整定值（如 43.2 V）时，控制电路使直流接触器 1、2 动作，断开两组蓄电池，完成电池保护。

当开关整流器重新工作系统电压恢复时，经采样、比较，由控制电路撤除控制电压，直流接触器依次释放，其常闭主触点闭合，接通电池组和所有负载。为避免系统电压恢复到整定点附近时直流接触器反复动作，整定点和恢复点之间应有适当回差，一般回差电压设置为 3～6 V。YD/T 1051—2000 规定：400A 以下直流配电屏应有低电压电池切断保护功能，干线及重要局（站）不应采用该功能。

本 章 小 结

电力系统是由发电厂、电力线路、变电站和电力用户组成。通信局（站）属于电力系统中的用户。市电从电厂生产出来到引入通信局（站），通常要经历生产、输送、变换和分配 4 个环节。

目前我国多数发电厂输出的额定电压在 3.15～20kV，为了将电能输送到更远的地方，并且在输送电能的同时降低线路对电能的损耗，供电部门会将发电厂输出的电压经升压变电站升高到 35～500kV 后进行输送，称为输电。电能输送到城市周边后，再由降压变电站将电压降至 3～10kV，经高压配电线送到用户配电变电所降压至 380V 低压，供用电设备使用，称为配电。

通信电源的交流供电系统由高压配电所、降压变压器、油机发电机、UPS 和低压配电屏组成。交流供电系统一般有 3 种交流电源：变电站供给的市电、油机发电机供给的自备交流电、UPS 供给的后备交流电。

高压配电方式，是指从区域变电所，将 35kV 以上的输电高压降到 3～10kV 配电高压送至企业变电所及高压用电设备的接线方式。高压配电网的基本配电方式有 3 种：放射式、树干式和环状式。

常用的高压电器包括：高压熔断器、高压断路器、高压隔离开关、高压负荷开关和避雷器等。

通信局（站）变电所从电力系统受电经变压器降压后馈送至低压配电房。为了缩短配电距离，减少电能损失，要求变电所尽量靠近负荷中心。主接线应简单而且运行可靠，同时要便于监控和维护。

交流低压供电系统一般由主用低压市电、油机发电机组或移动电站、市电油机转换屏、低压配电屏、交流配电屏、交流不间断电源设备（UPS）以及相关的配电线路组成。

交流低压供电系统由油机发电机组、市电油机转换屏、低压配电屏、交流不间断电源设备（UPS）以及相关的馈电线路组成。

在通信电源系统中，一般都把交流市电或发电机产生的电力作为交流输入，经整流等变换后给各种电信设备和二次变换电源设备或装置供电，我们把变换后的电源称为直流电源。直流电源也可由化学电池、太阳电池和热电装置等产生。

习　　题

一、填空题

1．由国家电力网供给的交流电称为_____，其生产、_____和_____是一套完整的系统。

2．高压配电方式，是指从区域变电所，将_____以上的输电高压降到_____配电高压送至企业变电所及高压用电设备的接线方式。

3．通信局（站）的交流高压供电系统是从当地供电部门引入高压市电（宜用 10kV），经_____降压后为通信设备的交流负荷供电。

4．通信局（站）常用的变压器为降压变压器，它把三相三线制_____高压变成三相五线制_____低压，此类降压变压器又称配电变压器。

5．低压配电屏分_____和_____，其主要功能是对一般建筑负荷进行市电供电的分配、监测、通断控制、计度以及保护和告警。

6．无功功率补偿屏的主要功用是对交流供电系统进行无功功率补偿，以提高

_____。

7. 在通信电源系统中，一般都把交流市电或发电机产生的电力作为交流输入，经整流等变换后给各种电信设备和二次变换电源设备或装置供电，我们把变换后的电源称为_____。

8. 现代电信系统对直流供电的质量要求很高，电压不允许_____，且其波动、瞬变和杂音应小于允许的范围，并且对直流供电系统要做到少维护和集中监控。

9. 在直流供电系统中，当交流停电或开关整流器故障时，由_____组放电向负载供电。

10. 蓄电池宜分两组安装，此时每组电池的额定容量按_____计算容量选择，选择总容量略大于计算容量。

二、选择题

1. 高压配电网的基本配电方式有 3 种：放射式、（   ）和环状式。

    A．单线式   B．树干式

    C．双线式   D．分散式

2. 一类市电供电方式的不可用度指标：平均月市电故障次数应不大于 1 次，平均每次故障持续时间不大于（   ）小时，市电的年不可用度小于 6.8×10^{-4}。

    A．1   B．2

    C．0.5   D．0.2

3. 通信电源设备及重要建筑用电设备用交流电供电时，在设备的电源输入端子处，电压允许变动范围为额定电压的（   ）。

    A．$+10\% \sim -15\%$ B．$+5\% \sim -10\%$

    C．$+5\% \sim -5\%$ D．$+15\% \sim -10\%$

4. 标称频率为 50Hz，受电端子处允许变化范围为（   ）。

    A．$45 \sim 55$Hz   B．$48 \sim 52$Hz

    C．$40 \sim 60$Hz   D．$44 \sim 58$Hz

5. 供、配电线路中非线性设备的台数多就会造成正弦交流电压波形畸变，畸变的程度用电压波形正弦畸变率来衡量，要求电压波形正弦畸变率不大于（   ）。

    A．10%   B．8%

    C．4%   D．5%

6. 直流电源供电方式有多种，要保障通信不中断，（   ）几乎成为直流电源必不可少的组成部分。

    A．UPS   B．直流电源

    C．蓄电池   D．发电机

7. 机房内的交流导线，规定应采用阻燃型电缆。直流导线一般选择绝缘铜芯线，截面大于（   ）的导线宜采用硬母线。

    A．85mm^2 B．95mm^2

C. 75mm^2 D. 55mm^2

三、判断题

1. 放射式配电方式的优点是，线路敷设简单、维护方便、供电可靠，不受其他用户干扰，适用于一级负荷。   （ ）

2. 树干式配电方式的优点是，降压变电所 6～10kV 高压配电装置数量减少，投资相应可以减少。但是供电可靠性差，线路上任一段发生故障，其他线路上变电所不受影响。   （ ）

3. 通信局（站）变电所从电力系统受电经变压器降压后馈送至低压配电房。为了保证安全，减少电能损失，要求变电所尽量远离负荷中心。   （ ）

4. 交流基础电源电压（有效值）的测量，采用万用表或交流电压表（不低于 1.5级）直读测量法或示波器测量法。   （ ）

5. 电池保护是指当蓄电池组放电到放电终止电压（如 43.2 V）时，断开蓄电池组或断开全部负载，防止电池组深放电，此时，直流供电中断。   （ ）

四、简答及分析题

1. 简述三相五线制的含义。在三相五线制中是否可以用零线作保护地线？零线上是否可以装设开关或熔断器，为什么？对电气设备交流电源线的颜色有何规定？

2. 在通信局（站）中蓄电池组采用何种工作方式？画出浮充供电原理图，简述其工作过程。

3. 画出分散供电方式电源系统组成方框示意图。为什么通信大楼都采用分散供电方式？

4. 对通信电源设备在安全性方面有哪些要求？

5. 某局为三类市电供电，−48V 电源最大直流负荷为 100A，配置蓄电池组的容量为 500Ah。试选择开关电源的容量，配置整流模块数（假设整流模块额定输出电流为 25A）。

6. 某直流负载电流为 60A，从直流配电屏到电源架之间的布线长度为 20m，选择铜导线，该段线路预分配压降为 1.2V，试选择该段直流导线截面。

第 3 章

整流与变换设备

❖ **本章内容简介**

本章介绍了电源整流技术的发展，重点阐述了主要的整流技术和电源整流设备中的常用器件。主要内容包括：功率因数校正技术、DC/DC 转换技术、均流技术以及在电源整流方面应用的主要元器件，同时也对监控单元日常操作和开关电源系统的故障处理与维护作了简单介绍。

❖ **本章重点**

本章重点是高频开关整流器功率转换技术、功率因数校正技术以及高频整流器中的主要元器件。

❖ **本章难点**

本章难点是对功率因数校正技术和高频开关整流器功率转换技术的理解。

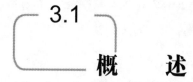

概　　述

3.1.1　通信整流技术的发展

通信电源的整流设备从 20 世纪 50 年代末的饱和电抗器控制的稳压稳流硒整流器，60 年代的硅二极管取代硒整流片的稳压稳流硅整流器，60 年代末 70 年代初稳压稳流可控硅整流器，一直到 80 年代末 90 年代初的高频开关整流器，我国通信用整流设备经历了几代变革。90 年代以后，随着计算机控制技术、功率半导体技术和超大规模集成电路生产工艺的飞速发展，高频开关整流器产品也越来越成熟，性价比逐步提升，目前已经逐步取代了可控硅整流器，并且还在不断地朝着高频化、高效率、大功率、小型智能化、清洁环保的方向发展。

1　高频开关整流器的发展

（1）可靠性的提升

可靠性是电源系统一个永恒的课题，随着集成技术的发展成熟，结构设计的趋于合理，高频开关电源采用的元器件的数量大大减少，电解电容、光耦合器及风扇等决定电源寿命的器件质量也得到提高，以及增加了各种保护功能，使高频开关整流器的 MTBF（平均无故障时间）延长，从而提高了可靠性。

（2）稳定性的提高

高质量稳定的直流电输出是衡量整流器的一个重要的指标。高频化以及高性能、高增益控制电路的采用，使高频开关整流器的稳压精度大大提高，各种滤波电路的应用使得输出杂音减小，其供电质量较相控整流器有了明显的提高。

（3）小型化

小型化是高频开关整流器相比传统相控整流器的一大优势。由于变压器工作频率的提高以及集成电路的大量使用，使得高频开关整流器的体积大大缩小。有些高频开关整流器内部有 CPU，有些没有。但对于整个开关电源系统而言，都设有监控模块，采用智能化管理，可与计算机通信，实现集中监控。

（4）高效率

高效率也是高频开关整流器发展的趋势。功率器件生产技术的进步，其功耗减小；计算机辅助设计使得开关整流器设计拓扑和参数趋于合理，即所谓的最简结构和最佳工况；功率因数校正技术的采用，使得高频开关整流器的效率大大提高。

2 高频开关整流器的特点

现代电信系统采用高频开关电源供电已成为主流，与传统的相控电源相比，它具有如下特点：

1）体积小、重量轻。在相同功率条件下，体积和重量比相控整流器减小很多，如 48V400A 晶闸管整流器的重量为 580kg，而 600A 高频整流器的重量仅为 237kg。高频开关整流器适宜于分散供电，可与电信设备和 VRLA 蓄电池同置一室。

2）节能高效。一般效率在 90% 左右。

3）功率因数（PF）高，一般大于 0.92，而相控电源为 0.65 左右。在有功率因数校正电路时，PF 稳压精度高、可闻噪音低。在常温满载情况下，其稳压精度都在 5% 以下。接近 1，因而对公共电网不会造成污染。

4）稳压精度高、可闻噪音低。在常温满载情况下，其稳压精度都在 5% 以下。

5）维护简单、扩容方便。因采用模块式结构，可在运行中更换模块，将损坏模块离机修理，不影响通信。在初建时，可预计终期容量机架，整流模块可根据扩容计划逐步增加。

6）智能化程度较高。配有 CPU 和计算机通信接口，组成智能化电源设备，便于集中监控，无人值守。

3 高频开关整流器目前需要解决的问题

高频开关整流器也在不断改进和完善之中，目前国内外在这个领域的研究方向和有待解决的问题主要有以下几点。

1）解决高频化与噪声的矛盾问题。提高工作频率能使动态响应更快，这对于配合高速微处理器工作是必需的，也是减小体积的重要途径。但是过高的工作频率不但使得损耗增加，同时增加了更多的高频噪声，这些噪声既对整流器自身工作会带来影响，也会使得其他电子设备受到干扰。

2）如何进一步提高效率，提高功率密度。当整流器工作频率提高到一定程度以后，就会出现过多的损耗和噪声。一方面，损耗的增加制约了整机效率的提高；另一方面，额外的噪声也必须增加更多的噪声抑制电路，也就加大了整流器的复杂性和体积，使得整流器的可靠性和功率密度下降。

3）开发高性能的功率器件、电感、电容和变压器，提高整机的可靠性。新型高速半导体器件的研究开发一直是开关电源技术发展进步的先锋，目前正在研究的高性能碳化硅半导体器件，一旦普及应用，将使开关电源技术发生革命性的变化。此外，新型高频变压器、高频磁性元件和大容量高寿命的电容器的开发，将大大提升整流器的可靠性和使用寿命。

3.1.2 通信高频开关整流器的组成

我们知道，直流供电系统的设备主要由整流器、蓄电池组和直流配电屏等构成。下面将介绍有关整流器组成和工作原理。

整流器是将交流配电屏引入的交流电变换为直流电的装置，其输出端通过直流配电屏与蓄电池组和负载连接，向电信设备提供直流电源。当电信设备需要多种电压时，可采用直流—直流变换器将基础电源的电压变换为所需电压。

整流器通常采用二极管单向导通原理。它可分为硒整流器、硅整流器及水银整流器等。主要有两个主要功能：首先是将交流电（AC）变成直流电（DC），经滤波后供给负载，或者供给逆变器；其次是给蓄电池提供充电电压。因此，它同时又起到一个充电器的作用。

传统的晶闸管相控整流器工作频率低，要求变压器和滤波元件的体积大、重量大和耗能高，随着大功率器件和微电子技术的发展，高频开关整流器已逐渐取代晶闸管相控整流器。因此，目前通常所指的高频开关电源，是指具有交流配电模块、直流配电模块、监控模块和整流模块等组成的直流供电电源系统，它的关键技术和名称的由来就是其中的高频开关整流器，由于目前大都采用模块化结构，所以有时也称高频开关整流器为高频开关整流模块。

1 高频开关整流器组成

高频开关整流器也称为无工频变压器整流器，主要由主电路、辅助电路和控制电路3部分组成，如图3.1所示。主电路完成从交流输入到直流输出的全过程，它是高频开关整流器的主要部分；控制电路是高频开关整流器的神经系统，它从输出端取样，与设定值进行比较，取出误差信号去控制主电路的相关部分，改变频率或脉宽，使输出达到稳定，同时根据反馈信号对整机进行监控和显示。辅助电路对有源网络提供所要求的各种电源。

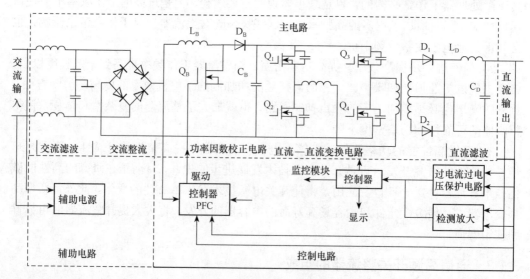

图 3.1　高频开关整流器组成

（1）主电路

高频开关整流器的主电路如图 3.1 所示，包括交流滤波、交流整流、功率因数校正电路、直流—直流（DC-DC）变换电路、直流滤波等。

1）交流滤波。交流滤波处于整流模块的输入端口，这一部分包含低通滤波、浪涌抑制等电路。用于滤除来自电网的电磁干扰，抗浪涌冲击，并抑制高频开关整流器对交流电网的反灌传导骚扰以及外界射频等干扰。通常采用具有共模电感的抗干扰滤波器。

2）整流。整流电路一般采用无工频变压器单相或三相桥式硅整流电路，它把单相或三相交流电变为直流电，并向功率因数校正电路提供稳定的直流电源。

3）功率因数校正。高频开关整流器如果没有功率因数校正电路的整流模块，功率因数只有 0.65 左右。为了消除由整流电路引起的谐波电流污染电网和减小无功损耗，必须用功率因数校正电路提升功率因数。

功率因数校正电路用于减小高频开关整流器输入电流中的谐波成分，使整流器的输入电流波形接近正弦波并与输入电压同相，功率因数接近 1；同时输出波形比较平滑的直流电压供给直流变换器。输入单相交流电的整流模块，通常采用有源功率因数校正电路。其主电路一般为非隔离型升压式直流变换器，它受专用 PWM 集成控制器控制，可使整流器的功率因数达 0.99 以上，并且起预稳压作用。它的输入电压为单相交流电压整流后的正弦波绝对值，输出约 400 V 波形平滑的直流电压。输入三相交流电的整流模块，目前大多采用无源功率因数校正电路，使整流器的功率因数达到 0.92～0.94。

4）直流-直流变换电路。这部分电路由逆变和高频整流两部分组成，逆变部分将直流高压变换为高频低压。高频整流部分将高频电压变换为电信设备所需要的直流低压（−48V，−24V）。

直流-直流变换电路一般采用 PWM 方式控制。为使高频开关整流器的输出侧与电网隔离，必须采用隔离型直流变换器，以用软开关电路为好。直流（DC/DC）变换器必须具有输出限流性能。

5）直流滤波。这部分是整流模块的输出端口。直流滤波器用于滤除高频开关整流器输出侧的尖峰和杂波等噪声电压，使整流器的输出电压能够满足各项噪声指标要求，对负载不产生电磁骚扰。最后提供稳定可靠的直流电源。

（2）控制电路

在高频开关整流器中，除主电路之外的其他电路都可称之为控制电路，它包括检测放大电路、U/W（电压/脉宽）转换电路或 U/f（电压/频率）转换电路、时钟振荡器（或恒频脉冲发生器）、驱动电路及保护电路等。

控制电路应为功率开关管激励信号，应能将主电路输出电压的微小变化转换成脉宽或频率变化，实现自动调整输出电压的目的。负载发生短路或过电流时应有保护功能，辅助电源为控制电路提供必要的能源。

（3）辅助电源

辅助电源提供高频开关整流器中控制电路等部分的直流电源电压，通常采用单端反激变换器。

2 高频变换原理

高频开关整流器的工作原理是市电直接由二极管整流后，经功率因数校正电路，功率变换电路，把直流电源变换成高频率的交流电流，再经高频整流成电信设备需要的低电压直流电源。这样，降压用的变压器工作频率大大提高，从而缩小了变压器的体积。采用高频变换技术减小变压器体积可以认为是高频开关整流器的核心技术。我们用式（3.1）来说明变压器电压与其他参量的关系。

$$U = 4BSfN \tag{3.1}$$

式中，U 是变压器电压（V）；B 是磁通（Gs）；S 是变压器的铁心截面积（cm^2）；f 是变压器的工作频率（Hz）；N 是变压器绕组匝数。

从式（3.1）中可以看出，在变压器电压和磁通（与电流有关）一定的情况下，即变压器功率一定的情况下，工作频率越高，变压器铁心的截面积可以做得越小，绕组匝数也可以越少。因此，提高变换器的频率，使高频开关整流器成为体积小，重量轻和效率高的电源设备。

由高频开关整流器中的核心部分——高频功率变换电路，即直流——交流逆变器完成从直流变换到高频的功能，目前我国采用的整流模块，一般开关频率在 50～100kHz 范围，也有到达 200～450kHz。

3 高频开关整流器的分类

目前，在国内外有关高频开关整流的文献和产品样本中，经常可以见到不同种类高频开关整流器的名称，这是由于命名者力图反映高频开关整流器的特色，从不同角度按主要电路结构、控制方式和所采用的关键元器件不同来进行命名，主要可以分为以下几类。

1）按调制方式分，有脉冲宽度调制（PWM）、脉冲频率调制（PFM）和混合调制。脉冲宽度调制指在开关频率恒定的情况下，将二次整流后的输出电压的波动变换为脉冲宽度的变化，从而改变脉冲的占空比，驱动开关器件，使输出电压稳定。

脉冲频率调制指在开关脉冲宽度恒定的情况下，将二次整流后的输出电压的波动变换为频率的变化，从而改变脉冲的占空比，驱动开关器件，使输出电压稳定。

如果将二次整流后的输出电压的变化变换为既改变脉冲宽度，又改变脉冲频率，就可得到在很宽的范围内调节输出电压，使其稳定，这就成为 PWM 和 PFM 的混合调制方式。

2）按采用的开关技术分，有硬开关和软开关。硬开关指整流器中的功率开关器件，工作在电流不为零时的强迫关断，电压不为零时的强迫导通；软开关指整流中的功率开关器件，工作在零电流关断和零电压导通状态。

3）按主电路结构分，有谐振型和非谐振型。实际上，谐振型整流器是采用软开关技术设计的，按其功率开关器件的过零方式可分为零电流开关型（ZCS）和零电压开关型（ZVS），因而，其开关损耗小，工作频率高，可达 10MHz 以上。

非谐振型整流器是采用硬开关技术设计的，由于其功率开关器件是在电流或电压的非零状态下关断和导通的，开关损耗较大，因而，开关频率不能太高。但其电路结构比较简单，技术比较成熟

将谐振技术与 PWM 技术结合起来，构成 ZVS（零电压开关）全桥 PWM-DC/DC 变换器开始应用于高频开关整流器，使硬开关功率损耗减小，达到提高工作频率的目的，而且电路结构比较简单。

4）按交流电的输入类型分，有单相与三相之分。

5）按变换器的级数（Stage）分，有单级（Single stage）与双级（Two stage）之分。

3.2
高频开关整流器主要技术

3.2.1　高频开关元器件

高频开关整流器中，功率转换电路是其主要组成部分，高频开关整流器的工作频率实际上就是功率转换电路的工作频率，它取决于开关管的工作频率。所以功率转换电路中高频开关管性能的高低（比如：开关管导通和关断速度、开关压降损耗等）在整流器中起着至关重要的作用。

目前高频开关整流器采用的高频功率开关器件通常有功率 MOSFET、IGBT 管以及两者混合管、功率集成器件等。

下面介绍常见的功率 MOSFET 与 IGBT 两种常见开关管。

 功率场控晶体管（功率 MOSFET）

（1）功率 MOSFET 结构

功率 MOSFET 是一种单极型电压控制器件，具有驱动功率小、工作速度高、无二次击穿和安全区宽等优点。功率 MOSFET 采用垂直导电沟道，并将许多小单元功率 MOSFET 管芯并联集成，故可增大漏极电流和功率。用大规模集成电路工艺将管芯并联构成的可称为 VVMOSFET，将 VVMOSFET 的 V 型槽尖顶削去的称为 VUMOSFET，采用双重扩期工艺制成的具有垂直导电双扩散 VDMOSFET（导电沟道很短，在微米以下），VMOSFET 结构如图 3.2 所示。

（2）工作原理

功率 MOSFET 依据导电沟可分为 P 沟道增强型 MOS 管（即 PMOS 管）和 N 沟道

增强型 MOS 管（NMOS 管）。其符号如图 3.3 所示。

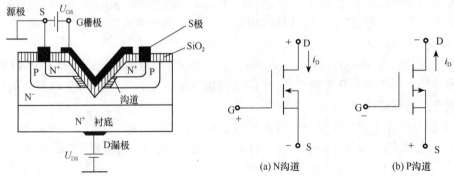

图 3.2　VMOS 管的结构

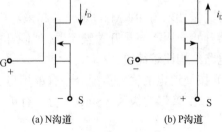

(a) N沟道　　　　(b) P沟道

图 3.3　MOS 管的符号

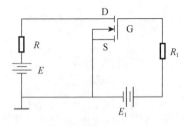

图 3.4　NMOS 管原理图

以 NMOS 管为例，当在 NMOS 管栅极施加正电压，则氧化膜下 P 型层两边表面感应负电荷，而形成 N 型导电沟道，同时在漏极两极间加上正电压，电子从源极通过两个沟道，N－外延层，N＋基片到达漏极，NMOS 管电路原理如图 3.4 所示。

（3）功率 MOSFET 的特性

功率 MOSFET 管的主要性能指标用电压、电流和工作频率来衡量。

1）电流与电压。功率 MOSFET 电流以最大漏电流为指标（IDmax）。它表示功率 MOSFET 工作在饱和状态下的漏极电流量。决定 IDmax 的主要因素为单位管芯面积的沟道宽度，沟道宽度大则 IDmax 值大。

功率 MOSFET 电压以漏极击穿电压（BVds）为指标，它表示漏区沟道体区 PN 结所允许的最高反偏电压，影响 BVds 的因素是漏极 PN 结的雪崩击穿机构和表面电场效应。

市场上功率 MOSFET 大多为 N 沟道元器件，如：国际整流器公司推出的 IRF150 系列 BVds 在 100V 以上，IDmax 为近 100A，美国 IXYS 公司推出的高性能 HDMOS 管，其 BVDS 达 1200V，IDmax 超过 160A。

2）工作频率。功率开关器件最理想的控制电压波形是前后沿陡直的矩形波，而实际上在开通时从截止状态到线性工作区再过渡到饱和区需要一段时间，反之亦然。显然所需延时愈小，开关时间愈短，开关速度愈快。

由于功率 MOSFET 为少子导电器件，在开关过程中载流子的存储时间不需要考虑，因而开关时间很短，故功率 MOSFET 的工作频率通常为 30kHz～100kHz。

由于功率 MOSFET 开关速度受输入电容及输入内阻影响较大，从而限制工作频率的提高。功率 MOS 管栅极与导电沟道间为 SiO_2 绝缘层的缘故，其具有很大的输入电阻，故在工作频率较低时导通损耗大，但其功率损耗随频率增加却增加不大，说明在高频率工作区域（高于 30kHz）开关损耗较小。

（4）功率 MOSFET 的特点

1）驱动功率小，驱动电路简单，功率增益高，是一种电压控制器件。开关速度快，不需要加反向偏置。

2）多个管子可并联工作，导通电阻具有正温度系数，具有自动均流能力。例如，并联组合管中某管芯电流增加时，其温度上升使其电阻增大，从而限制了电流的增长。

3）开关速度受温度影响非常小，在高温运行时，不存在温度失控现象。其允许工作温度可达 200℃。

4）功率 MOSFET 无二次击穿问题。普通功率晶体管在高压大电流条件下进行切换时，易发生二次击穿。所谓二次击穿指器件在一次击穿后电流进一步增加，并高速向低阻区移动。

（5）功率 MOSFET 使用注意事项

1）栅极电路的阻抗非常高，易受静电损坏，存放时应短路三极，放在静电仓袋中，取出使用时，不能触摸引线。

2）器件进行功能测试时应采用专用仪表，而不能用常规电流电压表（包括万用表）。

3）在进行引线焊接时，操作者应佩带接地的专用腕带，且工作台与焊接工具均应接地，地面也应接地。

4）导通时，电流冲击大，易产生过电流。并联工作时，易产生高频振荡。

2 绝缘门极晶体管（IGBT 或 IGT）

绝缘门极晶体管又称门极绝缘双极晶体管（Insulated Gate Bipolar Transistor，IGBT），人们往往习惯性地称其为绝缘栅双极晶体管，或绝缘栅晶体管，它是一种 VMOSFET 和双极型晶体管的复合器件。

增强型 N 沟道 IGBT 的简化等效电路如图 3.5（a）所示，图中 VMOSFET 为增强型 N 沟道管，双极型晶体管为 PNP 晶体管，R_{dr} 是 PNP 晶体管基极和 VMOSFET 漏极之间的扩展电阻。这种结构相当于一个增强型 N 沟道 VMOSFET 驱动 PNP 晶体管，其图形符号及工作电压极性和电流方向，如图 3.5 所示，图（b）为国家标准图形符号。G 为门极，习惯上常称栅极，C 为集电极，E 为发射极。

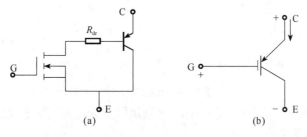

图 3.5 增强型 N 沟道 IGBT 的图形符号及电压极性和电流方向

IGBT 具有以下特点。

1）IGBT 从输入端看，类似于 VMOSFET，是电压控制型器件，具有输入阻抗高、驱动电流小、驱动电路简单等优点。IGBT 的导通和关断由栅极电压来控制，当栅—射电压（即栅极——发射极电压）U_{GE} 大于开启电压 $V_{GE(th)}$ 时，IGBT 导通，当栅—射电压小于开启电压时，IGBT 截止，IGBT 的开启电压一般为 3～6V。在开关应用中，使 IGBT 导通的栅—射电压通常取 15V，以保证集—射间导通压降小；关断 IGBT 时，为使器件可靠截止，最好在栅—射间加负偏压，通常取 −12～−5V。

2）IGBT 从输出端看，类似于双极型晶体管，导通压降小，饱和压降一般在 2～4V 之间，故导通损耗小。此外，IGBT 能够做得比 VMOSFET 耐压更高，电流容量更大。

3）IGBT 的开关速度在 VMOSFET 与双极型晶体管之间。IGBT 关断时间较长，由于简化等效电路中 PNP 晶体管存储电荷的影响，关断时电流下降存在拖尾现象，关断特性如图 3.6 所示。其拖尾时间根据不同的 IBGT 种类而不同。一般高速 IBGT 拖尾时间在 0.4～0.8μs，低速 IGBT 拖尾时间则达到 1μs 甚至更长。电流拖尾现象使 IBGT 的关断损耗比 VMOSFET 大。它一般适用于工作频率 50kHz 以下的开关电源。据报道，国际整流器公司（IR）推出了一种 WARP 快速系列 IGBT，开关频率可达 150kHz，额定电压为 600V，额定电流为 5～50A。

4）IGBT 存在擎住效应。IGBT 完整的等效电路如图 3.7 所示，其中 PNP 和 NPN 两个晶体管组成一个寄生晶闸管。NPN 晶体管的基极与发射极并有体区电阻 R_{br}，在 IGBT 正常工作范围内，R_{br} 上的压降很小，NPN 晶体管因正向偏置电压很小而不起作用。当集电极电流大到一定程度时，在 R_{br} 上产生的正向偏压足以使 NPN 晶体管导通，进而使 NPN 和 PNP 晶体管处于饱和导通状态，于是寄生晶闸管开通，栅极失去控制作用，这就是擎住效应。擎住效应将导致 IGBT 损坏，使用者必须避免擎住效应的产生。因此，IGBT 的集电极电流必须小于器件制造厂家规定的最大值 I_{CM}，同时 IGBT 的电压上升率也必须小于规定的 dV_{CE}/dt 值。

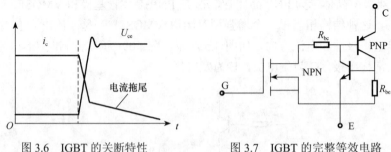

图 3.6　IGBT 的关断特性　　　　图 3.7　IGBT 的完整等效电路

图 3.8 所示是一个将 MOSFET 和 IGBT 相结合工作的例子，其目的是结合了 MOSFET 工作频率高（无拖尾）和 IGBT 导通压降小的优点，便于我们更好地理解两种功率开关管各自的优缺点。

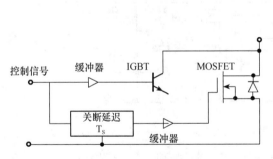
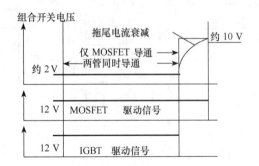

图 3.8　MOSFET 和 IGBT 管的结合实例

3　光耦驱动电路

　　光耦合器把发光器件和受光器件封装在一个外壳内，将发光器件接输入侧，受光器件接输出侧，以光作媒介来传输信号，实现输入与输出的电气隔离。

　　常用的光耦合器一种是发光二极管-晶体管型，由砷化镓发光二极管和硅光敏晶体管组成，内部结构及基本电路如图 3.9（a）所示。工作时，电流流过发光二极管产生光源，光的强度取决于流过发光二极管的电流 I_F；在该光源照射下，受光器件光敏晶体管产生集电极电流 I_C，I_C 的大小与光照强弱（即 I_F）的大小成正比，其电流传输比（CTR）I_C/I_F 为 7%～30%。绝缘电压可达 1～5kV。这种光耦器件有的并不引出晶体管的基极，引出基极的目的是可以加电信号，例如：接反馈电容。

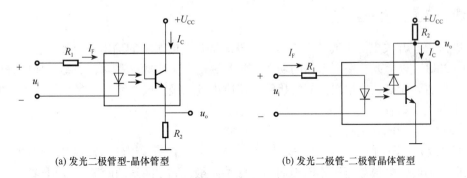

(a) 发光二极管型-晶体管型　　　　　　　　(b) 发光二极管-二极管晶体管型

图 3.9　常用的光耦合器及基本电路

　　另一种常用的光耦合器是发光二极管——二极管和晶体管放大型，用光敏二极管作受光器件，再用晶体管把光电流放大输出，内部结构及基本电路如图 3.9（b）所示。这种光耦合器可得到快速响应，电流传输比可提高到 100%～400%。

　　光耦驱动电路举例如图 3.10 所示，这是一个采用光耦驱动器 TLP250 的驱动电路。TLP250 中包括光耦合器、前级放大及比较器、触发器、功率放大器等部分。

　　光耦合器：由发光二极管和光敏二极管组成。发光二极管通过毫安级电流时，光敏二极管能产生微安级的电流。光耦的隔离耐压大于 1500 V。分布电容小，干扰很小。

　　前级放大及比较器：放大倍数大，输出脉冲沿陡。

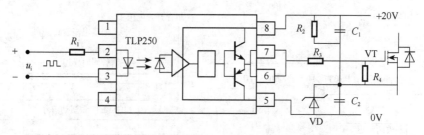

图 3.10　光耦驱动器驱动电路

触发器与功放级：使输出电压波形的上升沿和下降沿陡峭，功放级输出脉冲的上升时间、下降时间小于 0.5μs，拉、灌电流达安培数量级。输出端 7 和 6 并联（避免接触不良），经 R_3 接被驱动 VMOSFETVT 的栅极。该驱动电路 VMOSFET 栅—源间有负偏压。R_2 通过毫安级的电流，使稳压管 VD 有 5V 稳定电压，由它构成栅—源间的负偏压。VD 的阴极（电压正端）接 VMOSFET 的源极，当光耦驱动器输出端（6 与 7）为低电平（接近 5 端电位，即辅助电源的负端电位 0V）时，栅极电位比源极电位约低 5V，使VMOSFET 可靠截止，不易受干扰；当光耦驱动器输出端（6 与 7）为高电平（接近 8端电位，即辅助电源的正端电位＋20V）时，VMOSFET 栅—源间驱动电压近似为：20V−5V＝＋15V。

如果要对高频开关整流器有一个较深入的了解，就必须首先了解其主要元器件和电路以及主要的有代表性的技术特点。

4　功率开关二极管

非隔离型开关电源中的续流二极管、隔离型开关电源中的输出整流二极管，都是在高频（20kHz 以上）条件下工作的功率二极管。由于工作频率高，它们不能采用普通硅整流二极管，而必须采用快恢复二极管、超快恢复二极管或肖特基二极管等开关速度快的功率开关二极管。

（1）二极管的开关特性

1）二极管反向恢复时间。二极管是由一个 PN 结和两端引线以及封装构成的。二极管正向导通时，多数载流子不断地向对方区域扩散，在 PN 结的两侧形成相当数量的存储电荷——非平衡少数载流子（P 区中的空穴扩散到 N 区时就成为 N 区中的少数载流子，而 N 区中的电子扩散到 P 区时就成为 P 区中的少数载流子）；一旦外加反向电压，这些存储电荷就会产生漂移运动，形成较大的反向电流，经过一段反向恢复时间，等到存储的电荷消散后，二极管才恢复阻断状态。原来正向导通的二极管外加反向电压后，其反向恢复特性如图 3.11 所示。

在反向峰值电流处，PN 结仍呈低阻状态。二极管从正向电流下降到零，到反向电流经过峰值 I_{RM} 后减少到某规定的低值（例如，$0.1I_{RM}$）或者反向电流外推的零点止的时间间隔，称为二极管的反向恢复时间 t_{rr}。在图 3.10 中，t_0 为外加反向电压的时刻，t_1 为正向电流下降到零的时刻，t_2 时刻则为连接反向电流经过峰值 I_{RM} 后的 $0.9\,I_{RM}$ 与 $0.25\,I_{RM}$

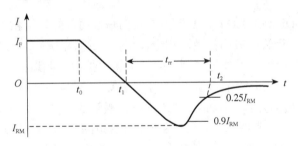

图 3.11　二极管反向恢复特性

两点的直线与时间轴的交点，即反向电流外推的零点，$t_{rr}=t_2-t_1$。t_{rr} 的大小主要取决于制造工艺，例如，在半导体材料中掺入金作为杂质，可使存储电荷很快复合而消失，从而显著减少 t_{rr}。此外，t_{rr} 还与正向电流的大小、结温等因素有关，正向电流大或结温高则 t_{rr} 增大。外加交变电压时，二极管的反向恢复时间 t_{rr} 在一周期内所占比例愈大，二极管的关断损耗就愈大。如果 t_{rr} 达到交变电压的半周期，二极管将失去单向导电作用。因此，工作频率高时所用二极管必须 t_{rr} 小，t_{rr} 应远小于开关半周期。但二极管的反向恢复特性不宜太"硬"，即反向电流的绝对值从 I_{RM} 下降到零的过程中其电流下降率 di/dt 不宜过大。di/dt 大虽然反向恢复更快，但是在实际应用电路中二极管反向恢复特性中不可避免地有寄生电感、电容存在，过高的 di/dt 将引起振荡现象，产生电磁骚扰，使开关电源的输出杂音电压增大，并使二极管承受的反向峰值电压很高。因此，在 t_{rr} 足够小的前提下，采用软恢复特性（反向恢复过程中 di/dt 较小）的二极管为好。

　　I_{RM} 后的 $0.9I_{RM}$ 与 $0.25I_{RM}$ 两点的直线与时间轴的交点，即反向电流外推的零点，$t_{rr}=t_2-t_1$。t_{rr} 的大小主要取决于制造工艺，例如，在半导体材料中掺入金作为杂质，可使存储电荷很快复合而消失，从而显著减少 t_{rr}。此外，t_{rr} 还与正向电流的大小、结温等因素有关，正向电流大或结温高则 t_{rr} 增大。外加交变电压时，二极管的反向恢复时间 t_{rr} 在一周期内所占比例愈大，二极管的关断损耗就愈大。如果 t_{rr} 达到交变电压的半周期，二极管将失去单向导电作用。因此，工作频率高时所用二极管必须 t_{rr} 小，t_{rr} 应远小于开关半周期。但二极管的反向恢复特性不宜太"硬"，即反向电流的绝对值从 I_{RM} 下降到零的过程中其电流下降率 di/dt 不宜过大。di/dt 大虽然反向恢复更快，但是在实际应用电路中二极管反向恢复特性中不可避免地有寄生电感、电容存在，过高的 di/dt 将引起振荡现象，产生电磁骚扰，使开关电源的输出杂音电压增大，并使二极管承受的反向峰值电压很高。因此，在 t_{rr} 足够小的前提下，采用软恢复特性（反向恢复过程中 di/dt 较小）的二极管为好。

　　2）二极管正向恢复时间。当二极管由反偏状态变为正偏状态时，PN 结空间电荷区有一个由宽变窄从而使载流子的扩散运动超过漂移运动的过程，正向电流从零上升到稳态值需要一定的时间，称为正向恢复时间 t_{fr}。对绝大多数二极管来说，$t_{fr}\ll t_{rr}$。在一般情况下，正向恢复时间（t_{fr}）可不予考虑。

　　（2）几种快速功率二极管

　　1）快恢复二极管。迅速由导通状态过渡到阻断状态的 PN 结二极管称为快恢复二极管（Fast Recoyery Diode, FRD），其特点是反向恢复时间短，通常 $t_{rr}<1\mu s$ 所。耐压高于 400V 的快恢复二极管一般用扩散法制造，用掺金或铂控制 t_{rr} 的大小。

2）超快恢复二极管。用外延法制造的二极管比扩散法制造的二极管具有更快的开关速度，它比快恢复二极管的反向恢复时间更短，称为超快恢复二极管（Ultra-Fast Reoovery Diode, UFRD），$t_{rr}<100ns$。超快恢复二极管的正向压降也比快恢复二极管低。

3）肖特基二极管。肖特基二极管（Schottky Barrier Diode, SBD）不是利用 PN 结，而是利用金属和半导体面接触产生的势垒来起单向导电作用，这个接触面称为"金属半导体结"。目前肖特基二极管大多数是用 N 型硅（Si）半导体材料制作的，这种 Si-SBD 的优点，一是正向压降比 PN 结二极管低，典型值为 0.55V；二是反向恢复时间远小于 PN 结二极管，t_{rr} 约为 10ns 数量级。由于肖特基二极管的整流作用仅决定于多数载流子，没有少子存储现象，恢复时间仅是势垒电容的充放电时间，因此，t_{rr} 很小，同时反向峰值电流小。Si-SBD 的缺点，一是耐压低，不超过 100V；二是反向漏电流较大，这是结电容较大的缘故。Si-SBD 电流定额从 1A 到 300A，电压定额最高 100V，适用于低电压大电流的场合。20 世纪 90 年代以来，出现了用砷化镓（GaAs）制作的肖特基二极管，即 GaAs-SBD，它能承受较高的反向电压：耐压为 150～350V，反向峰值电流和反向漏电流也比 Si-SBD 小；但其正向电阻较大而使正向压降与 PN 结二极管相当，约 1～1.5V。

几种快速功率二极管的参数如表 3.1 所示。

表 3.1 几种快速功率二极管的主要参数

参 数	FRD	UFRD	Si-SBD	GaAs-SBD
V_F/V	1.2～1.4	0.9～1	0.4～0.6	1～1.5
T_{rr}/n_s	200～750	25～100	10	5～10
V_{RRM}/V	50～1000	50～1000	15～100	150～350
可用频率	20～100kHz	200kHz	1MHz	>1MHz

3.2.2 具有共模电感的抗干扰滤波器

抗干扰（EMI）滤波器由电感、电容组成，用于滤除噪声电压。噪声电压即干扰电压，包括尖峰电压、谐波电压和杂波电压，其频率较高。抗干扰滤波器在起抗干扰滤波作用时，必须能够顺利流过主电路的工作电流，工作电流在抗干扰滤波器上应不产生压降。

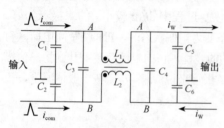

线路上两线之间的噪声电压称为差模噪声电压，两线共有的对地噪声电压称为共模噪声电压。电路中实际的噪声电压常是两者的合成。在通信用高频开关整流器中，常用具有共模电感的抗干扰滤波器来作输入滤波器以及接在直流变换器后面的输出滤波器，其电路原理图如图 3.12 所示。

图 3.12 具有共模电感的抗干扰滤波器

1　工作原理

（1）输入侧向输出侧传递的共模噪声抑制

以 A 线为例，L_1 与 C_5 组成 LC 低通滤波器，使 A 线上输入侧的共模噪声电压 U_{in} 传递到输出侧时被显著地衰减为 U。低通滤波器对噪声（Noise）的滤波系数为：

$$q_n = \frac{U_{in}}{U_{out}} = \frac{\omega_n L - \dfrac{1}{\omega_n C_n}}{\dfrac{1}{\omega_n L}} = \omega_n^2 LC - 1 \qquad (3.2)$$

式中，ω_n 是噪声电压的角频率，$\omega_n = 2\pi f_n$（f_n 是噪声频率）。滤波系数 q_n 愈大，表明抑制噪声电压的效果愈好。同理，L_2 与 C_6 组成的低通滤波器能抑制 B 线上输入侧传递到输出侧的共模噪声压。

（2）输出侧向输入侧传递的反灌共模噪声抑制 $L1$ 与 $C1$ 能抑制

A 线上从输出侧反灌到输入侧的共模噪声电压；L_2 与 C_2 能抑制 B 线上从输出侧反灌到输入侧的共模噪声电压。

（3）接机壳电容的电容量限制

共模滤波电容 C_1、C_2 之间和 C_5、C_6 之间接机壳，机壳应接地。万一机壳未接地，为了保证人体触摸机壳时通过人体的入地电流不超过数毫安的安全值，$C_1 = C_2$ 及 $C_5 = C_6$ 的电容量应较小，一般为 2200pF～0.033μF。为了得到较大的滤波系数（q_n），L_1 和 L_2 应采用较大的电感量，例如 1～50mH，共模电感的结构不难满足这个要求。

（4）对差模噪声的抑制

具有共模电感的抗干扰滤波器不仅能够抑制共模噪声电压，也可以抑制差模噪声电压。C_3 和 C_4 为差模滤波电容。它们分别同 L_1 和 L_2 的漏感（例如，电感值为 $0.05L_1$）组成低通滤波器。L_1 和 L_2 的漏感与 C_4 能抑制从输入侧传递到输出侧的差模噪声电压；L_1 和 L_2 的漏感与 C_3 可抑制从输出侧传递到输入侧的反灌差模噪声电压。由于漏感较小，为了得到较大的滤波系数（q_n），可将 C_3 和 C_4 取为较大值，例如 0.1～2μF。对于输入滤波器，还可根据需要另加串联电感或加差模滤波级来加强对反灌差模噪声电压的抑制。

2　共模电感

共模电感为对称的两线圈电感，两线圈的绕法及对应端如图 3.13 所示。通常磁芯采用有较高导磁率的环形铁氧体，线圈匝数少，两线圈之间有足够的绝缘电压。工作回路的电流 i_w 通过两线圈产生的两个磁动势 $i_w N$ 大小相等、方向相反，合成磁势为零，因此，不产生沿着磁芯闭合的工作磁通，仅通

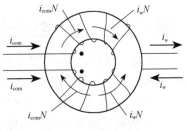

图 3.13　共模电感

过周围空间有少量漏磁通，磁路中可不设气隙。可见对工作电流而言，每个线圈的电感都为零。

图 3.13 共模电感共模噪声电流 i_{com} 分别通过两线圈（例如，都从同名端流入）所产生的磁动势相加，总磁势为 $2Ni_{com}$，共同产生沿磁芯闭合的磁通，在忽略漏感时能产生 2 倍磁通。因此，对共模噪声而言，两线圈的互感与自感使等效电感 L_1 和 L_2 都增大为自感的 2 倍。

3.2.3 功率因数校正电路

1 功率因数的定义

功率因数（Power-Factor, PF）的定义为有功功率与视在功率之比。整流器的功率因数为：

$$PF=\frac{P}{S}=\frac{U_L I\cos\phi_1}{U_L I_R}=\gamma\cos\phi \qquad (3.3)$$

式中，P 是输入有功功率；S 是输入视在功率；U_L 是电网电压有效值；IR 是输入电流有效值（输入电流可能不是正弦波形）；I_1 是输入电流中的基波电流有效值；$\gamma=I_1/IR$ 是输入电流基波因数，又称畸变因数或称失真功率因数；$\cos\phi$ 为位移因数，即正弦基波电流与电网电压相位差的余弦，又称相移功率因数。由式（3.3）可知，整流器的功率因数又可定义为基波因数与位移因数的乘积。

电流偏离正弦波的畸变程度，除了用基波因数衡量外，还常用总谐波畸变来衡量。

总谐波畸变（Total Hamnonic Distortion，THD）的定义为

$$THD=\frac{I_h}{I_1}=\sqrt{\frac{I_2^2+I_3^2+\cdots+I_n^2}{I_1}} \qquad (3.4)$$

式中，I_h 是各次谐波电流分量总的有效值；I_1 是基波电流有效值。

基波因数（畸变因数）与总谐波畸变的关系为

$$\gamma=\frac{I_1}{I_R}=\frac{I_1}{\sqrt{I_1^2+I_h^2}}=\frac{1}{\sqrt{1+THD^2}} \qquad (3.5)$$

由上式可知，若 $THD=0.5\%$，则 $\gamma=0.9988$，如果 $\cos\phi=1$，那么此时 $PF\approx0.999$。

2 功率因数校正的必要性

在无功率因数校正环节时，由交流输入电压直接整流大电容滤波来得到开关电源的直流输入电压，其电路图和波形图如图 3.14 所示。

当 $u_{AC}>u_C$ 时，整流元件才导通，i_2 持续时间短、峰值大，则

1）i_2 的有效值与平均值之比大，要求整流元件的额定容量大。

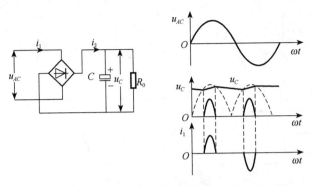

图 3.14　单相桥式整流电容滤波的电路图与波形图

2）相应地 i_1 持续时间短、峰值大，i_1 分解得出的正弦基波分量较小，且同 u_{AC} 有相位差，故 PF 较小，约 0.6 左右；同时谐波分量大，对电网造成干扰。

3）三次谐波电流在电网中线上叠加，可能使零线电流比相线电流大，零线可能发热损坏。

为解决上述问题，通信用高频开关整流器必须采用功率因数校正（Power Factor Correc-tion，PFC）电路，使整流器的功率因数符合我国通信行业标准 YD/T 731—2002 的规定：在单机输出最大功率不小于 1.5kW 时，应 PF≥0.92；在单机输出最大功率小于 1.5kW 时，应 PF≥0.95。

3　无源功率因数校正电路

三相输入的整流模块目前大多采用无源功率因数校正电路，如图 3.15 所示。它实际上就是三相桥式不控整流电路连接由 L_4、C 组成的电感输入式平滑滤波器，并在电路的交流侧串接用于限制谐波电流的低频电感 L_1、L_2 和 L_3。这样能以较小的电感总重量得到较好的无源功率因数校正效果。

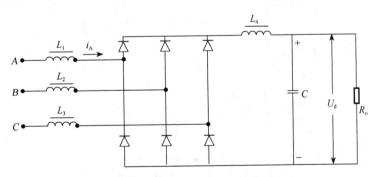

图 3.15　三相输入无源功率因数校正电路

交流侧每相电流波形如图 3.16 所示。

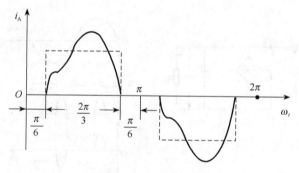

图 3.16　相电流波形

图中 i_A 表示 A 相电流。若滤波电感 L_4 的电感量很大（这时不接 $L_1 \sim L_3$），则每相电流近似为交变的矩形波，如图中虚线所示，整流器的功率因数理论上可达 0.995；实际上为了避免设备的体积重量过大，L_4 以及 $L_1 \sim L_3$ 的电感量都较小，因此，每相电流如图中实线所示，此时 $PF < 0.995$。$L_1 \sim L_4$ 4 个电感的设计要兼顾电感的重量和功率因数，电感量的选择应以整流器的 $PF \geq 0.92$ 为原则。图 3.15 所示电路输出直流电压 $U_d = 1.35U_1$（U_1 为交流线电压有效值），当 U_1 为 380V 时，U_d 约为 510V；当电网电压升高 20% 时，U_d 达 600V 以上。为了减少后级直流变换器的输入电压，可用两个电容量相等的电容器串联代替 C，这时每只滤波电容器上的直流电压为 $U_d/2$，分别给两个串联的直流变换器作输入电压，这两个直流变换器在高频变压器次级直流输出侧再并联输出。

4　有源功率因数校正电路基本原理

有源功率因数校正（Active Power Factor Correction，PFC）电路，目前多采用平均电流模式控制的 PWM 升压变换器，控制芯片有 UC3854、UC3854A/B 等。电路原理简图如图 3.17 所示。

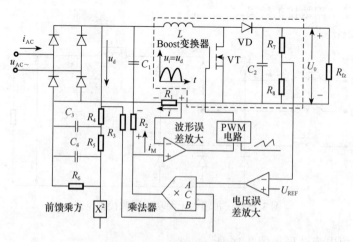

图 3.17　有源功率因数校正电路原理简图

（1）电路的功能

1）使整流器的输入电流基本上为正弦波，并与电网电压同相。

2）实现预稳压，输出波形平滑且比较稳定的约 400V 直流电压。

（2）主电路

输入单相交流电压，通过无工频变压器桥式整流电路，得到正弦波绝对值的整流电压（u_d），它就是 PWM 升压变换器的输入电压 u_i（$u_i = u_d$）。C_1 的电容量较小，用于滤除高频干扰，不影响整流电路输出正弦波绝对值波形。

升压变换器由 L、V_T、V_D 和 C_2 组成。一般升压变换器的输入电源电压是平滑的直流电压，而现在输入电源电压是 50Hz 正弦波电压的绝对值。功率开关管 V_T 的开关频率至少为 20kHz（相应的开关周期为 50μs），这就是说 V_T 在交流电源每半个周期（10ms）内至少开关 200 次。为使功率因数校正电路的输出电压 u_o 波形平滑并较稳定，驱动脉冲的占空比 D 必须有规律地变化：当 u_i 的瞬时值较小时，D 较大；当 u_i 的瞬时值较大时，D 较小。输出电压 $U_o > U_m$（U_m 是交流电源电压的振幅值，有效值 220V 时，U_m 为 311V；U_o 是瞬时输出电压 u_o 的平均值，约为 400V）。u_i、u_o 和 D 的变化规律如图 3.18 所示。

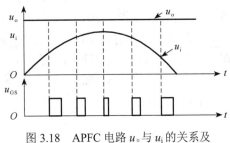

图 3.18　APFC 电路 u_o 与 u_i 的关系及占空比的变化规律

（3）控制原理

系统采用双环控制，即由稳压控制环路与输入电流波形控制环路来控制。每个环路都有基准、采样、误差放大等环节。两个控制环路通过乘法器联系在一起，由电流波形误差放大器去控制脉宽调制电路，使功率开关管有适当的导通占空比，从而实现电路的功能。

1）输入电流波形控制环路（电流内环）。为了控制电流波形，需要波形基准。整流桥输出电压 u_d 为正弦波的绝对值，流经 R_3 的电流与 u_d 成正比，其电流波形与 u_d 波形相似，加到乘法器的 B 输入端，其输入量用 B 表示。乘法器的输出电流为

$$i_M = AB/C \tag{3.6}$$

式中，A、B、C 分别是乘法器对应端子的输入量。

当 A 和 C 为常数时，i_M 的波形与 B 相似，即与 u_d 相似。i_M 在 R_2 上的电压降为

$$u_{R2} = i_M R_2 = u_{Wref} \tag{3.7}$$

u_{wref} 即波形（Wave Form）控制环路的基准电压，在自动控制理论中称为"给定"，其波形也是正弦波的绝对值。输入电流 i 的取样电路是小阻值电阻（或分流器）R，电流取样电压为

71

$$u_{is} = iR_1 \tag{3.8}$$

取样电压与基准电压相比较得到的误差电压为

$$u_E = u_{Wref} - u_{is} = i_M R_2 - iR_1 \tag{3.9}$$

在波形误差放大器增益足够大的条件下，可利用集成运放线性运用时的重要结论 $U_{i+} \approx U_{i-}$，得知 $u_E \approx 0$，即

$$i \approx \frac{i_M R_2}{R_1} \tag{3.10}$$

由此可见，输入电流 i 的波形与乘法器输出电流 i_M 的波形相似，i 与 i_M 之比等于 R_2 与 R_1 之比。输入电流 i 的波形正比于 i_M，也就正比于输入电压 u_i，这说明该电路的等效负载是一个线性纯电阻，理论上 $PF=1$。输入电流 i 的实际波形如图 3.19 中所示，在每一开关周期中，t_{on} 期间 i 上升，t_{off} 期间 i 下降，其高频脉动电流的平均值为正弦波绝对值。经过电网侧输入滤波器将高频电流成分滤除，交流输入电流 i_{AC} 是与输入电压 u_{AC} 同相的正弦波，如图 3.19 中所示。

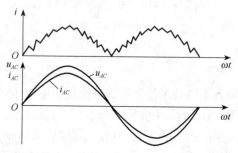

图 3.19　平均电流控制型 APFC 电路的输入电流

2）输出稳压控制环路（电压外环）。稳压控制环路的基准电压为 U_{REF}，取样电压由取样分压电路 R_7、R_8 获取，电压误差放大器放大它们的差值。电流环使输入电流为正弦波，而电压环是使输出电压 U_o 稳定。

在本电路中，稳压环的调节作用必须以不影响输入电流波形控制环路的波形为原则，所以设置了乘法器。电压误差放大器输出的控制电压，输入到乘法器的 A 端。如前所述，乘法器的输出量为 $i_M = AB/C$，B 是时间函数，波形为正弦波的绝对值，A 及 C 在一个开关周期内可视为常数，故 i_M 也是正弦波绝对值的时间函数。当 A 及 C 的数值缓慢变化时，不影响 i_M 的波形。因此，稳压环的输出控制电压只是去控制波形环的基准电压（$i_M R_2$）大小，而不影响其波形。这样稳压环路既能起到稳压作用，又不影响输入电流为正弦波。

3）前馈乘方（即 X^2）功能。为了更好地改善输出稳压性能和稳压动态响应速度，加设了电压前馈乘方功能。由于波形基准的电流波形来源于整流桥输出电压（u_d），如不采取措施，当交流输入电压（u_{AC}）的有效值 U 变化时，波形基准电压的有效值随着变化，输入电流有效值 I 也随之变化，于是输入功率（平均值）为：

$$P = UI \propto U^2 \tag{3.11}$$

即输入功率随输入电压有效值的 2 次方变化，相应地输出功率也随之变化，导致输出电压的源效应变差（源效应是指负载电阻一定时，电源电压变化引起的输出电压变

化）。即使稳压环路起到一定的稳压调整作用，但稳压指标及动态特性都会变差。

在图 3.16 中，u_d 经 R_4、C_3、R_5、C_4、R_6 滤除交流成分并分压后，得到正比于整流桥输出电压有效值的直流电压 U_{2ms}，经乘方电路（X），加至乘法器的 C 输入端。输入量 C 正比于 U_2，即 $C \propto U_2$，而输入量 $B \propto U$，所以乘法器的输出电流为：

$$i_M = \frac{AB}{C} \propto \frac{AU}{U^2} = \frac{A}{U} \qquad (3.12)$$

i_M 以及 i 的有效值将随输入电压有效值的增大而减小，故输入功率（平均值）为：

$$P = UI \propto U\frac{1}{U} = 常数 \qquad (3.13)$$

可见，这时是恒功率输入（在负载不变的前提下），输入功率不随输入电压有效值的变化而变化，改善了源效应。由于前馈的调节速度快，可使动态响应改善。

3.2.4 功率转换电路

在高频开关整流器中，将大功率的高压直流（几百伏）转换成低压直流（几十伏），是由功率转换电路完成的。这个过程显而易见是整流器最根本的任务，完成的是否好，主要有两点，一是功率转换过程中效率是否高；二是大功率电路其体积是否小（至于其他一些问题比如电磁兼容性等留在以后讨论）。要使效率提高，我们容易想到利用变压器，功率转换电路就是一个：高压直流→高压交流→降压变压器→低压交流→低压直流的过程；要使功率转换电路体积减小，除了组成电路的元器件性能好、功耗小以外，减小变压器的体积是最主要的。由前面知识已知，变压器体积与工作频率成反比，提高变压器的工作频率就能有效地减小变压器体积。所以功率转换电路又可以描述成：高压直流→高压高频交流→高频降压变压器→低压高频交流→低压直流的过程。

功率转换电路具体电路类型很多，我们主要以理解描述过程为主。

1 PWM 型功率转换电路

PWM 型功率转换电路在开关整流器发展初期较普遍采用的电路形式，以后的谐振型功率转换电路是在其基础上发展起来的。PWM 型功率转换电路有推挽、全桥、半桥以及单端反激、单端正激等形式，我们以理解为目的，所以只介绍推挽式功率转换电路。

推挽式功率转换电路如图 3.20（a）所示。高压开关管 BG1、BG2 工作在饱和导通和截止关断的两种状态下，由基极驱动电路控制，对称交替通断（称为推挽式），输入直流电压被转换成高频矩形波交变电压，再由高频变压器降压后，由全波整流电路将高频交流转换成直流电，如图 3.20（b）所示。

当 BG1 导通的时候，变压器初级电流途径为：E（＋）→BG1→E（－），变压器次级导电回路为：N2（5）→D2→RL→N2（3）。

当 BG2 导通时，变压器初级导电回路为：E（＋）→N1→BG2→E（－），变压器次级导电回路为：N2（4）→D1→RL→N2（3）。

PWM 型功率转换电路控制简单，由基极驱动电路控制开关管交替导通，将直流转换成高频交流，开关管交替导通的频率越快，则转换成的交流频率越高。但事实上我们发现开关在导通和关断时都具有一定的损耗，而且这种损耗会随着开关交替导通频率的提高而增加，也就是说，开关管的通断损耗的增加大大限制了开关频率的进一步提高。

PWM 型功率转换电路开关管在导通和关断时的损耗大的原因，主要是由于开关管的通断都是强制的（有时称为硬开关）。而开关管的通断都是需要时间的，因此，在开关过程中，开关管的电压、电流波形存在交叠的现象，从而产生了开关损耗（P=u×i），如图 3.21 所示。并且随着频率的提高，这部分损耗在全部功率损耗中所占的比例也增加。当频率高到某一数值时，功率转换电路的效率将降低到不能容许的程度。

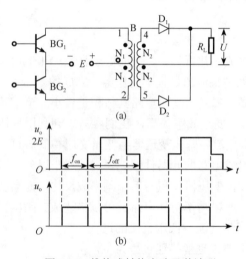

图 3.20　推挽式转换电路及其波形

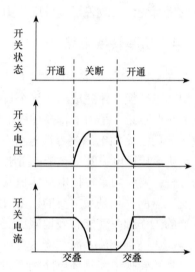

图 3.21　开关管强制通断时其电压和电流的交叠示意图

2　谐振型功率转换电路

谐振型功率转换电路是利用谐振现象，通过适当地改变开关管的电压、电流波形关系来达到减小开关损耗的目的。

谐振型功率转换电路有串联、并联和准谐振几种。

准谐振型功率转换电路是在 PWM 型功率转换电路的基础上适当地加上谐振电感和谐振电容而形成的。谐振电感、电容与 PWM 功率转换电路中的开关组成了所谓的"谐振开关"（对应 PWM 型的硬开关，这种谐振开关有时称为软开关）。在这种功率转换电路的运行中将周期性地出现谐振状态，从而可以改善开关的电压、电流波形，减小开关损失，又由于工作在谐振状态的时间只占开关周期的一部分，其余时间都运行在非谐振状态，故称为"准谐振"型功率转换电路。

准谐振功率转换电路又分为两种，一种是零电流谐振开关式，一种是零电压谐振开关式。前者的特点是保证开关管在零电流条件下断开，从而大大地减小了开关管的关断损耗（p 关断 $=u \times 0$），同时也能大大地减小断开电感性负载时可能出现的电压尖峰，后者的特点是保证开关管在零电压条件下开通，从而大大地减小了开关器件的开通损耗（p 开通 $=0 \times i$）。

由于谐振型功率转换电路是在 PWM 型功率转换电路结构的基础上，用软开关代替硬开关，从而减小开关管导通和关断时的损耗，使工作频率大大提高。其电路形式不再赘述。

3 时间比例控制稳压原理

引入时间比例控制概念的目的，是因为整流器的一个重要的性能是输出电压要稳定，也就是称为稳压整流器的原因。高频开关整流器稳压的原理就是：时间比例控制。

（1）时间比例控制原理

开关型稳压电源示意图如图 3.22 所示。开关以一定的时间间隔重复地接通和断开，输入电流断续地向负载提供能量。经过储能元件（电感 L 和电容 C_2）的平滑作用，使负载得到连续而稳定的能量。为了简单的说明问题，图中将开关管简化成 SA，表明开关管工作在同河段两种状态下，省略了变压器，实际上其原

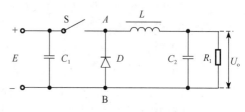

图 3.22 开关稳压电源示意图

理仍然是将直流（E）变成交流（U_{AB}）再变成直流（U_o）的过程。

在负载端得到的平均电压用下式表示：

$$U_o = U_{AB} \frac{1}{T} \int_0^T U_{AB} dt = \frac{t_{on}}{T} E = \delta E \qquad (3.14)$$

式中，t_{on} 是开关每次接通的时间；T 是开关通断的工作周期。

$$\delta = \frac{t_{on}}{T} \qquad (3.15)$$

式中，δ 是脉冲占空比。

由式（3.14）可知，改变开关接通时间 t_{on} 和工作周期 T 的比例，即可改变输出直流电压 U_o。这种通过改变开关接通时间 t_{on} 和工作周期 T 的比例，亦即改变脉冲的占空比，来调整输出电压的方法，称为"时间比例控制"（Time Ratio Control，TRC）。

（2）TRC 控制方式

TRC 有 3 种实现方式，即脉冲宽度调制方式、脉冲频率调制方式、混合调制方式。

1）脉冲宽度调制（Pulse Width Modulation，PWM）。PWM 方式指开关工作周期恒定，通过改变脉冲宽度来改变占空比的方式。本节以上提到的 PWM 型功率转换电路就是指其稳压方式是让开关管工作频率固定（即周期不变），通过改变开关管在一个固定周期内导通时间（即宽度）来改变直流输出电压最终达到输出电压稳定的目的。

2）脉冲频率调制（Pulse Frequency Modulation，PFM）。PFM 是指导通脉冲宽度恒

定，通过改变开关工作频率（即工作周期）来改变占空比的方式。

3）混合调制。混合调制是指导通脉冲宽度和开关工作频率均不固定，彼此都能改变的方式，它是以上两种方式的混合。

3.2.5　集成 PWM 控制器

脉宽调制（PWM）控制电路是开关电源的重要组成部分，其作用是产生 PWM 信号，向功率开关管或它的驱动电路提供前后沿陡峭、占空比可变、工作频率不变的矩形脉冲列。对于单端开关电源，只需提供一组矩形脉冲列；而对于双端开关电源（推挽、全桥和半桥变换器），则需提供相位相差 180°、对称并且有死区时间的两组矩形脉冲列。

对 PWM 控制电路的基本要求是以下几点。

1）满足开关电源输出电压稳定度及动态品质的要求。

2）与主回路配合，使开关电源具有规定的输出电压值及其调节范围。

3）能实现开关电源的软启动。

4）能实现开关电源的过电流、过电压保护。

现在 PWM 控制电路普遍采用单片集成 PWM 控制器，其型号较多，通常分为电压型控制器和电流型控制器两类，电流型控制又分为峰值电流模式控制和平均电流模式控制。电压型 PWM 集成控制器只有电压反馈控制，可以满足开关电源稳定输出电压等要求。电流型 PWM 集成控制器不仅有电压反馈控制，还增加了电感电流反馈控制，控制电路为双环控制，具有电压外环和电流内环，从而使开关电源系统具有快速的瞬态响应及高度的稳定性，有很高的稳压精度，可实现逐周限流，并具有良好的并联运行能力。

3.2.6　通信用高频开关整流器主电路举例

图 3.23 为输入单相交流电的通信用高频开关整流器主电路举例，同时画出了一些控制电路的方框。

图中 QF 为断路器（空气开关），用它控制整流器交流电源的通断；当输入交流电流过电流时能自动断开，起过电流和短路保护作用。输入滤波器除了采用具有共模电感的抗干扰滤波器外，还在两条输入线上各串联了一个电感，以便更好地滤除有源功率因数校正电路产生的反灌高频电流分量。输入过电压保护由继电器 K_1 执行，平时 K_1 不动作，其常闭触点接通，当交流输入电压高于允许输入电压范围的上限时，K_1 动作，使常闭触点断开，切断整流器主电路的交流输入。开机时用电阻 R 限制输入冲击电流，实现软启动。启动完成后 K_2 继电器动作，其常开触点闭合将 R 旁路。有源功率因数校正电路为 PWM 升压式电路。DC/DC 变换器为移相全桥 ZVS－PWM 变换器。

输出滤波器采用了具有共模电感的抗干扰滤波器。输出侧的电流取样用于整流器输出限流保护（以及后面将要讲述的均流控制）。整流器的输出就是 DC/DC 变换器的输出，DC/DC 变换器是一个负反馈自动调整系统，其输出大小由 PWM 集成控制器来控制，在

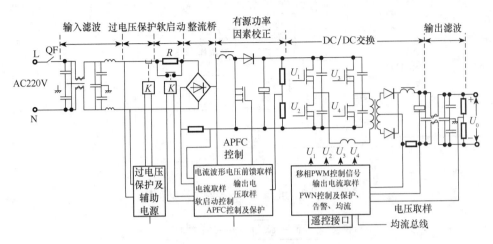

图 3.23 单相输入的通信用高频开关整流器主电路举例

电源电压变化或负载变化时,能自动保持输出稳定。当 PWM 集成控制器中电压误差放大器输入的取样电压是反映整流器输出电压的变化时,自动调整稳定的对象为输出电压;如果取样电压反映的是整流器输出电流的变化,那么自动调整稳定的对象就成为输出电流。整流器正常工作时,输出电流取样电压小于输出电压的取样电压而不起作用,整流器运行于自动稳压状态;当整流器负载过重,输出电流上升到限流点时,输出电流取样电压大于输出电压的取样电压而取代它,于是整流器运行于自动稳流状态,从而限制输出电流的上升。我国通信行业标准 YD/T731—2002《通信用高频开关整流器》规定,通信用高频开关整流器应具有直流输出电流的限流性能,限流点为其额定值的 105%~110%。

3.2.7 均流电路

以自动稳压方式并联运行的整流器必须有均流措施,使其输出电流均衡。否则,由于各整流器的输出电压和等效内阻实际上不可能完全一致,其中有些整流器将会负载过重,从而影响系统的可靠性,甚至造成并联失败。

均流电路用来使并联运行的整流器输出电流自动均衡。实现均流的方法较多,均流效果好,在通信高频开关电源中广泛采用的,主要是最大电流法均流和平均电流法均流。采用这类方法,开关电源系统中各整流模块依靠自身的性能来完成均流任务,整流模块之间只需连接一根均流总线,此外,不需要其他任何外部控制,减小了均流失败的因素。

1 平均电流法自动均流

平均电流法自动均流的控制电路原理图如图 3.24 所示。各整流模块的电流放大器输出端通过一个电阻 R 接到一条公用的均流总线上,同时均流误差放大器的同相输入端也与均流总线连接(整流模块正常工作时继电器 K 动作,其常开触点闭合)。

n 个整流模块与均流总线连接如图 3.25 所示。利用该图来求均流总线上的电压 USB。

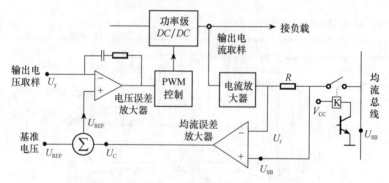

图 3.24　平均电流法均流控制电路原理图

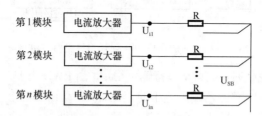

图 3.25　n 个模块接均流总线

根据基尔霍夫电流定律,可得

$$\frac{U_{i1}-U_{SB}}{R}+\frac{U_{i2}-U_{SB}}{R}+\cdots+\frac{U_{in}-U_{SB}}{R}=0 \qquad (3.16)$$

因此,均流总线的电压为:

$$U_{SB}=\frac{U_{i1}+U_{i2}+\cdots+U_{in}}{n} \qquad (3.17)$$

式中,n 是整流模块的个数;U_{i1},U_{i2},…,U_{in} 是各整流模块电流放大器的输出电压(即反映各整流模块输出电流大小的信号电压)。

由式(3.17)得知,平均电流法均流总线上的电压为各整流模块电流放大器输出电压的平均值。

对每个整流模块而言,若均流总线上的电压 U_{SB} 大于本模块电流放大器的输出电压 U_i,则表明本模块的输出电流偏小,应调大;反之,若 $U_{SB}<U_i$,就表明本模块的输出电流偏大,应调小。各整流模块均流误差放大器的同相输入端接均流总线电压 U_{SB},反相输入端接本模块电流放大器输出电压 U_i,其输出电压用 U_C 表示。电压误差放大器的实际基准电压 $U'_{REF}=U_{REF}\pm U_C$。均流调节过程是:当 $U_{SB}>U_i$ 时,均流误差放大器输出正电压,使电压误差放大器的实际基准电压 U'_{REF} 升高,于是模块输出电压升高,使输出电流增大;当 $U_{SB}<U_i$ 时,均流误差放大器输出负电压,使电压误差放大器的实际基准电压 U'_{REF} 降低,于是模块输出电压降低,使输出电流减小。当 $U_{SB}=U_i$(即 R 两端电压为零)时,表明已实现了均流,这时均流误差放大器的输出电压 $U_C=0$,电压误差

放大器的实际基准电压 $U'_{REF}=U_{REF}$。这种均流电路均流精度比较高。但是，当某个整流模块出现故障无输出时，将使均流总线上的电压 U_{SB} 降低，于是各整流模块输出电压下调，甚至达其下限，结果造成系统故障。

为解决这个问题，在均流电路中接入继电器 K。整流模块正常工作时，控制晶体管导通使 K 动作，其常开触点闭合，接通均流总线；当整流模块不工作或出现故障时，晶体管截止，K 释放，其常开触点断开，使该模块脱离均流系统。

2 最大电流法自动均流

最大电流法自动均流的控制电路原理图如图 3.26 所示。各整流模块的电流放大器输出端通过一个隔离二极管 VD 接到均流总线上，均流误差放大器的同相输入端也与均流总线连接。该图与图 3.34 的区别是用二极管 VD 代替了电阻 R，同时不必接继电器 K。

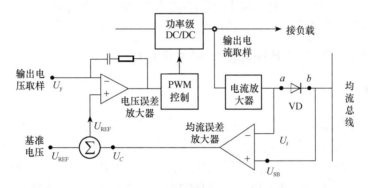

图 3.26　最大电流法均流控制电路原理图

这是一种自动设定主模块和从模块的方法，输出电流最大的整流模块自动成为主模块，其他模块则为从模块。在 n 个并联的模块中，事先没有人为设定那一个为主模块，所以这种均流方法也称为"民主均流"法。

由于二极管的单向导电性，n 个整流模块并联运行时，只有电流放大器输出电压最大的那个二极管才导通，因此，均流总线上的电压 U_{SB} 近似等于主模块电流放大器的输出电压，其他从模块电流放大器的二极管均反偏截止。

从模块 $U_i<U_{SB}$，均流误差放大器同相输入端的电压高于反向输入端而输出正电压（$+U_C$），使电压误差放大器的实际基准电压 U'_{REF} 升高，于是模块的输出电压升高，使输出电流增大，向主模块靠拢；从模块与主模块的电流差值愈大，则 $+U_C$ 愈大，该从模块输出电压、电流的增加也就愈大。这样就实现了自动均流。

由于二极管总有正向压降，因此，主模块均流会有误差，比从模块输出电流大。从模块之间则均流较好。

为了减少主模块的均流误差，通常采用既有隔离作用又没有正向压降的缓冲器来代替二极管，即在图 3.26 的 a、b 两点间，接入图 3.27 所示电路来替换二极管 VD。最大电流法自动

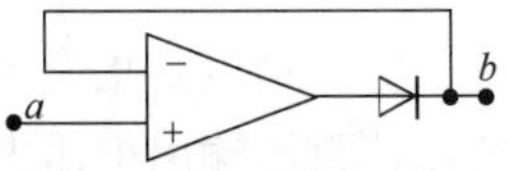

图 3.27　单向缓冲器

均流可靠性高，当某一个模块损坏时不影响系统的工作。

根据最大电流法自动均流的原理，UNITRODE 公司开发了"均流控制器集成电路"UC3907，用于均流控制，均流误差在 2.5%以内。

上面讲述的是用均流误差放大器的输出电压调节电压误差放大器的实际基准电压来实现自动均流。另外，也可以用均流放大器的输出电压调节取样电压（U_y）来实现自动均流——电压误差放大器的基准电压固定，用晶体管串联适当电阻组成一个可变电阻，与输出电压取样电路中的分压电阻并联，由均流误差放大器的输出电压 U_c 来调节这个可变电阻的阻值大小，从而改变取样电路的分压比。例如，当某个模块输出电流偏小时，$U_i < U_{SB}$，且会有较大差值，因此，均流误差放大器输出电压 U_C 增大，U_C 控制可变电阻值减小，使取样电路分压比减小，取样电压下降，于是电压误差放大器输出电压增大，使该模块输出电压、电流增大。需要指出，均流电路只能对整流模块的输出电压进行微调。要使并联运行的整流模块均流状况好，应在并联运行前先把每个整流模块的单机输出电压调整成一致（调内基准）。

3.2.8　通信用高频开关整流器的若干技术指标

1　效率

效率是指电网电压为额定值、直流输出电压为稳压上限值、输出电流为额定值时，直流输出功率与交流输入有功功率之比的百分数。我国通信行业标准 YD/T731—2002《通信用高频开关整流器》规定，整流器在单机输出最大功率不小于 1500W 时，效率应不小于 90%；在单机输出最大功率小于 1500W 时，效率应不小于 85%。

2　负载效应（负载调整率）

负载效应是指交流输入电压为额定值，直流输出电流在额定值的 5%～100%范围变化，直流输出电压偏离整定值的变化率（直流输出电压在输出电流为额定值的 50%时整定）。YD/T731—2002 规定，应不超过直流输出电压整定值的±0.5%。

3　源效应（电网调整率）

源效应是指直流输出电流为额定值，交流输入电压在额定值的 85%～110%范围内变化，直流输出电压偏离整定值的变化率（直流输出电压在交流输入电压为额定值时整定）。YD/T731—2002 规定，应不超过直流输出电压整定值的±0.1%。

4　稳压精度

稳压精度是指交流输入电压在 85%～110%之间变化，负载电流在 5%～100%范围内变化，直流输出电压偏离整定值的变化率。稳压精度（δ_V）按下式计算：

$$\delta_V = \frac{U - U_\circ}{U_\circ} \times 100\% \qquad (3.18)$$

式中，U 是所测直流输出电压偏离整定值出现的最大值及最小值；$U_\circ$ 是直流输出电压整定值，在输入额定电压、输出 50%额定电流时整定。YD/T731—2002 规定，δ_V 应不超过直流输出电压整定值的 ±0.6%。

5　宽频杂音电压

宽频杂音电压是指整流器输入电压与输出电流为额定值时，直流输出电压中一定频宽内的交流分量的方均根值（即一定频宽内交流分量总的有效值），即

$$U_{宽} = \sqrt{U_1^2 + U_2^2 + \cdots + U_n^2} \qquad (3.19)$$

YD/T 731—2002 规定，应 3.4～150kHz 频带内：≤50mV；0.15～30MHz 频带内：≤20mV。宽频杂音电压要用有效值毫伏表测量，可用高低频杂音测试仪（如：QZY11型）测，测试回路应串入不小于 10μF 的隔直电容器。在电磁骚扰严重的环境下测试时，测试线两端应并联 0.1μF 的无极性电容器。

6　电话衡重杂音电压

电话衡重杂音电压是指整流器输入电压与输出电流为额定值时，直流输出电压中的交流分量通过国际电信联盟规定的电话衡重网络（A）后测得的杂音电压值。即模拟人耳接收情况、等效为 800Hz 的杂音电压，它等于各交流分量衡重杂音电压的方均根值。

$$U_{衡} \sqrt{(C_1 U_1)^2 + (C_2 U_2)^2 + \cdots + (C_n U_n)^2} \qquad (3.20)$$

式中，C_1、C_2、…、C_n 是各交流分量的衡重系数；U_1、U_2、…、$U_\circ$ 是各交流分量的有效值。YD/T731—2002 规定，电话衡重杂音电压应不超过 2mV。

电话衡重杂音电压用高低频杂音测试仪（如：QZY11 型）在电话衡重加权模式测量，测试回路应串入不小于 10μF 的隔直电容器。

7　峰—峰值杂音电压

峰—峰值杂音电压是指整流器输入电压与输出电流为额定值时，直流输出电压中在 0～20MHz 频带内交流分量的峰—峰间电压值。YD/T 731—2002 规定，峰—峰值杂音电压应不超过 200mV。峰—峰值杂音电压用示波器（20MHz）测量。

8　离散频率杂音电压

离散频率杂音电压是指整流器输入电压与输出电流为额定值时，直流输出电压中在规定频带内单个频率的杂音电压。YD/T 731—2002 规定，离散频率杂音电压 3.4～150kHz 频带内应不大于 5mV，150～200kHz 频带内应不大于 3mV，200～500kHz 频带内应不大于 2mV，0.5～30MHz 频带内应不大于 1mV。

离散频率杂音电压采用 30MHz 选频表测量，测试回路应串入一只 0.1μf/100V 无极性电容器阻隔直流。

3.3 开关电源系统简介

3.3.1 开关电源系统简述

目前通信用高频开关整流器一般做成模块的形式，由交流配电单元、直流配电单元、整流模块和监控模块组成开关电源系统。图 3.28 是一个开关电源系统示意图，它包括若干整流模块、交流配电单元、直流配电单元和监控模块。

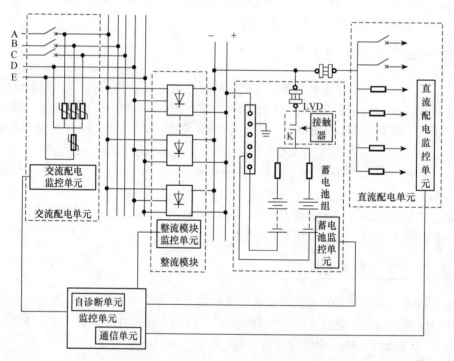

图 3.28　开关电源系统示意图

图中，交流配电单元负责将输入三相交流电分配给多个整流模块（一般用单相交流电居多）。交流输入采用三相五线制，即 a、b、c 三根相线和一根零线 N、一根地线 E。首先接有 MOA 避雷器（接地与防雷的原理将在第 7 章节中讲解），保护后面的电器遭受高电压的冲击，再接有 3 个空气开关控制三相交流电的输入与否。

整流模块完成将交流转换成符合通信要求的直流电。这里所指的符合通信要求的内容有：输出的直流电压要稳定、输出的直流电压所含交流杂音小、输出电压应在一定范围内可以调节，以满足其后并接的蓄电池充电电压的要求。同时，由于一个开关电源系统具有多个整流模块，所以多个整流模块工作时有一个相互协调的问题，包括多个整流模块工作时合理分配负载电流（即均流功能），其中某个整流模块出现输出高压时该模块能正常退出而不影响其他模块的工作（即选择性过电压停机功能）等。

一个开关电源系统根据情况配有一组或两组蓄电池，在整流模块输出后，属于直流配电单元。除了串有相应的保护熔丝以外，我们注意到还串有接触器的常开触点 K，称之为蓄电池组的低压脱离（Low Voltage Disconnectted，LVD）装置。当系统输出电压在正常范围内时，该常开触点 K 的动作是闭合的，也就是说蓄电池组是并入开关电源系统参与工作的；当整流模块停机，由蓄电池组单独对外界负载放电时，随着放电时间的延长，电池的输出电压会越来越低，当电池电压达到一个事先设定的保护电压值时，为了保护电池组不至于过放电而损坏，常开触点 K 释放打开，从而断开了电池组与系统的连线，此时，系统供电中断（事实上如此低的输出电压对其后的通信负载也会产生不良的影响）。这种情况将造成重大的通信事故，所以我们应加强日常维护工作，避免蓄电池组长时间放电。

直流配电单元负责将蓄电池组接入系统与整流模块输出并联，再将一路不间断的直流电分成多路分配给各种容量的直流通信负载。其中在相应线路中接有熔丝保护和测量线路电流的分流器。

3.3.2　各单元功能

监控单元是整个开关电源系统的"总指挥"，起着监控各个模块的工作情况，协调各模块正常工作的作用。监控单元主电路以 CPU 为核心，采用 EPRAM、RAM、EEPRAM 等以实现分别存储各种数据的目的。为实现多个下级设备的连接，具有串口电路。为实现人机对话，具有 I/O 接口电路，以连接键盘、LCD 模块和输出告警的等接点。此外，为了保证监控单元的高可靠性工作，具有看门狗电路。 监控单元软件设计采用面向对象的编程方法。

监控单元主要实现对开关电源系统的信息查询、参数设置、系统控制、告警处理、电池管理和后台通信等功能。

从监控对象的角度我们将监控模块分为 6 个功能单元：交流配电单元监控单元、整流模块监控单元、蓄电池组监控单元、直流配电单元监控单元、自诊断单元和通信单元。下面简单分析各功能单元分别完成哪些具体功能。

1　交流配电单元监控单元

监测三相交流输入电压值（是否过高、过低，有无缺相、停电）、频率值、电流值以及 MOA 避雷器是否保护损坏等情况。能显示它们的值以及状态，当不符合事先设定的值时，发出声光告警，记录相关事件发生的详细情况，以备维护人员查询。

2 整流模块监控单元

监测整流模块的输出直流电压、各模块电流及总输出电流，各模块开关机状态、故障与否、浮充或均充状态以及限流与否。控制整流模块的开关机、浮充或均充。显示相关信息以及记录事件发生的详细情况。

注：①蓄电池组日常充电一般有两种电压：浮充电压和均充电压，一般以浮充为主，当浮充电压较长时间或电池放电后转入更高电压的均充。②整流模块一般工作在稳压状态，当负载电流太大时，整流模块自动进入"稳流状态"，直到负载电流减小到正常范围以内后重新进入正常的稳压状态。这种"稳流状态"使得整流模块的输出电流一直稳定在我们事先设定的一个极限值，不会随负载的增加而增加，我们称之为限流。

3 蓄电池组监控单元

监测蓄电池组总电压、充电电流或放电电流，记录放电时间以及放电容量、电池温度等。控制蓄电池组 LVD 脱离保护和复位恢复（根据事先设定的脱离保护电压和恢复电压）；蓄电池组均充周期的控制、均充时间的控制和蓄电池温度补偿的控制等。

注：①蓄电池组周期均充指根据蓄电池厂家的建议，一般在"一定时间"浮充之后，要进行数小时的均充，这个"一定时间"即均充的周期。②蓄电池温度补偿是指蓄电池充电的最佳电压会随着温度的变化而改变，监控单元能根据温度的变化控制整流模块动态地调整输出电压以满足电池最佳充电电压的要求。

4 直流配电单元监控单元

监测系统总输出电压、总输出电流、各负载分路电流以及各负载分路熔丝和开关情况。

5 自诊断单元

监测监控单元本身各部件和功能单元工作情况。

6 通信单元

设置与远端计算机连接的通信参数（包括通信速率、通信端口地址），负责与远端计算机的实时通信。

3.4 开关电源系统的故障处理与维护

高频开关电源系统在通信电源系统中处于重要地位，在通信电源管理维护中，对高频开关电源的故障处理和维护是一项非常重要的工作。由于开关电源系统本身平均无故障运行时间（Mean Time Between Failure，MTBF）的长短、日常维护质量的优劣、外界干扰强度和工作环境等因素的影响，设备发生故障是难免的，对故障的迅速、正确排除，减少故障所造成的损失是项重要的基本任务。

目前的高频开关电源系统具有一定的智能化，不但体现在具有智能接口能与计算机相连实现集中监控，而且当系统发生故障时，系统监控单元能显示故障事件发生的具体部位、时间等。维护人员利用监控单元的这些信息能初步判断故障的性质。但由于目前高频开关电源系统智能化程度还远远没有达到真正能代替人的所谓"人工智能"的程度，很多实际故障发生后的判断处理仍然需要有经验的电源维护人员根据故障现象，进行缜密分析，作出正确的检查、判断及处理。

1 系统检查维修的基本步骤

当设备发生故障后，需进行维修。系统检查维修的基本步骤如下。

（1）首先查看系统有无声光报警指示

由于开关电源系统各模块均有相应的告警提示，如：整流模块故障后其红色告警指示灯点亮，同时系统蜂鸣器发出报警声。

（2）其次观察具体故障现象或告警信息提示

例如，观察具体故障现象与监控单元提示是否一致，有无历史告警信息等，有时可能会出现处理故障的检修方法，即可完成故障检修。

（3）形成处理故障的检修方法

根据故障现象或告急信息，对本开关电源作出正确的分析即形成处理故障的检修方法，即可完成故障检修。

2 开关电源的故障分类

开关电源的故障可分为正常的告警类故障、非正常告警类故障、功能丧失类不告警故障以及性能不良不告警故障 4 类，如图 3.29 所示。

（1）正确的告警类故障

这一故障发生时，系统配电模块、整流模块会有相应的故障指示，查看监控的单元

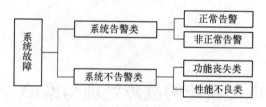

图 3.29　故障分类

由相应的告警信息，各监控单元提示的故障信息与实际情况一致。

（2）非正常告警类故障

这一类故障发生时，虽然系统有故障灯亮、告警声响等现象，但情况与监控单元告警信息不一致或监控单元无相应告警信息。

（3）功能丧失类不告警故障

这一类故障发生时，系统的功能发生异常或丧失，但系统没有任何告警提示。

（4）性能不良不告警故障

这一类故障发生时，系统检测的参数不符合系统性能指标，发生检测不准或参数不对等情况。

在实际检修过程中，可以根据故障现象归入上述一种或多种情况。

3　正常告警与非正常告警

系统告警类的典型特征是系统对应部位声光告警，例如，交流配电发生故障会发生配电故障灯亮，或有蜂鸣器告警；模块发生故障会出现模块灯亮；监控有当前告警时监控单元灯亮，或有蜂鸣器告警。在处理系统告警类故障时，一般先按正常告警方法检修，查不出故障时按非正常告警检修方法检修。

在配电故障中，可依据监控告警信息，找出可能发生的故障部位。交流配电故障中，可分为交流电故障及交流输入回路（及后续电路引起交流输入回路）故障；直流配电故障中，可分为输出电压故障、电池支路及输出支路故障。

监控通信故障中（监控单元告警，其他部位无告警），可依据交、直流屏通信中断，模块通信中断等方面去梳理。

模块故障依据告警性质不同（红、黄灯不同）去分析属模块故障还是风扇故障。

4　功能丧失或性能不良类故障

在交流配电中的故障现象如：指示灯损坏、电路板损坏以及当交流过电压、欠电压时的保护等。下面以各整流模块之间均流不正常为例来说明。

故障现象：模块与模块之间输出电流不均衡，不均流度大于 5%，或某一模块总是偏大或偏小。

检修流程图如图 3.30 所示，在进行分析时，可以根据不同的故障，作出不同的检修流程图，加以分析判断。

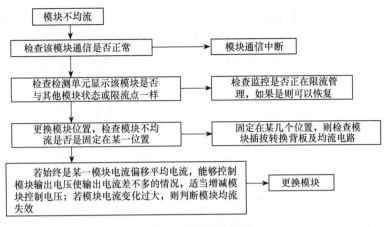

图 3.30　故障检修流程

本 章 小 结

　　高频开关整流器作为通信电源系统的核心，其优点可归为纳体积小、重量轻、功率因数高、节能高效、稳压精度高、可闻噪声低、维护简单、扩容方便、智能化程度较高。

　　高频开关整流器由主电路和控制电路、检测电路、辅助电源组成，其中主电路是功率输送的主要电路，分为交流输入滤波、整流与滤波、功率因数校正、逆变、输出整流与滤波等电路。

　　功率转换电路是高频开关整流器中最核心的电路，其工作频率的提高可以使得功率变压器的体积大大减小，但功率开关元件的开通和关断损耗制约了工作频率的进一步提高，为此，出现了谐振型功率转换电路。

　　开关整流器稳压原理是时间比例控制的原理，即通过改变开关接通时间和工作周期的比例，来调整输出电压。具体方式有：脉冲宽度调制方式，脉冲频率调制方式和混合调制方式。

　　常见的功率开关元件有 MOSFET 和 IGBT，两者相比，功率 MOSFET 管导通压降较大，而 IGBT 关断时有拖尾现象，制约了开关速度的提高。

　　在高频开关整流器中，功率因数校正的基本方法有两种：无源功率因数校正和有源功率因数校正。无源功率因数校正法简单，但效果不很理想，因此，目前使用较多的是有源功率因数校正。有源功率因数校正技术目的在于减小输入电流谐波，而且使输入电流与输入电网电压几乎同相为正弦波，从而大大提高功率因数。

　　高频开关整流器中主要的滤波电路有：输入滤波、工频滤波和输出滤波。

　　高频开关整流器处于市电电网和通信设备之间，它与市电电网和通信设备都有着双向的电磁干扰，为了抑制这些噪声对自身和外界的影响，一般采用滤波、屏蔽、接地、合理布局、选择电磁兼容性能更好的元件和电路等来达到电磁兼容性的要求。

　　通信用高频开关电源系统由交流配电单元、直流配电单元、整流模块和监控模块组成，其中监控模块起着协调管理其他单元模块和对外通信的作用，日常对开关电源系统的维护操作主要集中在对监控模块菜单的操作。

开关电源的故障多种多样，可分为正常告警类故障、非正常告警类故障、功能丧失类不告警故障、性能不良不告警故障，应根据系统的实际情况，作出不同的检修流程图，加以分析判断。

习　题

一、填空题

1. 传统的晶闸管相控整流器工作频率低，要求＿＿＿＿＿＿和滤波元件的体积大，重量大和耗能高。

2. 高频开关整流器也称为＿＿＿＿＿＿整流器，主要由主电路、辅助电路和控制电路 3 部分组成。

3. 功率因数校正电路用于减小高频开关整流器输入电流中的谐波成分，使整流器的输入电流波形接近＿＿＿＿＿＿并与输入电压同相，功率因数接近 1。

4. 辅助电源提供高频开关整流器中控制电路等部分的＿＿＿＿＿＿电压，通常采用单端反激变换器。

5. 脉冲频率调制指在开关脉冲宽度恒定的情况下，将二次整流后的输出电压的波动变换为频率的变化，从而改变脉冲的＿＿＿＿＿＿＿，驱动开关器件，使输出电压稳定。

6. 谐振型整流器是采用＿＿＿＿＿＿技术设计的，按其功率开关器件的过零方式可分为零电流开关型（ZCS）和零电压开关型（ZVS），因而其开关损耗小，工作频率高，可达 10MHz 以上。

7. 功率 MOSFET 是一种＿＿＿＿＿＿电压控制器件，具有驱动功率小、工作速度高、无二次击穿和安全区宽等优点。

8. 光耦合器把发光器件和受光器件封装在一个外壳内，将发光器件接输入侧，受光器件接输出侧，以光作媒介来传输信号，实现输入与输出的＿＿＿＿＿＿。

9. 线路上两线之间的噪声电压称为＿＿＿＿＿＿电压，两线共有的对地噪声电压称为＿＿＿＿＿＿声电压。

10. 高频开关整流器稳压的原理就是＿＿＿＿＿＿。

二、选择题

1. 输入三相交流电的整流模块，目前大多采用无源功率因数校正电路，使整流器的功率因数达到（　　）。

A．0.92～0.94　　　　　　B．0.85～0.90

C．0.95～1　　　　　　　D．0.75～0.8

2．采用（　　　）技术减小变压器体积可以认为是高频开关整流器的核心技术。

    A．单片机　　　　　　　　　　　B．低频振荡

    C．微波　　　　　　　　　　　　D．高频变换

3．硬开关指整流器中的功率开关器件，工作在电流（　　　）时的强迫关断，和电压不为零时的强迫导通。

    A．为零　　　　　　　　　　　　B．大

    C．不为零　　　　　　　　　　　D．小

4．具有共模电感的抗干扰滤波器不仅能够抑制共模噪声电压，也可以抑制（　　　）噪声电压。

    A．差模　　　　　　　　　　　　B．高频

    C．低频　　　　　　　　　　　　D．调频

5．门极绝缘双极晶体管又称绝缘门极晶体管，简称（　　　）。习惯性地称其为绝缘栅双极晶体管，或绝缘栅晶体管，它是一种 VMOSFET 和双极型晶体管的复合器件。

    A．TR　　　　　　　　　　　　　B．MOS

    C．IGBT　　　　　　　　　　　　D．DR

6．效率是指电网电压为额定值、直流输出电压为稳压上限值、输出电流为额定值时，（　　　）与交流输入有功功率之比的百分数。

    A．交流输出功率　　　　　　　　B．直流输出功率

    C．视在功率　　　　　　　　　　D．有功功率

7．稳压精度是指交流输入电压在（　　　）之间变化，负载电流在 5%～100%范围内变化，直流输出电压偏离整定值的变化率。

    A．80%～105%　　　　　　　　　B．70%～120%

    C．90%～115%　　　　　　　　　D．85%～110%

8．监控单元是整个开关电源系统的（　　　），起着监控各个模块的工作情况，协调各模块正常工作的作用。

    A．"总指挥"　　　　　　　　　　B．子系统

    C．辅助模块　　　　　　　　　　D．独立单元

三、判断题

1．高频开关整流器的工作原理是市电直接由二极管整流后，经功率因数校正电路，功率变换电路，把直流电源变换成高频率的交流电流，再经高频整流成电信设备需要的低电压直流电源。　　　　　　　　　　　　　　　　　　　　　　　　　　（　　　）

2．软开关指整流中的功率开关器件，工作在大电流关断和零电压导通状态。（　　　）

3．非谐振型整流器是采用软开关技术设计的，由于其功率开关器件是在电流或电压的非零状态下关断和导通的，开关损耗较大，因而开关频率不能太高。　　（　　　）

4．PWM 型功率转换电路有推挽、全桥、半桥以及单端反激、单端正激等形式。

                                                   （　　　）

5．PFM 是指导通脉冲宽度恒定，通过改变开关工作频率（即工作周期）来改变占空比的方式。　　　　　　　　　　　　　　　　　　　　　　　　　　（　　）

6．PWM 型功率转换电路控制简单，由基极驱动电路控制开关管交替导通，将直流转换成高频交流，开关管交替导通的频率越快，则转换成的交流频率越低。　（　　）

四、简答题

1．画出通信用高频开关整流器方框图。

2．快速功率二极管有哪几种？

3．VMOSFET 有哪几种栅极驱动电路？简要说明各种电路的工作原理。

4．画出 IGBT 的电路符号，标出电极名称及电压、电流方向。IGBT 有什么特点？

5．画出具有共模电感的抗干扰滤波器电路图，简要说明抑制共模噪声电压和差模噪声电压的原理。

6．写出整流器功率因数的定义式，简要说明功率因数校正的必要性。通信行业对高频开关整流器的功率因数有什么要求？

7．画图说明峰值电流模式控制的电流型 PWM 控制器基本原理。

8．简述时间比例控制稳压的基本原理。

第4章

蓄 电 池

❖ **本章内容简介**

本章主要以蓄电池的选配、安装、运行维护为主体，根据实际通信工程项目由易到难讲述蓄电池的发展、蓄电池的结构、蓄电池的基本工作原理、充放电特性、蓄电池的使用与维护5个小节，涵盖蓄电池的分类、阀控式密封铅酸蓄电池的化学反应原理与氧循环原理、放电电压的变化、充电电压的变化、阀控式密封铅酸蓄电池的安装、选配与维护等蓄电池关键技术。培养学生能够完成蓄电池的选配、安装、维护，具备电源设备安装调测、维护的专业能力和职业素养。

❖ **本章重点**

本章重点是阀控蓄电池的组成与工作原理，阀控蓄电池的选配、使用与维护。

❖ **本章难点**

本章难点是阀控蓄电池的使用容量选配，阀控蓄电池维护中的失效原因分析。

4.1

通信蓄电池发展概述

蓄电池是保障通信设备不间断供电的核心设备，是通信系统直流供电的重要组成部分。当市电正常工作时，蓄电池与整流器并联运行，能改善整流器的供电质量，起平滑滤波作用；当市电异常或整流器发生故障时，由蓄电池单独给通信设备供电，起备用作用。

通信设备对供电质量的要求，决定了对蓄电池的要求。

1）使用寿命长。从投资经济性考虑，电池的使用寿命必须与通信设备的更新周期相匹配，即 10 年左右。电池的使用寿命与电池工作环境以及循环充放电的频率有关。充放电频率越高，电池使用寿命越短。

2）安全性高。酸性蓄电池电解质为硫酸溶液，具有强腐蚀性，另外，对于密封电池，电池的电化学过程会产生气体，增加电池内部压力，压力超过一定限度时会造成电池爆裂，释放出有毒、腐蚀性气体、液体，因此，电池必须具备优秀的安全防爆性能。一般密闭式铅酸蓄电池都设有安全阀和防酸片，自动调节蓄电池内压，防酸片具有阻液和防爆功能。

3）具备安装方便、免维护、低内阻等特性。

由于铅酸蓄电池具有电压稳定性好、使用寿命长、安全性高、进行大电流放电的特点，所以在通信电源中得到广泛使用。

20 世纪 60 年代我国通信用铅酸蓄电池以开口式为主，70 年代中期我国首次研制并开始使用防酸隔爆式铅酸蓄电池，但是开口式和防酸隔爆式铅酸蓄电池充放电时析出的烟雾污染、腐蚀环境。70 年代末期国际上出现了阀控式密封铅酸蓄电池（VRLA），由于阀控式密封铅酸蓄电池具有无酸雾溢出、免加水、能与其他电气设备同室安装等特点，随着技术的成熟，从 90 年代起，我国开始推广阀控式密封铅酸蓄电池。但是当时的阀控式密封铅酸蓄电池属贫液型，后来又出现了富液式密封铅酸蓄电池。

相关知识

"阀控式密封铅酸蓄电池"（Valve-Regulated Lead Acid Battery，VRLA），是全密封的，不会漏酸，而且在充放电时不会像老式铅酸蓄电池那样会有酸雾放出来而腐蚀设备、污染环境，所以备受欢迎，在世界上广泛使用；富液型是相对贫液型而言的，也就是电池内有大量的酸水，简单的理解就是电解液超过极板。

4.1.1 蓄电池的分类

蓄电池按电解质性质可以分为 3 大类：酸性蓄电池、碱性蓄电池和有机电解质蓄电池。

酸性蓄电池采用稀硫酸作为电解质，如：通信设备中常用的铅酸蓄电池。碱性蓄电池采用碱性电解质（如：KOH、LiOH），如：镍镉（Ni-Cd）电池、镍氢（Ni-MH）电池、锌银（Zn-Ag20）电池等。锂离子蓄电池采用有机溶剂作电解质，是目前发展速度最快的蓄电池。碱性蓄电池和酸性蓄电池均采用水溶液的电解质；而锂离子电池，由于锂的化学活性高，不能采用水溶液电解质，必须采用无水的有机溶剂电解质。

铅酸蓄电池按电解液数量分为富液式蓄电池和贫液式蓄电池两类。通信设备中最常用的是铅酸蓄电池。从 1859 年法国人普兰特（Plante）铅酸蓄电池以来，已经有 160 多年的历史。至今，铅酸蓄电池仍然是全球产量最大，应用最广泛的二次电池。

阀控式密封铅酸蓄电池的型号识别列举如下。

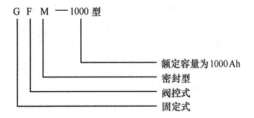

4.1.2 阀控式密封铅酸蓄电池

阀控式密封铅酸蓄电池简称 VRLA。它诞生于 20 世纪 70 年代，到 1975 年时，在一些发达国家已经形成了相当大的生产规模，很快就形成了产业化并大量投放市场。这种电池虽然也是铅酸蓄电池，但是它与原来的铅酸蓄电池相比具有很多优点，而备受用户欢迎，特别是让那些需要将电池和配套设备安装在一起（或一个工作间）的用户青睐，例如，UPS、电信设备、移动通信设备、计算机等。从结构特性上人们把 VRLA 电池又叫做密闭（封）铅酸蓄电池。为了区分，把老式铅酸蓄电池叫做开口铅酸蓄电池。由于 VRLA 电池从结构上来看，它不但是全密封的，而且还有一个可以控制电池内部气体压力的阀，所以 VRLA 铅酸蓄电池的全称便成了"阀控式密封铅酸蓄电池"。

铅酸蓄电池的电性能的参数量度：电池电动势、开路电压、终止电压、工作电压、放电电流、容量、电池内阻、储存性能、使用寿命（浮充寿命、充放电循环寿命）等。

1 蓄电池电动势、开路电压、工作电压

当蓄电池用导体在外部接通时，正极和负极的电化学反应自发地进行，倘若电池中电能与化学能转换达到平衡时，正极的平衡电极电势与负极平衡电极电势的差值，便是电池电动势，它在数值上等于达到稳定值时的开路电压。电动势与单位电量的乘积，表示单位电量所能做的最大电功。但电池电动势与开路电压意义不同：电动势可依据电池中的反应并利用热力学计算或通过测量计算，有明确的物理意义。后者只在数字上近于电动势，需视电池的可逆程度而定。

> **提示**
>
> 同一电池组各单体电池的电压值在使用初期会出现一定偏差，半年之后将趋于一致。

蓄电池在开路状态下的端电压称为开路电压。电池的开路电压等于电池正极电极电势与负极电极电势之差。

蓄电池工作电压是指电池有电流通过（闭路）的端电压。在电池放电初始的工作电压称为初始电压。电池在接通负载后，由于欧姆电阻和极化过电位的存在，电池的工作电压低于开路电压。

2 容量

蓄电池容量是指电池储存电量的数量，以符号 C 表示。常用的单位为安培小时，简称安时（Ah）或毫安时（$mA \cdot h$）。

电池容量是电池储存电量多少的标志，有理论容量、额定容量和实际容量之分。

（1）理论容量

理论容量是假设活性物质全部反应放出的电量。

（2）额定容量

额定容量是电池规定在 25℃ 环境温度下，以 10 小时率电流放电，应该放出最低限度的电量（Ah）。

1）放电率。放电率是针对蓄电池放电电流大小，分为时间率和电流率。

放电时间率指在一定放电条件下，放电至放电终了电压的时间长短。依据 IEC 标准，放电时间率有 20、10、5、3、1、0.5 小时率及分钟率，分别表示为：20Hr、10Hr、5Hr、3Hr、2Hr、1Hr、0.5Hr 等。放电电流率是为了比较标称容量不同的蓄电池放电电流大小而设的，通常以 10 小时率电流为标准，用 I_{10} 表示，3 小时率及 1 小时率放电电流则分别以 I_3、I_1 表示。

2）放电终止电压。铅蓄电池以一定的放电率在 25℃ 环境温度下放电至能再反复充电使用的最低电压称为放电终了电压。大多数固定型电池规定以 10Hr 放电时（25℃）终止电压为 1.8V/只。终止电压值视放电速率和需要而定。通常，为使电池安全运行，小于 10Hr 的小电流放电，终止电压取值稍高，大于 10Hr 的大电流放电，终止电压取值稍低。在通信电源系统中，蓄电池放电的终止电压，由通信设备对基础电压要求而定。

> **注意**
>
> 不要使蓄电池端子电压降至放电终止电压规定值以下。

3）额定容量。固定铅酸蓄电池规定在 25℃ 环境下，以 10 小时率电流放电至终了电压所能达到的额定容量。10 小时率额定容量用 C_{10} 表示。10 小时率的电流值为 $C_{10}/10$。

其他小时率下容量表示方法为：3 小时率容量（Ah）用 C_3 表示，在 25℃ 环境温度下实测容量（Ah）是放电电流与放电时间（h）的乘积，阀控铅酸固定型电池 C_3 和 I_3 值应该为

$$C_3 = 0.75\ C10\text{Ah}$$
$$I_3 = 2.5\ I10\text{h}$$

1 小时定容量（Ah）用 C_1 表示，实测 C_1 和 I_1 值应为

$$C_1 = 0.55\ C10\text{Ah}$$
$$I_1 = 5.5\ I10\text{h}$$

（3）实际容量

实际容量是指电池在一定条件下所能输出的电量。它等于放电电流与放电时间的乘积，单位为 Ah。

3 内阻

蓄电池内阻包括欧姆内阻和极化内阻，极化内阻又包括电化学极化与浓差极化。内阻的存在，使电池放电时的端电压低于电池电动势和开路电压，充电时端电压高于电动势和开路电压。电池的内阻不是常数，在充放电过程中随时间不断变化，因为其由活性物质的组成、电解液浓度和温度都在不断地改变。

欧姆电阻遵守欧姆定律；极化电阻随电流密度增加而增大，但不是线性关系，常随电流密度的对数增大而线性增大。

4 循环寿命

蓄电池经历一次充电和放电，称为一次循环（一个周期）。在一定放电条件下，电池工作至某一容量规定值之前，电池所能承受的循环次数，称为循环寿命。

各种蓄电池使用循环次数都有差异，传统固定型铅酸电池约为 500～600 次，起动型铅酸电池约为 300～500 次。阀控式密封铅酸电池循环寿命为 1000～1200 次。影响循环寿命的因素：一是厂家产品的性能；二是维护工作的质量。固定型铅电池使用寿命，还可以用浮充寿命（年）来衡量，阀控式密封铅酸电池浮充寿命在 10 年以上。

对于起动型铅酸蓄电池，按我国机电部颁标准，采用过充电耐久能力及循环耐久能力单元数来表示寿命，而不采用循环次数表示寿命。即过充电单元数应在 4 以上，循环耐久能力单元数应在 3 以上。

5 能量

蓄电池的能量是指在一定放电制度下，蓄电池所能给出的电能，通常用瓦时（Wh）表示。

蓄电池的能量分为理论能量和实际能量。理论能量 $W_{理}$ 可用理论容量和电动势（E）

的乘积表示，即

$$W_理 = C_理 E$$

蓄电池的实际能量为一定放电条件下的实际容量 $C_实$ 与平均工作电压 $U_平$ 的乘积，即

$$W_实 = C_实 U_平$$

常用比能量来比较不同的电池系统。比能量是指电池单位质量或单位体积所能输出的电能，单位分别是 Wh/kg 或 Wh/L。

比能量有理论比能量和实际比能量之分。前者指 1kg 电池反应物质完全放电时理论上所能输出的能量。实际比能量为 1kg 电池反应物质所能输出的实际能量。

由于各种因素的影响，电池的实际比能量远小于理论比能量。实际比能量和理论比能量的关系可表示如下：

$$W_实 = W_理 \times KV \times KR \times Km$$

式中，KV 为电压效率；KR 为反应效率；Km 为质量效率。

电压效率是指电池的工作电压与电动势的比值。电池放电时，由于电化学极化、浓差极化和欧姆压降，工作电压小于电动势。

反应效率表示活性物质的利用率。

电池的比能量是综合性指标，它反映了电池的质量水平，也表明生产厂家的技术和管理水平。

6 储存性能

蓄电池在储存期间，由于电池内存在杂质（如：正电性的金属离子），这些杂质可与负极活性物质组成微电池，发生负极金属溶解和氢气的析出。又如：溶液中及从正极板栅溶解的杂质，若其标准电极电位介于正极和负极标准电极电位之间，则会被正极氧化，又会被负极还原。所以有害杂质的存在，使正极和负极活性物质逐渐被消耗，而造成电池丧失容量，这种现象称为自放电。

电池自放电率用单位时间内容量降低的百分数表示：即用电池储存前（C_{10}'）（C_{10}''）容量差值和储存时间 T（天、月）的容量百分数表示。

7 使用因素对电池容量的影响

影响电池容量的主要因素有：放电率、放电温度、电解液浓度和终了电压等。

（1）放电率的影响

放电至终了电压的快慢叫做放电率，放电率可用放电电流的大小，或者用放电到终了电压的时间长短来表示，分为时间率和电流率。一般都用时间表示，其中以 10 小时率为正常放电率。

对于一给定电池，在不同时率下放电，将有不同容量。表 4.1 为 GFM—1 000 电池在常温下不同放电率放电时的容量。

表 4.1　常温下不同放电率放电时的容量

放电率/Hr	1	2	3	4	5	8	10	12	20
容量/A·h	550	656	750	790	850	944	1000	1045	1100

放电率越高，放电电流越大。这时极板表面迅速形成 $PbSO_4$。而 $PbSO_4$ 的体积比 PbO_2 和 Pb 大，堵塞了多孔电极的孔口，电解液则不能充分供应电极内部反应的需要，电极内部活性物质得不到充分利用，因而高倍率放电时容量降低。

（2）电解液温度的影响

环境温度对电池的容量影响很大。在一定环境温度范围内放电时，使用容量随温度升高而增加，随温度降低而减小。

电解液在温度较高时，其离子运动速度增加，扩散能力加强，电解液内阻减小，放电时电流通过电池内部，压降损耗减小，所以电池容量增大；当电解液温度下降时，则容量降低。但环境温度不能过高，若在环境温度超过 40℃ 条件下放电，则电池容量明显减小。因为正极活性物质结构遭到破坏，若放电转变为 $PbSO_4$，其颗粒间就形成了电气绝缘，所以电池容量反而减小。

依据国家标准。阀控式密封铅酸蓄电池放电时间，若温度不是标准温度（25℃），则需将实测电量 C_t 换算成标准温度的实际容量 C_e，即

$$C_e = \frac{C_t}{1+k(t-25)}$$

式中，C_t 为非标准温度下电池放电量；t 为放电时的环境温度；k 为温度系数。10 小时率容量试验时 $k=0.006/℃$；3 小时率容量试验时 $k=0.008/℃$；1 小时率容量试验时 $k=0.01/℃$。

（3）电解液浓度的影响

电解液浓度影响电液扩散速度和电池内阻。在实用范围内，电池容量随电解液浓度的增大而提高。但也不可浓度过大，因为浓度高则粘度增加，反而影响电液扩散，降低输出容量。

（4）终止电压的影响

电池的容量与端电压降低的快慢有密切关系。终止电压是按实际需要确定的，小电流放电时，终止电压要定得高些；大电流放电，终止电压要定得低些。因为小电流放电时，硫酸铅结晶易在孔眼内部生成，而且结晶较细。由于孔眼率较高，电解液便于内外循环，因此，电池的内阻小，电势下降就慢。如果不提高终了电压值，将会造成电池深度过量放电，使极板硫酸化，故而终止电压规定得高些。大电流放电时，扩散速度跟不上，端电压降低很快，容量发挥不出来，因此，终止电压应定得低些。

另外，电池容量还与电池的新旧程度、局部放电等因素有关。

4.2

阀控式密封铅酸蓄电池的结构

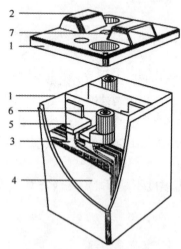

图 4.1 阀控式密封铅酸蓄电池
结构图

1. 电池槽、盖；2. 提手；3. 正负极群；4. 微细玻璃纤维隔板；
5. 汇流排；6. 端子；7. 安全阀

阀控式密封铅酸蓄电池的结构如图 4.1 所示。

1 电池槽、盖

阀控式密封铅酸蓄电池的电池槽盖是盛装正负极群、微细玻璃纤维隔板、电解液的容器。它的材料选用超强阻燃 PP、PVC、ABS 塑料制成具有耐酸腐蚀、抗氧化、机械强度好、硬度大、水汽蒸发泄露小、氧气扩散渗透小的特点。

2 提手

为了在工程运输中便于搬运而设置的。

3 正负极群

板栅采用特殊的铅钙锡铝四元合金，抗伸延、耐腐蚀，析氢过电位高。正极板上的活性物质是二氧化铅（PbO_2），负极板上的活性物质为海绵状的铅（Pb）。

参加电池反应的活性物质铅和二氧化铅是疏松的多孔体，通常用铅或铅钙合金制成的栅栏片状物为载体，使活性物质固定在其中，这种物质称为板栅。它的作用是支持活性物质并传输电流。

VRLA 的极板大多为涂膏式，这种极板是在板栅上涂敷由活性物质和添加剂制成的铅膏，经固化、化成等工艺过程而制成。

4 微细玻璃纤维隔板

阀控式铅酸蓄电池中的隔板材料普遍采用超细玻璃纤维。隔板在蓄电池中是一个酸液储存器，电解液大部分被吸附在其中，并被均匀、迅速分布，而且可以压缩，并在湿态和干态条件下都保持着弹性，以保持导电和适当支撑活性物质的作用。为了使电池有良好的工作特性，隔板还必须与极板紧密保持接触。它的主要作用是：吸收电解液、提供正极析出的氧气向负极扩散的通道、防止正/负极短路等。

5 汇流排

汇流排的作用是用于耐大电流冲击。

6 端子

端子内嵌铜芯，使其电阻最小化，极柱密封采用瑞士专利技术。

7 安全阀

一种自动开启和关闭的排气阀具有单向性，其内有防酸雾垫。只允许电池内气压超过一定值时，释放多余的气体后自动关闭，保持电池内部压力在最佳范围内，同时不允许空气中的气体进入电池，以免造成自放电。

4.3 阀控式密封铅酸蓄电池的基本原理

蓄电池在开路状态，负极上的活性物质海绵状的铅与稀硫酸间反应趋于稳定，而正极上的活性物质多孔性 PbO_2 与稀硫酸反应也趋于稳定。所谓稳定是指氧化速度和还原速度相等，从而形成了平衡电极。当有电流通过电池后，这种相对的平衡状态被破坏。

4.3.1 阀控式铅酸蓄电池电化反应原理

阀控式铅酸蓄电池正极板上的活性物质是二氧化铅（PbO_2），负极板上的活性物质为纯铅（Pb），电解液由蒸馏水和纯硫酸按一定的比例配制而成。因为正、负极板上的活性物质的性质是不同的，当两极板放置在同一硫酸溶液中时，各自发生不同的化学反应而产生不同的电极电位。

在蓄电池内部，正极和负极通过电解质构成蓄电池的内电路；在蓄电池外部接通两极导线和负载构成电池的外部电路。

1 放电过程电化反应原理

$$PbO_2 + 2H_2SO_4 + Pb \longrightarrow PbSO_4 + 2H_2O + PbSO_4$$

$$\text{正极} \quad \text{硫酸} \quad \text{负极} \quad \text{正极} \quad \text{水} \quad \text{负极}$$

在放电过程中，铅酸蓄电池将化学能转变成电能。对负极而言是海绵状铅（Pb）加大了溶解速率的氧化过程，对正极而言是多孔状的二氧化铅加大了吸附速率的还原过程。反应的结果是外电路出现了定向运动的负电荷。由于硫酸铅（$PbSO_4$）的导电性能比较差，所以放电以后，蓄电池的内阻增加。而且，在放电过程中，由于电解液中的硫酸（H_2SO_4）逐渐变成水（H_2O），所以电解液的比重逐渐下降，电动势逐渐下降。至放电终了时，蓄电池的端电压下降到 1.8V 左右。

2 充电过程电化反应原理

$$PbSO_4 + 2H_2O + PbSO_4 \xrightarrow{充电} PbO_2 + 2H_2SO_4 + Pb$$
正极　　水　　负极　　　　正极　　硫酸　　负极

在充电过程中，铅酸蓄电池将电能转变为化学能。这时负极加大了还原速率，正极加大了氧化速率的逆过程。从电化反应式可以看出，正极板上的硫酸铅（$PbSO_4$）逐渐变为二氧化铅（PbO_2）。负极板上的硫酸铅（$PbSO_4$）逐渐变为绒状的铅（Pb）。同时，电解液中的硫酸分子浓度逐渐增加，水分子逐渐减少，蓄电池的电动势也逐渐增加。

充电末期电池充满电后，应避免大电流充电。

注意

　　充电末期电池充满电后，继续充入的电量将导致电解液中水的分解。防止因过充电导致水分解而引起电解液的减少，要实现电池的密封。电池密闭设计的关键解决问题是实现充电过程产生的氧气能够迅速与负极板上充电状态下的活性物质发生反应变成水，结果基本没有水分的损失。

阀控式铅酸蓄电池的电化反应原理，可用"双硫酸化理论"来解释。其含义是：铅酸蓄电池在放电的过程中，正负极的活性物质二氧化铅（PbO_2）和铅（Pb）与硫酸反应，都生成硫酸铅（$PbSO_4$）化合物；而充电时，两个电极的硫酸铅（$PbSO_4$）又分别生成原来的二氧化铅（PbO_2）和铅（Pb），并且这两种转化是互逆的转化过程。其总的电化反应过程为：

$$PbO_2 + 2H_2SO_4 + Pb \underset{充电}{\overset{放电}{\rightleftharpoons}} PbSO_4 + 2H_2O + PbSO_4$$
正极　　硫酸　　负极　　　　正极　　水　　负极

由"双硫酸化理论"可知，充电与放电可以循环重复多次，直到铅酸蓄电池寿命终止为止。

4.3.2 阀控式铅酸蓄电池氧循环原理

普通铅蓄电池，在充电过程伴随着活性物质逐渐恢复，用于电解水的电流便逐渐增多，在正极产生氧气，在负极产生氢气。反应式为：

正极：　　　$2H_2O \longrightarrow 4OH^- + O_2 \uparrow$
负极：　　　$4H^+ + 4e \longrightarrow 2H_2 \uparrow$

由于普通铅酸蓄电池为富液式电池,因此,氧气无法穿透隔膜到负极与氢气相作用,只能向电池壳外析出。

由于VRLA电池在结构上具有负极活性物质电化当量配比,相对比正极大,电池中无流动的电解液,隔膜大孔能保证氧气顺利从正极扩散到负极,以及负极板栅为高氢过电位材料等特点。从而使氧气在电池内周而复始地进行循环,保证电池中无盈余气体产生。负极发生吸附的原理如下。

VRLA电池在充电后期接近到完全充电时,电池内将有少许水被电解,在正极表面产生微量氧气,反应式为:

$$4H_2O \longrightarrow 4OH^- + 4H^+$$

$$4OH^- \longrightarrow 2H_2O + O_2 + 4e$$

综合为: $\qquad 4H_2O \longrightarrow 2H_2O + 4H^+ + O_2 \uparrow + 4e \uparrow$

阀控式铅酸蓄电池的氧循环原理是:从正极周围析出的氧气,通过电池内循环,扩散到负极被吸收,变为固体氧化铅之后,又化合为液态的水,经历了一次大循环。具体的反应如下。

$$2Pb + O_2 \longrightarrow 2PbO$$

$$2Pb + O_2 + 2H^+ + 2HSO_4^- \longrightarrow 2PbSO_4 + 2H_2O$$

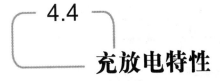

4.4

充放电特性

4.4.1 蓄电池的放电特性

蓄电池的放电特性是一族曲线如图4.2所示。在环境温度下(图中为25℃),随放电电流的不同,电池端电压与放电时间的关系称为放电曲线。由放电曲线可以看出如下特性。

1)放电时间最长的曲线,放电时间为10h,电流恒定,我们称之为10h放电率曲线,由此测定的电池容量用C_{10}表示

$$C_{10} = 6A \times 10h = 60A \cdot h$$

如果用1小时恒流放电来测定这同一只电池,则

$$C_1 = 41.9A \times 1h = 41.9A \cdot h$$

由此可见,电池的容量是在标定了放电制式之后才是一个可比的确定值。

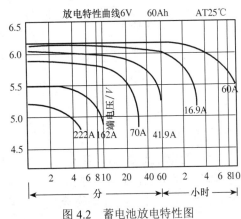

图4.2 蓄电池放电特性图

2）无论放电电流大小，在放电的初始阶段都会使端电压下降较多，然后略有回升的现象，这是因为电池从充电状态转变为放电状态的瞬间，电池极板附近的电荷快速释放出来，而离极板较远的电荷需要逐渐运送到极板附近，然后才能释放出来，这个过程形成了电池端电压有较大的低谷。

3）无论放电电流大小，电池端电压最终将出现急剧下降的拐点，以这些曲线的拐点连接得到的曲线就称为安全工作时的终止电压曲线，UPS 的电池电压工作终点都是设计在这条拐点曲线附近的。拐点之后的曲线具有电压急剧下降的趋势，直到放电曲线的终点，这些终点连接得到的曲线称为最小终止电压曲线，它表示放电电压低于此曲线后将造成电池的永久性失效，即电池不能再恢复储电能力。由此可见，UPS 中设计有防止电池深度放电的保护功能是极为必要的。

4.4.2　电池的充电特性

电池的充电特性曲线也是在 25℃温度下测量和标度的如图 4.3 所示。充电曲线通常有 3 条。

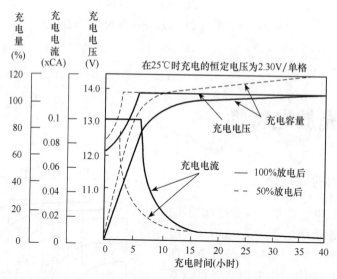

图 4.3　电池的充电特性图

1）充电电流曲线。在充电开始阶段，充电电流是一个恒定值，随着充电时间的推移，充电电流逐渐下降，并最终趋于 0。这是由于在放电过程中，电池内的电荷大量流失，由放电转变为充电时，电荷的增长速度较快，化学反应将产生大量的气体和热量，对于密封电池来说，即使通过安全阀可以将气体和热量排放掉，但氢离子和水将同时损失掉，使电池的储能下降，因此，必须限定充电的电流值，随着电池容量的恢复，充电电流将自动下降。充电电流下降 10mA/Ah 以下时，即认为电池已基本充满，转入浮充状态。电池放电越深，则恒流充电的时间越长，反之则较短。

2）充电电压曲线。在电池恒流充电阶段，电池的电压始终是上升的，因此，有时又称为升压充电。当恒流充电结束时，电池的电压基本保持不变，称为恒压充电。在恒压充电阶段，电池的电流逐渐减小，并最终趋于 0，结束恒压充电阶段，转入浮充电，以保持电池的储能，防止电池的自放电。

3）充电容量曲线。在恒流充电阶段，电池的容量基本呈线性增长；在恒压充电阶段，容量增长的速度减慢；恒压充电结束后，容量基本恢复到 100% 大约需要 24 小时左右；转入浮充电后，容量基本不再明显增长。由充电曲线还可以看到一组虚线，是电池放电 50% 后的充电特性，与 100% 放电后的充电特性相比，恒流充电时间明显缩短，恒压充电 9 小时左右，容量基本恢复到 100%。由以上可知：

① 恒流充电是为了恢复电池的电压。

② 恒压充电是为了恢复电池的储能。

③ 浮充电是为了抑制电池的自放电或保持储能。

> **提示**
>
> 蓄电池长期保存后，有时要经过几次循环充放电，蓄电池才能恢复其容量。

4.5 阀控式密封铅酸蓄电池（VRLA）的使用与维护

4.5.1 阀控式密封铅酸蓄电池的安装

1 VRLA 安装前的准备

应根据地点条件（如地面荷重、通风环境、阳光照射以及布局和维修方便）、系统电压、容量要求等设计好安装方案。电池应避免阳光照射；地面荷重应符合要求；为保证蓄电池较好的散热条件，电池间需保持适当的距离；为了便于安装和维护，应该使蓄电池与直流电屏（或组合式开关电源）的连线路径短跨接、拐弯少等。这些问题在设计方案时都需要认真考虑。

2 开箱及检查

开箱检查蓄电池外观有无裂痕、漏液、损伤等，清点连接条、连接螺钉等配件是否齐全，规格型号是否一致，查阅安装图、注意事项等。

3 安装前注意事项

1）蓄电池的正负极柱不能短接。

2）在搬运移动蓄电池的过程中注意，不能在端子部位用力，最好使用提手，不能将蓄电池倒置，更不能碰撞蓄电池，应轻拿轻放。

3）不允许打开排气阀。

4 安装

1）将金属安装工具（如：扳手）用绝缘胶带包裹，进行绝缘处理。

2）先进行蓄电池之间的连接，然后再将蓄电池组与充电器或负载连接。

3）多组电池并联时，遵循先串联后并联的接线方式；为保证较好的散热条件，各列蓄电池需保持 10mm 左右间距。

4）连接前后，在蓄电池极柱表面敷涂适量防锈剂。

5）蓄电池安装完毕，测量电池组总电压无误后，方可加载上电。

5 安装时注意事项

1）安装连接条前应先用干净的抹布擦去电池极柱及外壳和钢架上的灰尘，尤其是极柱上的灰尘要擦干净。

2）安装后要逐个检查所有连接处是否拧紧。最好指定专人检查，专人负责。确保连接处处于拧紧状态。

3）安装检查结束后，测量并记录所有电池的开路电压和电池组的总电压。

4）安装后如果没接市电或整流器不能开机，蓄电池组和直流电源系统不能接通。

5）蓄电池在投入运行之前，应进行一次补充充电，最好进行一次放电循环，通过测试单体电池的充放电电压、温度及观察电池是否有电液泄漏、变形等，及早发现不合格电池。

4.5.2 阀控式密封铅酸蓄电池的充放电

1 阀控式密封铅酸蓄电池的充电

蓄电池放电之后，需要对其充入电量，以便在市电中断时能确保通信系统正常运作。充电的方式有浮充充电、均衡充电和快速充电等多种方式。那么根据蓄电池的状态可以采取正常充电和特殊充电。

> **注意**
>
> 由于蓄电池的充电无人值守，要求使用蓄电池的充电机必须有：自动稳压、自动整流、恒压限流、纹波系数不大于 5%、浮充/均充自动倒换、温度补偿等功能。

（1）浮充工作方式

蓄电池在使用过程中放电之后的充电叫正常充电，包括小容量放电之后的充电和深度放电之后的充电。当市电正常时，蓄电池与整流器并联运行，蓄电池由于自放电引起的容量损失便由整流器为蓄电池补充充电，这种充电方式叫全浮充工作方式，这时蓄电池仅起平滑滤波作用。

浮充电流的选择依据。

1）浮充电流应足够补偿自放电损失的电量。

2）应确保蓄电池内部氧循环所需电流。

3）蓄电池单独放电后，浮充电流能够很快地补充所失容量，以备下次使用。

注意

　　浮充充电与环境温度有密切关系，通常浮充电压是指环境温度 25℃而言，所以当环境温度变化时，需按温度系数补偿，调整浮充电压。

（2）均充工作方式

蓄电池小容量放电后整流器可输出浮充电压进行充电；若蓄电池在深度大量放电的情况下，则整流器输出均充电压进行充电，待充足电量时，开关电源系统控制整流器自动转为输出浮充电压。

注意

　正常浮充运行可以不进行均充操作。遇到下列情况之一可考虑采用均衡充电。

1）放电容量超过额定容量的 20%以上。

2）搁置不用时间超过 3 个月。

3）连续浮充 3~6 个月或电池组内出现电压落后的电池。

（3）特殊充电

特殊充电是根据蓄电池特殊状态的充电。特殊充电有 4 种：补充充电、快速充电、落后充电和均衡充电。

补充充电是由于蓄电池自放电的原因，再投入运行前要做充电和容量的测验。补充充电采用低电压恒压充电，补充电压降应该按照使用说明书进行。

快速充电是指使蓄电池在较短的时间内回复额定容量进行的充电。在通信部门，快速充电一般不用。

均衡充电是为恢复蓄电池组中蓄电池的一致性而进行的充电（防止蓄电池组在使用过程中，会产生比重、端电压等不均衡的情况）合适的均充电压和均充频率是保证电池长寿命的基础，对于 VRLA 蓄电池平时不建议均充，因为均充会导致蓄电池失水而早期失效。

落后电池充电是为了排除个别蓄电池极板硫酸化等因素影响其容量的故障而进行的充电。

2 阀控式密封铅酸蓄电池的放电

当市电或者整流器故障时，蓄电池开始投入运作，开始放电。放电的速率由后级设备的负荷而定。在蓄电池的放电过程中应避免蓄电池过放电。为确保不过放电，开关电源系统设有电池保护装置，蓄电池的放电电压达到终止电压时，系统会将负荷切断。放电的速率一般有标准小时率（10 小时率）下的放电、高放电率下的放电、冲击放电和核对性放电等几种。在不同的放电率的情况下，蓄电池放电的终止电压也不同，放电率越高，终止电压越低。

4.5.3 阀控式密封铅酸蓄电池的维护

1 阀控式密封铅酸蓄电池的选配

阀控式铅酸蓄电池的额定容量是 10 小时率放电容量。电池放电电流过大，则达不到额定容量。因此，应根据设备负荷、电压大小、后备时间和电流大小等因素来选择合适容量的电池及满足应用要求的电池。蓄电池容量的计算公式如下。

$$C = \frac{KIT}{\eta[1+\alpha(t-25)]}$$

式中，C 为蓄电池容量（Ah）；K 为安全系数，取 1.25 左右；I 为负荷电流（A）；T 为放电小时数（h）；η 为放电容量系数；t 为放电时的环境温度（℃）；α 为电池温度系数（1/℃），当放电小时率＞10 时，取 $\alpha = 0.006$，当 10＞放电小时率＞1 时，取 $\alpha = 0.008$，当放电小时率＜1 时，取 $\alpha = 0.01$。

提示

蓄电池容量测试的方法。

1）每年实际负荷做一次核对性放电，放出额定容量的 30%~40%，或直接使用 UPS 设备进行 6~10min 的恒功率放电测试。

2）每 3 年以假负载做一次容量试验，放电深度为 80%C_{10}，或直接使用 UPS 设备进行 15~20min 的恒功率放电测试。

---

2 蓄电池的清洁

经常保持蓄电池外表及工作环境的清洁、干燥状态；蓄电池的清扫应采取避免产生静电的措施；用湿布清扫蓄电池；禁止使用香蕉水、汽油、酒精等有机溶剂接触蓄电池。

3 铅酸蓄电池常见故障及处理

铅蓄电池在使用过程中，需要作比较严格的维护管理工作。假如使用不恰当，日常维护不好，有些问题在当时或者表面上看来，虽然见不到明显的损失，实际上已有了危害，表现在蓄电池的容量相应减小，寿命将会缩短，可靠性有所降低，甚至直接影响通信设备正常工作。为了正确地识别、防治和排除蓄电池常见故障，现将主要故障的特征、发生原因和消除方法介绍如下。

（1）极板硫化

铅蓄电池放电时，正负极板上都生成硫酸铅。在正常情况下，这种硫酸铅的结晶松软细小，均匀地分布在多孔的活性物质上，在充电时，很容易和电解液接触起作用恢复为原来的二氧化铅和绒状铅。如果维护不好，极板上的细结晶硫酸铅，就会逐渐形成为一种白色、体积较大而又导电不良的粗结晶硫酸铅，甚至可能结成面积较大、几乎不溶于电解液的较为坚实的硫酸铅结晶层，附在极板表面而造成极板硬化。因而堵塞极板活性物质微孔，妨碍电解液渗透，使蓄电池的内阻增大，在以后的一般充电过程中，很难使其完全恢复原状，这样就使极板的活性物质减少、容量降低，严重时使极板失去可逆作用而损坏。这就是所谓的极板硫化。

1）极板硫化有以下几方面的特征：

① 在放电时，端电压下降较快。

② 在充电时，端电压在初期和末期过高。达 2.8～3.0V。

③ 蓄电池的容量降低。

2）极板硫化的原因为以下几方面。

① 经常使蓄电池过量放电或用小电流过量深放电（即放出的电量超过额定的容量）。

② 蓄电池缺少应有的定期过充电或经常充电不足。

3）极板硫化的处理。过充电法，当极板硫化程度轻微时，适当过充电便可还原。仍无法还原即时更换电池。

（2）电解液干涸

电解液作为参加化学反应的物质，在阀控式密封铅酸蓄电池中是容量的主要控制因素，电解液干涸将造成电池失效。

1）电解液干涸有以下几方面原因。

① 从电池中排出的氢气、氧气、水蒸气、酸雾，都是电池失水的方式和干涸的原因。

② 电池壳体破裂，电液从壳体中渗出水。

③ 电池表面与极柱接缝处有漏液现象。

④ 电池室环境温度升高，使失水速度增加，从而加速干涸方式失效。

2）有以下几种处理办法。

① 轻度漏液，清洁后，迅速通知厂方人员处理。

② 失水时间久应立即更换电池。

③ 长期高温环境下使用时，应采取降温措施，使电池温度控制在规定范围值。

提示

蓄电池内部电解液干涸，一般表现为容量不足，其处理方法是均衡充电 12～24h，均充后不行，应更换或补加液处理。

4 蓄电池检查与维护

（1）阀控式铅酸蓄电池维护注意事项

阀控蓄电池的使用寿命和机房的环境，整流器的设置参数以及运行状况很有关系。同一品牌的蓄电池，当其在不同的环境和不同的维护条件下使用时，其实际使用寿命会相差很大。

> **注意**
>
> 以前有个错误的观念认为阀控式蓄电池是免维护蓄电池，免维护很容易给人造成是无需维护而不闻不问。其实蓄电池的变化是一个渐进的过程，为保证蓄电池的良好使用，做好运行维护是相当重要的。

1）为保证蓄电池的使用寿命，最好不要使蓄电池有过放电。稳定的市电以及油机配备是蓄电池使用寿命长的良好保证，而且油机最好每月启动一次，检查其是否能正常工作。

2）一些整流器（开关电源）的参数设置（如浮充电压、均充电压、均充的频率和时间、转均充判据、转浮充判据、环境温度、温度补偿系数、直流输出过电压告警、欠电压告警、充电限流值等），要跟各蓄电池厂家沟通后再具体确定。

3）每个机房的蓄电池配置容量最好在 8～10 小时率比较合适，频繁的大电流放电会使蓄电池使用寿命缩短。

4）阀控蓄电池虽称"免维护"蓄电池，但在实际工作中仍需履行维护手续。每月应检查的项目如下几方面。

① 单体和电池组浮充电压。

② 电池的外壳和极柱温度。

③ 电池的壳盖有无变形和渗液。

④ 极柱和安全阀周围是否渗液和酸雾溢出。

如果电池的连接条没有拧紧，会使连接处的接触电阻增大，在大电流充放电过程中，很容易使连接条发热甚至会导致电池盖的熔化，情况严重的可能引发明火。所以维护人员应每半年做一次连接条的拧紧工作，以保证蓄电池安全运行。

5）为了确保用电设备的安全性，要定期考察电池的储备容量，检验电池实际容量能达到额定容量的百分比，避免因其容量下降而起不到备用电源的作用。对于已运行 3 年以上的电池，最好能每年进行一次核对性放电试验，放出额定容量的 30%～40%。每 3 年进行一次容量放电测试，放出额定容量 80%。

6）蓄电池放电时注意事项：应先检查整组电池的连接处是否拧紧，再根据放电倍率来确定放电记录的时间间隔，对于已开通的机房一般使用假负荷进行单组电池的放电，在另一组电池放电前，应先对已放电的电池进行充电，然后才能对另一组电池进行放电。放电时应紧密注意比较落后的电池，以防某个单体电池的过放电。

（2）蓄电池每个月检查项目（表 4.2）

表 4.2　蓄电池月检查项目

项　目	内　容	基　准	维　护
蓄电池组浮充总电压	测量蓄电池组正负极端电压	单体电池浮充电压×电池个数	将偏离值调整到基准值
蓄电池外观	检查电池壳、盖有无漏液、鼓胀及损伤	外观正常	外观异常先确认其原因，若影响正常使用则加以更换
	检查有无灰尘污渍	外观清洁	用湿布清扫灰尘污渍
	检查机柜、架子、连接线、端子处有无生锈	无锈迹	出现锈迹则进行除锈、更换连接线、涂拭防锈剂等处理
连接部位	检查螺栓、螺母有无松动	连接牢固	拧紧松动的螺栓、螺母
直流供电切换	切断交流，切换为直流供电	交流供电顺利切换为直流供电	纠正可能偏差

（3）蓄电池每季度检查项目（表 4.3）

除了每个月检查维护项目外，增加以下一项内容。

表 4.3　蓄电池季度检查项目

项　目	内　容	基　准	维　护
每个蓄电池的浮充电压	测量蓄电池组每个电池的端电压	温度补偿后的浮充电压值±50mV	超过基准值时，对蓄电池组放电后先均衡充电，再转浮充观察 1～2 个月，若仍偏离基准值，请与地区技术支援联系

（4）蓄电池每年度检查项目（表 4.4）

除了每季度检查维护项目外，增加以下一项内容。

表 4.4　蓄电池年度检查项目

项　目	内　容	基　准	维　护
核对性放电试验	断开交流电带负载放电，放出蓄电池额定容量的 30%～40%	放电结束时，蓄电池电压应大于 1.95V/单格	低于基准值时，对蓄电池组放电后先均衡充电，再转浮充观察 1～2 个月，若仍偏离基准值，请与地区技术支援联系

5　蓄电池的更换

（1）更换判据

如果蓄电池电压在放出其额定容量 80%（对照相应放电率的容量如：C10、C3 等参数）之前已低于 1.8V/单格（1 小时率放电为 1.75V/单格），则应考虑加以更换。

（2）更换时间

蓄电池属于消耗品，有一定的寿命周期。综合考虑使用条件、环境温度等因素的影响，在到达蓄电池设计使用寿命之前，用新电池予以更换。充分保证电源系统安全、正常运行。

6　VRLA 电池在通信领域中的应用

　　VRLA 电池在通信领域中的应用非常广泛，如交换中心机房、基站、接入网系统、UPS 系统、柴油发电机组等，除用于油机启动的电池外，一般都作为后备电池使用，其现场工作方式一般为浮充工作制。蓄电池在浮充工作制中有两个主要作用：当市电中断或整流器发生故障时，蓄电池组担负对负载单独供电的任务，以确保通信不中断；起平滑滤波作用，电池组与电容器一样，具有充放电作用，因而对交流成分有旁路作用，使得送至负载的脉动成分进一步减少，从而保证了负载设备对电压的要求。

　　但同样作为后备电池，从电池技术的角度来看，由于使用场所及放电方式不同，所采用的电池应该是不一样的。现在有一些用户甚至有的蓄电池生产厂商都认为：只要是蓄电池就能放电，用在任何需要蓄电池的地方都可以。这是一个错误的认识。蓄电池能放电，但可靠性和安全性却无法保证，这对用电要求非常高的通信行业来说应该是很难接受的。蓄电池设计者应该根据用户设备对蓄电池的不同需求（如：放电方式等）设计出不同应用的产品。

　　VRLA 电池并不是万能的。为了保证通信电源系统的可靠性和安全性，不同的应用需要不同设计的 VRLA 电池。下面举例来说明这个问题。

　　（1）12V 单体电池

　　在通信领域，目前接入网系统和 UPS 系统很多都采用 12V 单体电池，从负载需求看，UPS 系统需要的是短时间、大电流放电；而接入网系统需要的是较小的电流、长时间放电。为了保证系统的可靠性，由于 UPS 系统的 12V 电池和接入网的 12V 电池应用是不相同的两种电池，蓄电池的生产者应该针对这种不同的应用要对蓄电池做不同的设计。前些年，我国通信行业大力发展接入网工程，配备了非常多的 12V 单体电池，但是据了解大多数电池在使用 1 年或 1 年半（有的甚至 1 年都不到）就出现了大面积的故障，在市电停电的情况下根本不能满足对通信负载供电的要求，使接入网系统处于瘫痪或半瘫痪状态。电池的不匹配是造成这种结果的根本原因。将普通的 UPS 系统使用的适合大电流、短时间放电的电池用于需要较小的电流、长时间、深度放电的接入网系统，是肯定会出问题的。另外，据有关资料介绍，UPS 系统故障中有 70%以上是配套的蓄电池出现质量问题造成的。这里同样涉及蓄电池配备问题。有的蓄电池在设计时就考虑是单个使用的（如汽车启动用的 12V 单体电池），不同单体电池之间的一致性并不重要，但是如果将单体电池串联成电池系统使用（如 UPS 系统有时系统总电压达 384V，需 32 个 12V 单体电池串联使用），这种情况下单体电池的一致性就显得非常重要。因此，如果将汽车电池用于 UPS 系统，仅就一致性问题而言，就可能会导致灾难性结果。对通信行业来说，很多 UPS 系统都用于网管或计费中心等非常重要的地方，蓄电池的配备就显得尤为重要。

　　（2）太阳能系统配套用铅酸蓄电池

　　在一些高山微波局或无法通市电的地方，经常会采用"太阳能电池＋铅酸蓄电池"

的方式保证负载用电的需要，即：当有太阳时，通过太阳能给负载供电和给蓄电池充电；当晚上或阴天无太阳则由蓄电池给负载供电。从电池应用角度看，这里配套用的铅酸蓄电池，至少必须要满足以下几点。

1）能够经受长时间深度放电（有时甚至连续放电几天时间）且能够充分回充。

2）能够接受无规律的充电放电过程且充放电电流时大时小。

3）采用非常适合循环充放电的特殊合金成分。

4）电池内部散热性较好。

5）安全阀开阀压力提高，电池的失水减少。

6）板栅宽、厚，合金的耐腐蚀性好，能长期处于较高温度环境使用而保持较长的使用寿命等。

通信用 VRLA 电池大多数情况都处于浮充状态使用（非循环使用），且充放电过程及充放电电流比较有规律。据了解，很多太阳能站机房配备的 VRLA 电池和浮充使用的后备式电池完全相同，这样使用的结果是，电池在很短时间内即出现容量衰减而不能使用，给用户造成很大的损失。

因此，应该根据不同的应用选择不同设计的 VRLA 电池。对通信行业来说，交换中心机房、移动通信基站、接入网系统、UPS 系统等严格来说都应该选择不同设计的电池，才能从根本上保证通信电源系统的不间断供电，保证通信电源系统的安全性和可靠性。

7 大容量单体电池的设计

目前，通信行业电池的应用走向两个极端，交换中心机房需要容量越来越大的电池系统，有的交换中心的电池容量达到 6kA·h、8kA·h，甚至 10kA·h。单从电池系统的容量考虑，可采用并联的方式来满足总容量的需求。但从电池技术上讲，多单体并联、内并的电池并不是最好的解决方案。

对大容量电池系统，以交换中心机房电池总容量 3kA·h 为例，用户一般可能采用以下 3 种方式达到系统总容量。

1）1kA·h×3（组）。

2）1.5kA·h×2（组）。

3）3kA·h×1（组）。

这 3 种方式中，1）方式采用 3 组 1kA·h 的电池组外并联；2）方式采用 2 组 1.5kA·h 的电池组外并联；3）方式采用 1 组 3kA·h 的电池。

在这个例子中，因为系统总容量并不是很大，如果考虑电源系统对双备份电池组的要求，3）方式由于只有一组电池，此处暂不讨论。

对于 1）方式和 2）方式，在很难保证系统中所有单体完全一样的情况下，多组并联由于压差不一致将导致其中一组电池过冲或过放电，并联越多，误差可能越大；并且还有可能出现环流现象，即并联组成的电池系统在给负荷供电的同时又在给系统中某组电池充电的现象。另外，据有关资料介绍，实验表明对通过多组电池并联方式组成的电池系统，每增加一组电池，系统实际容量将减少 3%～5%。因此，在 1）方式和 2）方式中，2）方式是较好的方案。

对通信电源系统来说，交换中心、移动通信基站、UPS 系统、接入网系统、油机启动等用的 VRLA 电池，由于其用电方式不一样，电池的设计、制造和工艺是不完全一样的。

本 章 小 结

蓄电池是保障通信设备不间断供电的核心设备，是通信系统直流供电的重要组成部分。当市电正常工作时蓄电池与整流器并联运行，能改善整流器的供电质量，起平滑滤波作用；当市电异常或整流器发生故障时，由蓄电池单独给通信设备供电，起备用作用。

蓄电池按电解质性质可以分为 3 大类：酸性蓄电池、碱性蓄电池和有机电解质蓄电池；按电解液数量分为富液式蓄电池和贫液式蓄电池两类。

铅酸蓄电池的电性能参数有：电池电动势、开路电压、终止电压、工作电压、放电电流、容量、电池内阻、储存性能、使用寿命（浮充寿命、充放电循环寿命）等。

阀控式密封铅酸蓄电池由电池槽、盖、提手、正负极群、微细玻璃纤维隔板、汇流排、端子、安全阀等构成。

阀控式铅酸蓄电池的电化反应原理：

$$PbO_2 + 2H_2SO_4 + Pb \underset{充电}{\overset{放电}{\rightleftharpoons}} PbSO_4 + 2H_2O + PbSO_4$$

正极　　硫酸　负极　　　正极　　水　　负极

阀控式铅酸蓄电池的氧循环原理是：从正极周围析出的氧气，通过电池内循环，扩散到负极被吸收，变为固体氧化铅之后，又化合为液态的水，经历了一次大循环。具体的反应如下：

$$2Pb + O_2 \longrightarrow 2PbO$$
$$2Pb + O_2 + 2H + 2HSO_4^- \longrightarrow 2PbSO_4 + 2H_2O$$

蓄电池放电之后，需要对其充入电量，以便在市电中断时能确保通信系统正常运作。充电的方式有浮充充电、均衡充电和快速充电等多种方式

蓄电池的维护包括：蓄电池的清洁、蓄电池检查与维护、蓄电池的更换 3 方面。

习 题

一、填空题

1. 蓄电池按电解质性质可以分为＿＿＿＿、＿＿＿＿、＿＿＿＿ 3 大类。
2. 蓄电池的开路电压等于电池正极电极电势与负极电极电势之＿＿＿＿。
3. 蓄电池内阻包括＿＿＿＿和极化内阻，极化内阻又包括与＿＿＿＿。
4. 影响蓄电池容量的主要因素有：＿＿＿＿、放电温度、电解液浓度和

_____等。

5．阀控式密封铅酸蓄电池正极板上的活性物质是_____，负极板上的活性物质为_____。

6．蓄电池在放电过程中，对负极而言是海绵状铅（Pb）加大了溶解速率的_____过程，对正极而言是多孔装的二氧化铅加大了吸附速率的_____过程。

7．阀控式密封铅酸蓄电充电的方式有_____、_____和快速充电等多种方式。

8．蓄电池的维护包括：_____、_____、蓄电池的更换 3 方面。

二、选择题

1．关于电池的正确叙述（　　　）。

    A．电池放电过程具有恒定电压和电流

    B．电池的类型虽较多，但单体电池的额定电压是一样的

    C．电池是一种电能和化学能相互转化的装置

    D．电池必须具备可再充电功能

2．铅酸蓄电池的正、负极物质组成为（　　　）。

    A．PbO_2 和 Pb　　　　　　　　　B．$PbSO_4$ 和 Pb

    C．PbO_2 和 $PbSO_4$　　　　　　　D．PbO_2 和 PbO

3．一个单体铅酸蓄电池的额定电压为（　　　）。

    A．2V　　　　　　　　　　　　　B．12V

    C．2.23V　　　　　　　　　　　　D．1.8V

4．以下关于同一规格铅酸蓄电池连接使用正确的叙述为（　　　）。

    A．电池串联使用，电压加和，容量加和

    B．电池串联使用，电压加和，容量不变

    C．电池并联使用，电流不变，容量加和

    D．电池并联使用，电压不变，容量不变

5．"VRLA 蓄电池"指的是（　　　）。

    A．密封反应效率较高的蓄电池　　　B．富液式电池

    C．阀控式密封铅酸蓄电池　　　　　D．开口排气式蓄电池

6．C10 代号的含义为（　　　）。

    A．电池放电 20h 释放的容量（单位 A·h）

    B．电池放电 10h 释放的容量（单位 A·h）

    C．电池放电 20h 释放的能量（单位 W）

    D．电池放电 10h 释放的能量（单位 W）

7．根据 YD/T 799—1996 标准，蓄电池 3 小时率额定容量 C_3 的数值为（　　　）。

    A．$0.75C_{10}$　　　　B．$0.55C_{10}$　　　　C．$0.3C_{10}$　　　　D．$3C_{10}$

8．蓄电池放电容量与放电电流、环境温度（视作蓄电池温度）的关系（　　　）。

A．放电电流越小放电容量越大，温度越低放电容量越小

B．放电电流越小放电容量越大，温度越低放电容量越大

C．放电电流越小放电容量越小，温度越低放电容量越小

D．放电电流越小放电容量越小，温度越低放电容量越大

9．蓄电池应避免在高温下使用是因为（　　　）。

A．高温使用时，蓄电池无法进行氧气复合反应

B．电池壳在高温时，容易变形

C．可能造成电解液沸腾溢出电池壳

D．浮充电流增加，加快了板栅腐蚀速度和气体的生成逸出，导致电池寿命缩短

10．充电过程蓄电池电流与电压的变化趋势为（　　　）。

A．充电电流初始时恒定，当电池电压上升电流逐渐减小，最后涓流充电方式

B．电流与电压的乘积保持恒定

C．蓄电池端电压在充电过程保持 2.23V/单格

D．50%放电深度的充电电流比 100%放电深度的充电电流要大

三、简答题

1．蓄电池在通信电源系统中的作用是什么？

2．阀控式铅酸蓄电池由哪几部分构成？各部分的作用是什么？

3．阀控式铅酸蓄电池电化学反应原理？

4．阀控式铅酸蓄电池氧循环原理是什么？

5．阀控式铅酸蓄电池失水的主要原因是什么？

6．如何安装蓄电池？

7．蓄电池在安装时，需要注意哪些事项？

8．电池浮充电流如何设置？

9．蓄电池在放电时，如何设置终了电压？

10．阀控式铅酸蓄电池采用均衡充电的目的是什么？

11．阀控式铅酸蓄电池的放电率有什么决定？放电率一般有哪几种？

12．阀控式铅酸蓄电池应该如何正确的维护？

四、综合题

1．铅酸蓄电池容量选择计算题：一48V 直流电源系统，电源功率 600W，要求备电时间 10h，蓄电池放电终止保护电压为 43.2V，线路压降 1.8V（假定），通过计算选择合适的蓄电池容量，并提出配置建议。

2．综述铅酸蓄电池工程安装流程（可以画流程图）及有关注意事项。

第 5 章 交流不间断电源设备 (UPS)

❖ **本章内容简介**

本章主要以 UPS 电源供电系统的配置形式及日常维护为学习目标。其内容涵盖 UPS 概述、分类、各种 UPS 的组成、主要性能和技术指标、UPS 逆变工作原理及主要电路、UPS 操作、UPS 电源供电系统的配置形式、UPS 日常维护等。主要培养学生具备 UPS 操作及日常维护的专业技能。

❖ **本章重点**

本章重点是 UPS 电源供电系统的配置形式，UPS 操作及日常维护。

❖ **本章难点**

本章难点是 UPS 逆变器工作原理及主要电路。

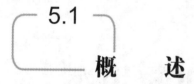

概　　述

在电源系统中，UPS 是英语 "Uninterruptible Power Supply" 的缩写，意为交流不间断供电系统，也称交流不间断电源。UPS 是一种能够提供持续、稳定、不间断的电源供应的设备。

相关知识

UPS 作为英文缩写还有很多含义，如：快递（United Parcel Service，UPS）是起源于 1907 年在美国西雅图成立的一家信差公司；紫外光电子能谱（Ultraviolet Photoelectron Spectroscopy，UPS）是指采用真空紫外源作为激发源，激发分子或原子的价层电子电离，收集激发电离电子得到光电子能谱。

在通信电源系统中，UPS 可以解决现有电力的断电、电压过低、电压过高等现象，使通信电源系统运行更安全可靠。目前，UPS 已广泛应用于通信、计算机、交通、银行、医疗、工业控制等行业，并且正在迅速走入家庭。

1　UPS 的重要性

目前，我国有很多地区和城市还面临着电力供应紧张的迫切问题，供电质量更是不能得到保证。市电无法提供敏感电子设备需要的干净、稳定的电源，用户最终为设备的健康和安全运行负责。UPS 系统并不是只有当停电时才有动作的，前面所提到的市电异常，包含了市电电压过低、过高、突波、噪声等，均是足以影响设备正常运作的电源品质问题，在电源系统中配置 UPS 除了确保供电不中断外，还可以提升供电质量，UPS 的重要性主要体现在如下几点。

（1）停电保护

交流输入中断时，UPS 立即将电池直流电源转换成交流电继续供电。后备供电时间长短由电池容量、负载大小等因数决定。

（2）高低电压保护

市电电压过高或过低时，UPS 内稳压器（AVR）将做适当的调整，使 UPS 输出的电压保持在可使用的范围，若电压过低或过高超过可使用范围，UPS 将电池直流电源转换成交流电继续供电，以保护用户设备。

（3）波形失真处理

由于电力经由输配电线路传送至客户端，各种机器设备的使用往往造成市电电压波形的失真，因为波形失真将产生谐波干扰设备正常工作，且会使电力系统变压器温度升高，通常要求失真率＜5%，一般 UPS 设计失真率＜3%。

（4）频率稳定

市电频率分为 50/60Hz 两种，所谓频率就是每一秒变动的周期，50Hz 就是每秒 50 周次，国内的市电频率是 50Hz。发电机运转时，受到客户端用电量的突然变化造成转速的变动将使转换出来的电力频率飘移不定，经 UPS 转换后的电力可提供稳定的频率。

（5）电压稳定

市电电压易受电力输送线路品质的影响，离变电所较近的用户电压较高约 240～260V，离变电所较远的用户电压较低约 180～200V，电压太高或太低会使用户设备缩短寿命，严重时，会烧毁设备，使用在线式 UPS 可提供稳定的电源电压，可延长设备寿命及保护设备。

（6）突波保护

一般 UPS 会加装突波吸收器或尖端放电设计吸收突波，以保护用户设备。

（7）瞬时响应保护

市电受干扰时，有时会造成电压凸出或下陷或瞬间中断，使用在线式 UPS 可提供稳定的电压，使电压变动在较小范围内，可延长设备寿命及保护设备。

（8）监控电源

配合 UPS 的智能型通信接口及监控软件可显示 UPS 电压、频率、负载、电池、温度等实时状态信息，在市电中断后显示倒计时关机时间，并在电池耗尽前安全自动关闭系统及 UPS 电源。

2　UPS 的分类

UPS 最初作为计算机的重要外设，现已从最初的提供后备时间单一功能发展到今天的提供后备时间及改善电网质量的双重功能，在保护设备正常工作、改善电网质量、防止停电和电网污染对用户造成危害等方面起着很重要的作用。目前，市场上的 UPS 品牌种类繁多，其分类方法如下。

（1）按其工作方式分类可分为后备式、在线互动式和在线式 3 大类

1）后备式 UPS。早期的后备式 UPS 在市电供电正常时，市电直接通过交流旁路和转换开关供电于负荷，交流旁路相当于一条导线，逆变器不工作，此时供电效率高但质量差。在近年的后备式 UPS 往往在交流旁路上配置了交流稳压电路和滤波电路加以改善。当市电异常（市电电压、频率超出后备式 UPS 允许的输入范围或市电中断）时，后备式 UPS 通过转换开关切换到电池状态，逆变器进入工作状态，此时输出波形为交流正弦波或方波。后备式 UPS 存在切换时间，一般为 4～10ms，但对一般的计算机设备的工作不会造成影响。由于后备式 UPS 工作时，输出波形大都为方波，供电质量相对较差，只适用于要求不高的场合，并且功率一般都较小，多在 2kW 以下。但后备式 UPS 产品有着价格优势，比较便宜，因此，广泛应用于微机、外设、POS 机等领域。

2）在线式 UPS。在线式 UPS 电源一般采用双变换模式。当市电正常时，在线

式 UPS 输入交流电压，通过充电电路不断对电池进行充电，同时 AC/DC 电路将交流电压转换为直流电压，然后通过脉冲宽度调制技术（PWM）由逆变器再将直流电压逆变成交流正弦波电压供给负载，起到无级稳压的作用；而当市电中断时，后备电池开始工作，此时电池的电压通过逆变器变换成交流正弦波或方波供给负载，因此，无论是市电供电正常时，还是市电中断由电池逆变供电期间，逆变器始终处于工作状态，这就从根本上消除了来自电网的电压波动和干扰对负载的影响，真正实现了对负载的无干扰、稳压、稳频以及零转换时间。在线式 UPS 的这种特点，使它比较适合于用外加电池或加装优质发电机的方法，改装成长时间不间断供电系统。在线式 UPS 输出多为正弦波，电压及频率稳定，所以它多被用在供电质量要求很高的场所。

3）在线互动式 UPS。在线互动式 UPS 是介于后备式和在线式工作方式之间的 UPS 设备，它集中了后备式 UPS 效率高和在线式 UPS 供电质量高的优点。在线互动式 UPS 的逆变器一直处于工作状态，具有双向功能，即在输入市电正常时，UPS 的逆变器处于反向工作给电池组充电，起充电器的作用；在市电异常时逆变器立刻投入逆变工作，将电池组的直流电压转换为交流正弦波输出。在线互动式 UPS 也有转换时间，比后备式 UPS 短，保护功能较强。采用了铁磁谐波变压器，在市电供电时，具有较好的稳压功能。由于充电逆变共用一个模块，在给电池充电时，由逆变器产生的高频成分很难滤掉，充电效果不是非常令人满意，故不适合作长延时的 UPS。在线互动式 UPS 价格远远低于在线式 UPS，只比后备式 UPS 价格稍高，因此，也是一种适合小型办公或家庭使用的 UPS。

> **提示**
>
> 同后备式 UPS 相比，在线互动式 UPS 的保护功能较强，逆变器输出电压波形较好，一般为正弦波，而其最大的优点是具有较强的软件功能，可以方便地上网，进行 UPS 的远程控制和智能化管理。

（2）按照输出容量大小划分

UPS 按照输出容量大小划分为小容量 3kVA 以下，中小容量 3～10kVA，中大容量 10kVA 以上。

（3）按输入/输出方式划分

UPS 按输入/输出方式可分为 3 类：单相输入/单相输出；三相输入/单相输出；三相输入/三相输出。

采用三相供电方式，每一相都承担一部分负载电流，因而中、大功率 UPS 多采用三相输入/单相输出或三相输入/三相输出的供电方式。

> **相关知识**
>
> 鉴于计算机和通信设备等非线性负载均是属于"整流滤波型"负载，从而造成流过供电系统中的中线电流急剧增大，为防止因中线过热或中线电位过高而造成不必要的麻烦，应将中线的截面积加粗为相线的 1.5～2 倍。

（4）按备用时间

根据备用时间，UPS 可分为标准机和长效机。标准机用内置电池，后备供电时间较短，一般在 5～15 分钟。长效机则可根据用户需要，增大电池容量配置，延长后备时间。但这要求更大的充电器来满足电池充电电流和充电时间的需要，因此，厂商在设计时，会放大充电器容量或加装并联的充电器。标准型 UPS 受散热条件及充电电路的设计电流较小条件的限制，不可作为长效型 UPS 使用。

3　UPS 的发展趋势

随着 IT 系统逐步走向集中管理，企业对 UPS 电源保护系统的应用将更加深入。笔者认为，UPS 的应用将呈现出从单机向冗余结构变化，从注重系统的可靠性向注重系统的可用性变化，从单纯供电系统向保证整个 IT 运行环境变化等趋势。而随着信息技术、电子技术、控制技术的发展，各种先进技术已广泛应用在 UPS 的设计开发和生产过程中，UPS 技术已经呈现出以下发展趋势。

（1）智能化，数字化技术

智能系统通过对各类信息的分析综合，除完成 UPS 相应部分正常运行的控制功能外，还应完成对运行中的 UPS 进行实时监测，对电路中的重要数据信息进行分析处理，从中得出各部分电路工作是否正常等功能；在 UPS 发生故障时，能根据检测结果，及时进行分析，诊断出故障部位，并给出处理方法；根据现场需要及时采取必要的自身应急保护控制动作，以防故障影响面的扩大；完成必要的自身维护，具有交换信息功能，可以随时向计算机输入或从联网机获取信息。UPS 采用最新的数字信号控制器（DSP）加以数字化的传感器件，实现了 UPS 系统的 100%数字化运行。还采用了多重微处理器冗余系统，用多个有独立供应电源的微处理器来控制整流器、逆变器和内部静态旁路，因而提高了系统的数字化程度和可靠性。

（2）功率器件高速驱动和控制技术

第一代 UPS 的功率开关为可控硅，第二代为大功率晶体管或场效应管，第三代为 IGBT（绝缘栅双极晶体管）。大功率晶体管或场效应管开关速度比可控硅要高一个数量级，而 IGBT 功率器件电流容量和速率又比大功率晶体管或场效应管大得多和快得多，使功率变换电路的工作频率高达 50kHz。变换电路频率的提高，使得用于滤波的电感、电容以及噪音、体积等大为减少，使 UPS 效率、动态响应特性和控制精度等大为提高。

（3）冗余技术

通过开发新的应用技术，可实现 UPS 内的多模块冗余并机运行，不需另外加设中央控制部件，负载均分，某一模块出现问题时，负载自动转移，维修可带电热插拔，大大提高单台 UPS 的供电可靠性。再加上多台 UPS 组成的系统冗余运行,如果某一台 UPS 单机发生故障，则被立刻关闭，其他的 UPS 系统会自动承担全部负载，对负载不会产生任何影响。

（4）低功耗，低污染，节省使用成本

各种用电设备及电源装置产生的谐波电流严重污染电网，随着各种政策法规的出台，对无污染的绿色电源装置的呼声越来越高。UPS除加装高效输入滤波器外，还应在电网输入端采用功率因数校正技术，这样既可消除本身由于整流滤波电路产生的谐波电流，又可补偿输入功率因数。整流器使用IGBT技术，可将输入功率因数提高到接近于1，对电网的污染已降到了近似阻性负载的水平。IGBT整流技术在未来的3～5年将成为UPS行业的新标准。

5.2

UPS 的基本组成及工作原理

5.2.1 UPS 的基本组成

UPS电源由整流模块、逆变器、蓄电池、静态开关、控制器件等组件构成。逆变器是UPS电源的核心设备。整流模块为能量变换设备（AC/DC），逆变器也是能量变换设备（DC/AC），蓄电池为储能设备。除此之外还有间接向负载提供市电电源或备用电源的旁路设备。

 后备式 UPS 电源

后备式UPS电源的组成如图5.1所示。

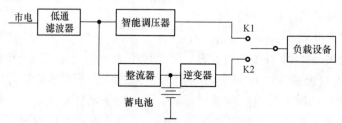

图 5.1 后备式 UPS 电源的组成框图

其单机输出容量在3kVA以下，一般为0.25～1kVA，当市电电压在165～270V的范围内，向用户提供经变压器抽头调压处理过的一般市电，当市电电压超过此范围时，才向用户提供具有稳压输出特性的50Hz方波电源，这是一种只能满足一般用户要求的普及型UPS电源。

> **提示**
>
> 后备式UPS平时处于蓄电池充电状态，在停电时逆变器紧急切换到工作状态，将电池提供的直流电转变为稳定的交流电输出，因此，后备式UPS也被称为离线式UPS。

后备式 UPS 的工作原理是：当市电供电正常时，经低通滤波器抑制高频干扰，经调压器对电压变化起伏较大的市电进行稳压处理，再经转换开关 K1 向负载供电，而整流器对蓄电池组充电，使电池始终处于充足状态，以备一旦市电不正常时，改由蓄电池通过逆变器，经由转换开关 K2 向负载供电。综上所述，这种 UPS 最大特点是结构简单、价格便宜、噪声低，但绝大部分时间，负载得到的是稍加稳压处理过的"低质量"正弦波电源。

2　在线式 UPS 电源

在线式 UPS 电源的组成如图 5.2 所示。

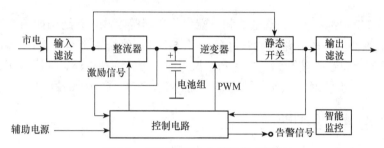

图 5.2　在线式 UPS 电源的组成框图

在线式 UPS 的原理是：将供电质量较差的市电首先经 UPS 内部滤波器、整流器变为直流稳压电源，然后再利用 PWM 方式经逆变器重新将直流电源变成纯正的高质量的正弦波交流电源，通过这样的变换，市电中的所有干扰几乎都被过滤掉，这就避免了由市电带来的任何电压或频率波动及干扰等影响。当市电供电出故障或完全停电时，利用蓄电池组继续向逆变器提供直流电源，保证了 UPS 向用户提供高质量的正弦交流电源，一旦 UPS 发生故障时，静态开关接通旁路系统，由市电直接经过静态开关向负载供电。双变换在线式 UPS 克服了市电质量差对其性能的影响，市电中断时，负载不会发生电源瞬时中断。它有如下的优越电气特性。

1）由于逆变器控制电路中，具有闭环负反馈控制电路，使其输出电压具有高精度。

2）锁相同步电路确保电源在 UPS 的锁相同步电路所允许的同步窗口与市电电源保持锁定的同步关系。

3）由于采用了高频正弦脉宽调制技术，因此，从逆变器输出的电源具有非常标准的正弦波形。

4）由于采用了双变换在线设计方案，完全消除了市电电网的电压波动、波形畸变、频率波动及干扰所产生的影响。

5）永远处于不间断向用户的负载供电的状态。

3　三端式 UPS 电源

三端式 UPS 电源的组成如图 5.3 所示。

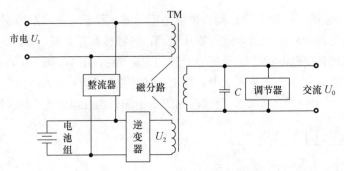

图 5.3　三端式 UPS 电源的组成框图

三端式 UPS 由整流器、蓄电池和三端口稳压器等组成，其结构如图 5.3 所示。三端口稳压器的铁心为双磁分路结构，每个初级绕组和次级绕组都有一个磁分路，并联电容与每个磁路组成 LC 振荡回路，当达到谐振点时，构成饱和电感，使次级工作于饱和区，若初级输入电压变化时，次级输出电压恒定不变，实现了稳压的目的。

4　Delta 变换型 UPS 电源

Delta 变换型 UPS 电源的组成如图 5.4 所示。

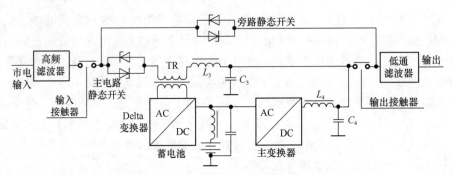

图 5.4　Delta 变换型 UPS 的组成框图

Delta 变换型 UPS 实际上就相当于一台串联调控型的交流稳压电源。它的主要调控职责是，对市电电压进行稳压处理，将原来不稳压的普通市电电源变成电压稳压精度为 380V＋1%的交流稳压电源。但是对于来自市电电网的频率波动、电压谐波失真和各种传导性电磁干扰等电源问题无实质性的改善。

Delta 变换型 UPS 共有 4 条供电通道向用户的负载供电。

1）主供电通道。市电输入→主电路静态开关→补偿变压器→输出。

2）逆变器供电通道。蓄电池→主变换器→输出。

3）交流旁路供电通道。市电输入→旁路静态开关→输出。

4）维修旁路供电通道。市电电源→维修旁路开关→输出。

5.2.2 UPS 逆变工作原理与主要电路技术

UPS 电源由整流模块、逆变器、蓄电池、静态开关、控制器件等组件构成。逆变器是 UPS 电源的核心设备。

1 逆变电路

单相逆变器的逆变电路有推挽式、半桥式、全桥式等。均用于中小型 UPS 系统。全桥式逆变电路应用场合多，下面介绍脉宽调制型全桥逆变器结构原理和控制方法。

首先介绍半桥式逆变电路的工作原理如图 5.5 所示。

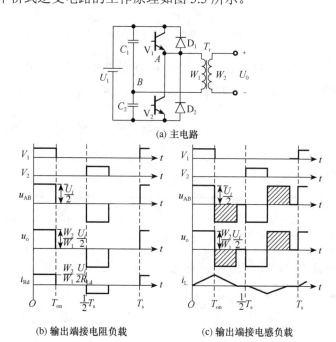

(a) 主电路

(b) 输出端接电阻负载　　(c) 输出端接电感负载

图 5.5　半桥式逆变电路工作原理图

开关管 V_1 和 V_2 构成一个桥臂及反并联二极管 D_1 和 D_2 构成另一个桥臂，两个桥臂的中点 A 和 B 为输出端，可以通过变压器 Tr 变压输出，也可以由这两端直接等压输出。因为电容 $C_1=C_2$，容量较大，故其电压 $U_{C_1}=U_{C_2}=\frac{1}{2}U_i$，$U_i$ 是比较稳定的，中点 B 的电位基本不变。$U_B=1/2U_i$，而 A 点的电位则取决于开关管 V_1 和 V_2 的工作情况。

当开关管 V_1 导通时，则 $U_{AB}=1/2U_i$。当开关管 V_2 导通时，则 $U_{AB}=-1/2U_i$。为一个脉宽小于或等于 180°电角的交流方波电压，其脉宽等于 T_{on}，T_{on} 为开关管 V_1，或 V_2 的导通时间。u_o 的幅值频率等于逆变器的开关频率，即 T_S 为逆变器的开关频率。

如果输出端接的是电阻负载 R_{Ld}，则负载电流的波形和输出电压 u_o 的波形相同，其

123

幅值为 $I_{Pd}=\dfrac{U_0}{R_{Ld}}$，如图 5.5（b）所示。如果输出端接的是电感负载 L，则电感 L 的电流 i_L 为三角波。在开关管 V_1 或 V_2 导通期间，在电压 u_o 的作用下，电流 i_L 线性增加，其最大值 $I_{Lmax}=\dfrac{U_i}{2L_f}\dfrac{W_2}{W_1}D_u$。

其中，D_u 是开关管 V_1 和 V_2 的导通占空比，$D_u=\dfrac{T_{on}}{T_S/2}$，开关管 V_1 关断后，电流 i_L 保持原来的方向流动，故变压器的初级电流经过二极管砀续流，于是电压 u_{AB} 变负，$u_{AB}=-\dfrac{1}{2}U_i$。在此电压的作用下，电流 i_L 下降，下降的速度与增加的速度相同。由此可知，在感性负载时，开关管 V_1 和 V_2、二极管 D_1 和 D_2 是轮流导通的。由于 D_2 的续流，电压 U_{AB} 和 u_o 上形成一个负的面积，如图 5.5（c）中的阴影部分所示，此情形和推挽式 PWM 逆变器相似。

如果开关管 V_1 或 V_2 的导通时间超过 1/4，则在电感负载时，电压 u_o 的波形变成为 180°的方波，电流 i_L 变成为正、负面积对称的三角波，并不再受开关管 V_1 和 V_2 导通时间变化的影响。

相关知识

由于半桥式逆变器开关电源的两个开关器件工作电压只有输入电压的一半，因此，半桥式变压器开关电源比较适用于工作电压比较高的场合。

下面是全桥逆变电路工作原理，全桥式逆变器电路如图 5.6 所示。

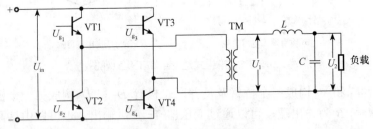

图 5.6　全桥式逆变器电路

1）直流输入电源 U_{in} 在小容量 UPS 中，采用铅蓄电池或镉-镍碱电池做备用电源，通常以设置 24V 或 96V 铅蓄电池组为常见。IPS 系统工作方式为后备式时，则逆变器输入电压 U_{in} 为 12V（或 48V）；而工作方式为在线式时，U_{in} 为 13.5～14.2V（浮充值）或 53.3～56.5V（浮充值）。较高的输入电压缺点是要选耐压高的功率器件，但优点是可降低功率开关耐流量，同时又可提高变压器原边电压。

2）功率开关通断状态。众所周知，功率晶体管 VT1，VT4 和 VT2，VT3 在分别获得激励信号后，进入轮流导通或截止状态。从而在变压器初级和次级侧分别产生交流电压 U_1 和 U_2，经过次级 L，C 滤波电路的作用使负载取得正弦电压。

由于功率晶体开关存在电荷存储效应，所以只能工作于低频状态。设激励信号 $U_{g_1} \sim U_{g_4}$ 为 50Hz 方波，并使 U_{g_1}，U_{g_2} 和 U_{g_3}，U_{g_4} 间保持 180° 相位差，而又使 U_{g_1}，U_{g_4} 和 U_{g_2}，U_{g_3} 之间相位差在 0° ～90° 内调节，则变压器初级、次级的交流电压频率各为 50Hz。

逆变器输出稳定的电压，通过改变功率晶体管 VT1（或 VT2）与 VT4（或 VT3）的激励信号间相位差而实现。周期内功率开关工作历程如下（如图 5.7 所示）。

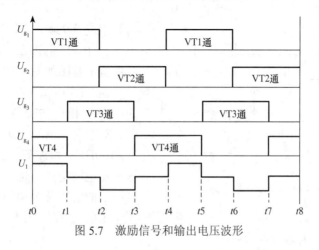

图 5.7 激励信号和输出电压波形

$t0 \sim t1$：由于 U_{g_1} 和 U_{g_4} 同为正向激励电压，所以 VT1 和 VT4 处于导通状态。工作电流在变压器初级产生方波电压，若忽略导通管压降，则 $U_1 = U_{IN}$。

$t1 \sim t2$：VT4 管因激励信号消失而截止，则变压器初级工作电流截止，所以 $U_1 = 0$。

$t2 \sim t3$：由于 U_{g_2} 和 U_{g_3} 在此时间内同为正向激励电压，所以改由 VT2 和 VT3 管导通。流过变压器的初级电流为反方向电流，所以电压 U_1 极性颠倒，其幅度为 $U_1 = -U_{in}$。

$t3 \sim t4$：因 VT3 管的激励信号消失而转入截止，又使初极工作电流中断，所以 $U_1 = 0$。

由于电压器原边电压平均值随原边方波电压宽度加宽而增加，随方波电压变窄而减小。所以只要调节 U_{g_1} 和 U_{g_4}（或 U_{g_2} 和 U_{g_3}）间的相位差 θ，就可调节逆变器的输出电压。即 $\theta \uparrow$ 时，逆变器输出电压变小；反之 $\theta \downarrow$ 时逆变器输出电压增加；$\theta = 0$ 时，逆变器输出电压最大。

相关知识

全桥式逆变器开关电源也属于双激式逆变器开关电源。它同时具有推挽式逆变器开关电源电压利用率高，又具有半桥式逆变器开关电源耐高压的特点。因此，全桥式逆变器开关电源经常用于工作电压高，输出大功率大的场合。

将逆变器的变压器电压用傅里叶级数分析，由于正、负方波电压以 X 轴对称，故波形中不包含偶次谐波。其中，K 次奇次谐波幅度 U_k 为

$$U_K = \sum_{1,3,5}^{\infty} \frac{4U_{in}}{K\pi} \sin \frac{K\theta}{2} \sin K\omega t \qquad (5.1)$$

基波与 3 次谐波幅度分别为

$$U_1 = \frac{4U_{in}}{\pi} \sin \frac{\theta}{2} \sin \omega t \qquad (5.2)$$

$$U_3 = \frac{4U_{in}}{3\pi} \sin \frac{3\theta}{2} \sin 3\omega t \qquad (5.3)$$

相位差 θ 最大值设计为 90°。

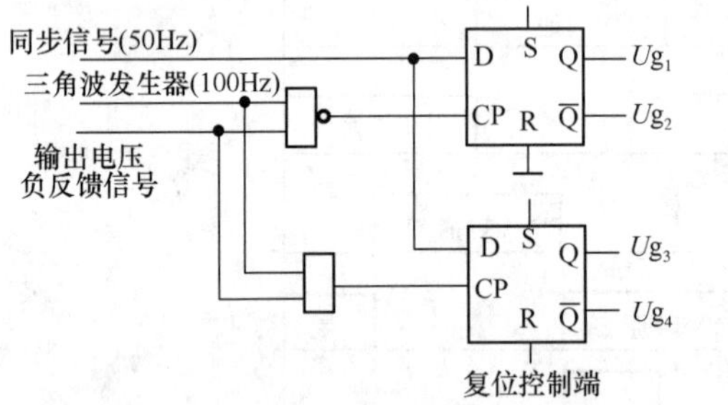

3）PWM 脉冲发生器。脉宽调制脉冲发生器示意图如图 5.8 所示。

图 5.8　PWM 脉冲发生器示意图

在 UPS 电源系统中，逆变器输出电压的频率和相位与交流市电应始终同步，图 5.8 中同步信号（50Hz）指市电参考电压。100Hz 三角波信号也是与市电相同的。这种使电网电压相位与逆变器输出电压相位锁定的装置称为锁相环。假如锁相环路之后，激励信号就可跟随电网频率作相应的变化。由于小容量 UPS 电源输出频率变化范围较大，所以大多未设置锁相环路。

输出端负反馈信号经逆变器输出侧检测和反馈作用，变为单一直流控制电压，再与参考电压（三角波）相比较，从而产生 PWM 调制信号，再与同步信号合成为相位差互为 180°的激励信号。

4）输出滤波器。由于逆变器输出电压中含有一定谐波成份，若要得到正弦波输出电压，在次级输出电路中，必须设置滤波器。

UPS 电源交流滤波器应具有下列性能

① 使输出电压中单次谐波含量和总谐波含量应降低到指标允许范围内。

② 在三相条件下使输出电压不平衡度符合规定范围。

③ 使负载变化引起的输出电压波动小，且满足动态指标，同时要重量轻、体积小。

设置交流滤波器是为了抑制逆变器输出电压中的高次谐波，从而降低总谐波 THD 值。UPS 电源逆变器用在线性负载时，要求单次谐波含量小于 3%，总谐波分量在 5%以内。

在线性负载下，滤波元件 L，C 值可由基波衰减系统 α_1，负载突变至开路（$R \to \infty$）时基波衰减系统 α_{10}，及负载突变率 δ 进行计算，即：

$$L = \frac{R}{\omega \alpha_{10}} \frac{\sqrt{\delta(2-\delta)}}{1-\delta}$$

$$C=\frac{\alpha_{10}-1}{\omega R}\frac{1-\delta}{\delta\left(2-\delta\right)}$$

式中，α_{10} 是空载时（$R\rightarrow\infty$）基波衰减系数，其值为

$$\alpha_{10}=\frac{1}{1-\omega^2LC}$$

δ 是负载突变时（空载时）的输出电压变化率，它与空载时输出基波电压 U_{10} 及负载电压 U_1 有关。即

$$\delta=\frac{U_{10}-U_1}{U_{10}}$$

在 L，C 滤波器中，L 对谐波呈现较大的阻抗，C 对谐波具有分流作用。但在滤波过程伴随对基波电压的降低与分流，减小了滤波效果。若在 C 上并联一个电感，使两者组成并联谐振支路，它对基波呈现很大阻抗，而对高次谐振频率的谐波具有很大的衰减作用，因此，提高了滤波效果。

2　静态开关

（1）静态开关的作用

在不间断供电过程，UPS 系统中逆变器电源通常作为主用电源，而市电或油机发电机组作为备用电源。两个交流电源的频率、幅值都相同时，便可并联工作。但若不设置静态开关，当某一个交流电源发生故障时，在两个电源之间，将可产生均衡电流，从而使两个并联电源的输出电压发生变化，影响了供电的可靠性，即使 UPS 系统中设置了静态开关，若静态开关切换性能不良，也可造成供电的中断，所以静态开关是重要的组成部分。

> **提示**
>
> 　　静态开关的作用是切断发生故障的电源输出，做到逆变器输出和市电旁路输出间的无间断切换。对于小于 2kVA 在线式 UPS 电源，其逆变器输出和市电旁路输出间的切换，大多采用快速继电器作为切换元件，因为其切换时间只有 2～5ms，适合通信设备要求电源不中断的需要。

（2）静态开关主电路原理

对于 1～2kVA 在线式 UPS 电源而言，其逆变器输出和交流旁路供电间切换，大多采用快速继电器作为切换元件，因为其转换时间只有 2～5ms。这种瞬间的供电中断不会影响微型计算机中开关电源的供电，但不能满足通信设备要求电源不中断的需要。而对于容量在 2kVA 以上的 UPS 电源而言，由于继电器工作电流的增大，其切换时间会增加至 80～120ms，而且继电器拉断瞬间所产生的火花将产生高温而损坏触点，或者在常开和常闭触点间形成电弧而将两个交流电源产生瞬间短路。所以继电器用于切换仅限于小容量 UPS 电源。

具有互锁特性的交流双接触，虽然能控制输出功率较大的 UPS 电源，但其切换时间有十几毫秒，因此，也不能解决对后级负载电源的不中断。

（3）静态开关的应用

UPS 电源依据逆变器组合方式可分为转换型和并机型，设置静态开关的单相转换型 UPS 电源主电路如图 5.9 所示。

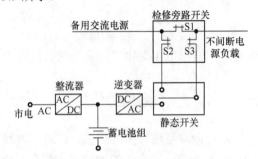

图 5.9　设置静态开关的单相转换型 UPS 电源主电路

由图可知：当市电正常时，以逆变器输出作为主用电源供给负载，以市电电源作为备用电源。为了便于维修，设置了一个手动维修旁路开关，即检修时先让旁路开关触头 S1 闭合，而后使 S2、S3 和静态开关断开。改由备用市电向负载供电，则 UPS 系统与旁路系统脱离，此时，便可对逆变器、静态开关等作维护修理。当逆变器作主用电源时，先合上静态开关和旁路开关 S2、S3 触头，再断开 S1 触头。

（4）静态开关转换和控制

1）静态开关切换的条件。在主电源和备用电源之间的静态开关，只有当两个电源同步时，方可进行转换工作。若在非同步状态下强行转换，有以下不良后果。

① 引起负载波形异常或供电瞬间中断。假若交流备用电源与逆变器电源不同步（频率不同和相位不同），则两个电源电压间存在相位差 ϕ，且在 A-B 区域间会使负载有几个毫秒供电的中断，同时负载上电压波形发生异常，如图 5.10（a）所示。

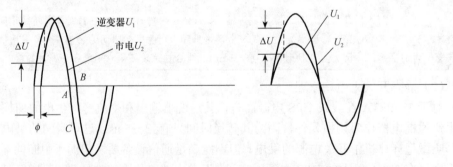

(a) 非同步状态两个交流电源的电压差　　　　　　(b) 同步状态两个交流电源的电压差

图 5.10　交流备用电源和逆变器电源电压不同步条件下切换波形

② 在交流备用电源和逆变器电源间产生均衡电流。假若两电源（U_2、U_1）之间相位差为 180°，此时，逆变器侧交流滤波器中电容器，不能瞬间释放完所储存的能量，使逆变器输出侧静态开关 VT3 或 VT4 仍保持导通状态。所以交流备用电源侧的静态开关 VT1 和 VT2 导通时，便在交流备用电源和逆变器电源静态开关间，经过滤波器产生类似于短

路状态时很大的均衡电流，从而损坏功率开关。在实际工作中，对不同类型 UPS 电源规定了两电源电压的相位差或电压幅值差允许值，以力求接近于两电源电压的同步。

2）静态开关控制电路框图。控制电路包含输入电压、电压电流检测、逻辑电路处理、控制信号形成等几部分。如图 5.11 所示。

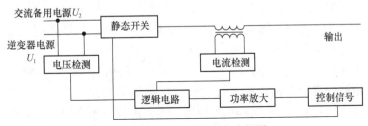

图 5.11　静态开关控制电路框图

① 电压检测。为了保证图 5.11 中两个交流电压（U_1 和 U_2）同步，需要检测两个电源电压或两个电源电压间相位差。电压检测由交流备用电源和逆变器电源控制电路分别完成。

当两个交流电源电压存在相位差时，两者瞬时值则不相等，故出现电压差，如图 5.10（a）中 B-C 差值所示。当电压差大于设定范围，可视为非同步，则应中断静态开关的切换工作。

即使两个交流电源已同步，也会存在电压差值，如图 5.10（b）所示。若负载呈感性，当电压过大时，也会出现均衡电流。

② 电流检测。电流检测信号从串联在 UPS 电源输出中性线上电流互感器中所获得。用作静态开关切换时零电流信号。

目前，不少 UPS 电源的静态开关采用晶闸管工作，其阻断条件是迫使流过它的电流小于维持电流。因此，交流备用电源侧的静态开关 VT1 和 VT2，只有在逆变器侧静态开关电流为零时方可导通。除此，在感性负载中，备用电源若带有负载接入，则在感性负载线路中会有过大的浪涌电流。所以为了保证安全切换，通过检测零电流装置，待发出电流过零信号之后，才可以向原来被阻断的晶闸管发出触发信号，使其导通。

③ 逻辑电路。该电路受电压检测和电流检测信号控制，若静态开关接通逆变器输出时，由逆变器通过静态开关向负载供电。在正常情况下逻辑电路输出信号所产生的控制电压，就一直维持在这种状态下运行。如果逆变器输出电压不正常，逻辑电路输出信号而产生的控制电压应使静态开关将负载转换到交流备用电源。

④ 静态开关控制方式。UPS 电源的静态开关通常都采用功率控制方式，这种控制是在电源电压和负载电流的极性相同时，由触发电路输出触发脉冲，用于控制晶闸管的通断。

3　UPS 电源中锁相环电路

（1）锁相环电路工作原理和基本特性

1）锁相环电路在 UPS 电源中的应用。如前所述，在 UPS 电源中逆变器输出正弦电压，必须与备用交流电源正弦电压同频率和同相位。由于备用交流电源的相位和频率受多种因素影响而起变化。所以需要一种装置用于检测两个交流电源的相位差，并将它变为电压信号，用于控制逆变器输出电压相位与频率，使逆变器与备用交流电源保持同步进行，即称为锁定。用于锁定两个交流电源的闭环电路，称为锁相环电路。

传统大容量 UPS 电源。采用了六相全控整流桥式电路，每一周期有 12 只晶闸管轮流导通，因此，触发电路在每一周期要输出间隔为 30° 的 12 个触发脉冲，它们必须与交流电网电压同步。所以通过加入锁相环，使触发脉冲跟踪电网频率作出相应变化，使晶闸管触发脉冲能与电网电压同步。

在调制正弦脉宽逆变器中，为了产生 SPWM 脉冲，也设置了锁相环电路，使调制正弦波和三角波频率分别锁定在 50Hz 和 50Hz 高倍率上。

锁相环电路（PLL）早在 1943 年应用于黑白电视机水平同步电路中，1956 年锁相环应用于第一批人造卫星。20 世纪 60 年代之后，在通信、航天、测量、计算机等诸多方面获得广泛应用。目前采用 CMOS 数字型锁相环电路已广泛应用于电子领域，以实现锁相稳频、锁相调频、锁相解调、锁相同步及锁相控制等功能。

2）锁相环路的组成。锁相环路基本结构如图 5.12 所示。它由鉴相器（PD）、环路低通滤波器（LPF）、压控振荡器（VCO）3 个主要部件组成。

图 5.12　锁相环电路组成框图

鉴相器用于比较输入信号 $U_i(t)$（如：电网电压检测信号）和从压控振荡器反馈回来的输出信号 $U_c(t)$ 间的相位。其输出信号正比于两个信号间相位差的直流误差信号 $U_d(t)$，所以鉴相器又称为相位比较器。

> **提示**
>
> 锁相环可用来实现输出和输入两个信号之间的相位同步。当没有基准（参考）输入信号时，环路滤波器的输出为零（或为某一固定值）。这时，压控振荡器按其固有频率进行自由振荡。

环路低通滤波器用于衰减 $U_d(t)$ 中高频分量和噪声，提高抗干扰能力。

压控振荡器是受电压控制振荡频率的装置，当输入控制电压 $U_c(t)=0$，其振荡频率 ω_0 固定不变，当 $U_d \neq 0$ 时，振荡频率为瞬变值。

在锁相环电路中，鉴相器输入电压 $U_i(t)$ 的频率 ω_i 不等于压控振荡器频 ω_0 时，则 ω_i 和 ω_0 存在一定的差值。在此过程由鉴相器输出 $U_d(t)$，经过环路低通滤波器处理后，变成控制电压 $U_c(t)$，进而使压控振荡器瞬时值频率向 ω_i 值靠近。直到两个信号的频率完全一致，同时两个信号间相位差达到恒定，这时环路被认为进入锁定状态，换言之锁相环电路已进入锁定状态。所以进入稳定状态的锁相环电路，压控振荡器输入信号和输出信号只存在相位差，而无频率差。

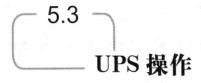

　　3）锁相环电路的基本特性。锁相环电路对固定频率的输入信号锁定时，工作在稳定工作点附近，伴有较小的稳态相差。若输入信号和频率略有变化，锁相环电路可以跟踪输入信号的相位和频率。正常工作状态具有以下特性。

　　① 锁定特性。锁定如前所述，环路对输入固有频率作用后，两信号频差为零，而只有很小的相位差。这种频率调节作用只有锁相环电路可以实现。

　　② 载波跟踪特性。锁相环电路可以跟踪载波频率缓慢变化，在输入信号暂时消失瞬间，输出信号还可保持对输入信号的锁定。通常此状态下的环路为窄带。

　　③ 调制跟踪特性。锁相环电路可以跟踪输入信号频率的变化，如：宽频信号或瞬时信号。通常此状态下的环路设计为宽带。

　　④ 低门限特性。锁相环路在噪声作用下，存在门限效应，因为环路中鉴相器具有非线性特性。

5.3

UPS 操作

　　通信领域中，在线式 UPS 是较多见的，以下我们对它日常的操作做一些介绍。UPS 一般处于下列 3 种运行方式之一。

　　1）正常运行。所有相关电源开关闭合，UPS 带载。

　　2）维护旁路。UPS 关断，负载通过维护旁路开关，连接到旁路电源。

　　3）关断。所有电源开关断开，负载断电。

　　本节介绍在上述 3 种运行方式之间互相切换、复位及关断逆变器的操作。图 5.13 所示为在线式 UPS 个操作开关示意图。

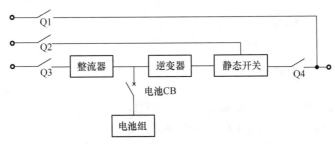

图 5.13　在线式 UPS 各操作开关示意图

5.3.1　UPS 开机加载步骤

　　此步骤用于 UPS 开机加载，假设 UPS 安装调试完毕，市电已输入 UPS。

　　1）合静态旁路开关 Q2。

2）合整流器输入开关 Q1。

3）合 UPS 输出电源开关 Q4。

4）手动合电池开关。

在闭合电池开关前，检查直流母线电压，若电压符合要求（380V 交流系统为 432VDC，400V 交流系统为 446VDC，415V 交流系统为 459VDC）。

注意

UPS 电源在第一次开机时，操做时手指在摁下开机开关时不应当立即离开开关，而是专注机器的启动情况，一旦有异常声响、烧焦等难闻气息或冒烟，应当立即关掉机器。留意：开机时门板要合上或关上，以防意外的电解电容等器件的爆裂而受伤！

5.3.2 UPS 从正常运行到维护旁路的步骤

UPS 需要维护时，负载从 UPS 逆变器切换到维修旁路。

负载由逆变器切换到静态旁路的操作过程如下。

1）关断 UPS 逆变器，负载切换到静态旁路。通常在主菜单上可以操作关断 UPS 逆变器。

2）取下 Q3 手柄上的锁，并扳动 Q3 内的锁定杆，然后闭合维护旁路开关 Q3。断开整流器电源输入开关 Q1、UPS 电源输出开关 Q4、静态旁路开关 Q2 和电池开关，此时 UPS 已关闭，市电通过维护电路向负载供电。

5.3.3 UPS 在维护旁路下的开机步骤

包括如何启动 UPS，并把负载从维护旁路切换到逆变器。

1）闭合 UPS 输出开关 Q4 和静态旁路开关 Q2。

2）闭合整流器输入电源开关 Q1，整流器启动并稳定在浮充电压，可查看浮充电压是否正常。

3）闭合电池开关。

4）断开维护旁路开关 Q3，并上锁。

5.3.4 UPS 关机步骤

1）断开电池开关和整流器输入电源开关 Q1。

2）断开 UPS 输出开关 Q4 和旁路电源开关 Q2。

3）若要 UPS 与市电隔离，则应断开市电对 UPS 的配电开关，使直流母线电压放电。

5.3.5 UPS 的复位

当因某种故障使用了 EPO（紧急关机），待故障清除后，要使 UPS 恢复正常工作状态，需要复位操作，或在系统调试时，选择手动方式从旁路切换到逆变器，UPS 由于逆变器过温、过载、直流母线过电压而关闭，当故障清除后，需要采用复位操作，才能使UPS 从旁路切换到逆变器带载。

操作复位按钮使得整流器、逆变器和静态开关重新正常运行。若是 EPO 后的复位，则还需用手动闭合电池开关。

5.4

UPS 的使用和日常维护

早期 UPS 的逆变器使用晶闸管，换向及抗干扰能力差（稳定性差），已逐步被淘汰。现在大功率晶体管（工作频率高、开关时间短）、功率 MOS 管（前级驱动功率小、开关速度更快）和 IGBT（以上两种的组合，性能更优）。另外，部分 UPS 已采用无输入/输出变压器的结构，与有变压器 UPS 相比较具有体积小、质量小等特点，但故障率较高且抗高压冲击能力弱。

5.4.1　UPS 的选用

选用 UPS 时，首先要确定 UPS 的类型，然后再查看 UPS 的具体技术指标，看看是否满足自己的需求。UPS 技术参数，包括输入电压范围、频率范围、输出电压稳定度、频率稳定度、超载能力、电池的规格、UPS 的转换时间、通信界面等。了解其参数后，还要知道其具体含义。

1 UPS 的选型原则

为适应现代通信电源工程技术标准的发展要求，UPS/逆变器选型遵循以下基本原则：
（1）应用场合
当电源中断需要立即提供电源以维持设备正常运行或电源品质不稳定需要提供稳定、纯净的电源时，考虑选用 UPS/逆变器。
（2）安规认证
对于 UPS/逆变器的选型，在选型阶段应该考虑到 UPS 的安规认证（见表 5.1），以

表 5.1　安规及标识

安 全 标 准	标　识
UL 1950	UL（CUL）*
IEC 60950	TUV OR VDE
CSA C22.2 107.1	CSA
CCEE	CE Mark

适应公司产品的全球化的发展趋势；要满足当地安规标准，一般为各国广泛接受的安规认证类型有 UL（北美）、CSA（加拿大）、TUV（德国）、CE（欧盟）等，我国采用 3C（China Compulsory Certification）。

（3）EMC 要求

由于需要限制电源设备对电网的影响，现阶段世界各国正在强行推行设备的 EMC 要求，对 UPS 也不例外，因此，一般要求 UPS/逆变器也应通过相应的认证。

> **相关知识**
>
> 电磁兼容性 EMC（Electro Magnetic Compatibility），是指设备或系统在电磁环境中按要求运行，具不对环境中的其他设备产生无法接受的电磁干扰的能力。

（4）输出容量

应根据所用设备的负荷量统计值来选择所需的 UPS/逆变器输出容量（kVA 值）。为确保 UPS 系统效率高和尽可能地延长 UPS 的使用寿命。推荐参数是：用户的负荷量占 UPS 输出容量的 90%为宜，但最大不能超过标称值。

注意：UPS/逆变器输出容量包括有功和无功两部分，总体上体现为视在功率，三者成三角关系。一般要求有功功率小于 UPS 输出的有功功率，UPS/逆变器输出的有功功率在厂家资料中可以查到；若查不到，则可用 UPS/逆变器输出容量乘以输出功率因数得到。

（5）输入电压

世界上各国电网电压主要分为 LV（低压）系列和 HV（高压）系列。一般而言，LV系列包括 100/110/120/127 4 个等级，可接受的最高输入电压为 140V/AC；HV 系列包括 208/220/230/240 4 个等级，可接受的最高输入电压 276V/AC。

（6）输入频率

输入电压频率分为 50Hz 和 60Hz 两种，无论是 LV 系列还是 HV 系列都有使用。根据以上输入电压和频率的分类，选用 UPS 时需要针对产品销售区域的电网特征进行判别。

（7）输出功率因数

输出功率因数代表适应不同性质负载的能力。UPS 工作时，不仅向负载提供有功功率，同时还提供无功功率（对于容性负载或感性负载）。当电路中接有开关电源等整流滤波型非线性负载时，还需要考虑电流 THD 的影响。一般认为，带容性负载（开关电源等）时，UPS 输出功率因数在 0.6～0.8 为宜；带感性负载（风扇、电灯等）时，UPS/逆变器输出功率因数在 0.3 左右为宜。

> **相关知识**
>
> THD（Total Harmonic Distortion）是总谐波失真的意思。总谐波失真是指用信号源输入时，输出信号比输入信号多出的额外谐波成分。谐波失真是由于系统不是完全线性造成的，它通常用百分数来表示。所有附加谐波电平之和称为总谐波失真。一般说来，1000Hz 频率处的总谐波失真最小，因此，不少产品均以该频率的失真作为它的指标。但总谐波失真与频率有关，必须在 20～20000Hz的全音频范围内测出，因此，在 UPS/逆变器选型时，应考虑到负载功率因数问题。

（8）油机适应能力

由于发电机输出波形差，某些 UPS 在作为发电机的负载，其跟踪能力不足。在停电较长的地区，如果发电机经常作为电网的后备，则需要选择对油机适应能力强的 UPS。

（9）输入/输出插头/插座

世界各国电源插头/插座差异很大，而且标准和规定各式各样，因此，在选用 UPS 时需要针对各地情况进行判断，选择符合销售区域要求的 UPS/逆变器。关于插头/插座可参考《国际化电源插座/插头系统选型指导书》。

（10）智能管理和通信功能

用户需要在计算机网络终端上实时监控 UPS 的运行参数（如：输入、输出的电压、电流和频率，UPS 电池组的充电、放电和电压值显示，UPS 的输出功率及有关的故障、报警信息）时，可以选用提供 RS—232、DB9、RS—485 通信接口功能的 UPS。对于要求能执行计算机网控管理功能的用户，还可以配置简单网络管理协议（Single Network Management Protocol，SNMP）卡配套运行。

（11）市场定位

在产品初期 UPS/逆变器选型时，一定要明确产品的市场定位，不局限于当前的市场需求进行选型，以方便将来其他产品选用 UPS/逆变器。

（12）性价比

综合考虑性价比因素，选用具有高稳定性和高可靠性的 UPS/逆变器。

> **注意**
>
> 需注意的是，国外 PUS 选型时对于蓄电池的详细要求（入网证、品牌等）一定要详尽，避免出现不必要的选型错误。

5.4.2　UPS 日常维护与测试

1　维护工作的重要性

用户不仅最关心 UPS 系统的可靠性，而且更关心 UPS 系统的可用性，即系统出现故障后以最快速度修复，确保 UPS 系统可靠、可用性指标高于 99.99%。根据定义：

$$可用性 = \frac{MTBF - MTTR}{MTBF} \tag{5.12}$$

式中，MTBF 是平均无故障时间；MTTR 是平均维修时间。

例如，日本三菱 UPS 仅逆变器的平均无故障时间（不含旁路开关）MTBF＝45000h，三菱 UPS 维修中心平均维修时间 MTTR＝4h，则确保此套 UPS 系统的可用性大于等于 99.99%。

日常维护工作主要从 UPS 各种参数的微小变化中及早发现故障征兆，迅速进行调整及排除，这就是用户使用质量，它主要由用户使用环境质量、供电质量及维护使用人员素质等决定。

从实践经验中可知，除了 UPS 主机维护外，免维护蓄电池的故障是 UPS 供电系统可靠性的最薄弱环节。有资料统计，40%的 UPS 系统故障是由于蓄电池引起的，而且是致命性故障，因此，要加强对免维护蓄电池组的科学管理。

蓄电池组管理的目的是检测和控制蓄电池组健全状态并及时处理容量不足或有问题的蓄电池单元，要对免维护蓄电池进行科学的监测和管理。管理的目的是在事故（如：停电）发生前确定蓄电池组的实际运行状况，以确保停电时能发挥蓄电池后备供电的作用。

维护人员可以在 UPS 系统现场，从 UPS 仪表或本地监控设备掌握 UPS 运行的各种参数；也可通过维修中心的远程监控掌握 UPS 及蓄电池的运行情况，而远程监控更利于维修服务中心的专业人员做出准确而迅速的判断，并采取相应措施。

为了掌握 UPS 系统是否正常工作，需要了解 UPS 系统运行时诸多参数：如输入电压、输出电压、电流、频率、功率器件温度、输出视在功率、有功功率、功率因数、负荷率、蓄电池放电电流、蓄电池充电电流、蓄电池容量、可供电后备时间、故障记录（部位、时间）、故障波形等资料，因此，需要 UPS 具有丰富的监测软件，多功能接口界面，可对 UPS 系统进行每天及每月的监测运行报告及打印记录，方便实现本地监测及远程监测。

2 UPS 的日常维护

（1）清洁和检查

UPS 在正常使用情况下，主机的维护工作很少，主要是防尘和定期除尘。特别是气候干燥的地区，空气中的灰尘较多，机内的风机会将灰尘带入机内沉积，当遇到空气潮湿时，则会引起主机控制紊乱，造成主机工作失常，并发生不准确报警，大量灰尘还会造成器件散热不好。一般每季度应彻底清洁一次。其次就是在除尘时，检查各连接件和插接件有无松动和接触不牢的情况。测量蓄电池组的电压，更换不合格的蓄电池，保持蓄电池表面清洁。

（2）补充和浮充

经常性维护可延长 UPS 的使用寿命，对于长期处于只充电不放电状态的 UPS（市电很稳定），UPS 中蓄电池就没有工作的机会，蓄电池就有可能因长时间浮充而损坏。蓄电池内的电能有可能因某原因而耗尽或者接近耗尽。为了补偿蓄电池能量和提高蓄电池寿命，应每两三个月人为地中断市电一次，让蓄电池放电一段时间，用以激活蓄电池。同时 UPS 要进行及时的、较长时间的连续充电（通常不少于48h，可以带或者不带负载），以避免由于蓄电池衰竭而起故障。相反，如果市电频繁中断或长期处于低电压状态，随着 UPS 要进行及时的增长，总有部分蓄电池的充放电特性会逐渐变坏，即进入恶化状态。这种变化趋势在后备式 UPS 及不在线式 UPS 中尤其明显。主要是因为在这种类型 UPS 中所用的蓄电池充电回路是属于恒电压截止型充电电路，加之在 UPS 中蓄电池组长期处于放电状态。经过一段时间运行后，常发现蓄电池的内阻增大，蓄电池组中个别蓄电池的端电压明显下降，这些是属于蓄电池的正常损耗。需利用深夜电压高时，对蓄电池组充电（一般 10～20h），以防止其深度放电。对使用不当而损坏的蓄电池，正常充电一般不能使其恢复，可利用专用的恒流充电器，对内阻已经很高的蓄电池进行激活，使其再恢复使用。

对长时间不用的 UPS 要定期进行人为的强制性工作，这样不但可以活化蓄电池，还可以检验 UPS 是否处于正常状态，并且可以使操作人员熟悉 UPS 供电系统的使用。

UPS 在使用中，每月要检查一次浮充电压，单个蓄电池的浮充电压低于 2.20V（相对于 2V 的蓄电池）时，则应对整组蓄电池进行均衡充电。如果用户自行配置长延时蓄电池组时，外配的充电器应同时具有恒压和恒流功能，不应选用只有恒压功能的充电器，以免影响蓄电池的使用寿命。

3　UPS 系统的测试

测试 UPS 主要是鉴定 UPS 的实际技术指标能否满足使用要求。UPS 的测试一般包括稳态测试和动态测试两类。稳态测试是在空载、50%额定负载以及 100%额定负载条件下，测试输入、输出端的各相电压、线电压、空载损耗、功率因数、效率、输出电压波形、失真度及输出电压的频率等。动态测试一般是在负载突变（一般选择负载由 0%～100%和由 100%～0%）时，测试 UPS 输出电压波形的变化，以检验 UPS 的动态特性和反馈回路。

（1）稳态测试

在 UPS 进入"系统正常"状态时，对波形、频率、电压和效率的测试方法如下。

1）波形检测。一般是在空载和满载状态时，观测波形是否正常，用失真度测量仪测量输出电压波形的失真度。在正常工作条件下，接电阻负载，用失真度测量仪测量输出电压总谐波相对含量，应符合产品规定的要求，一般小于 5%。

2）频率检测。一般可用示波器观测输出电压的频率和用"电源扰动分析仪"进行测量。当 UPS 的频率电路的振荡器不够精确时，也有可能在市电频率不稳定时，UPS 输出电压的频率也跟着变化。UPS 输出频率的精度一般在与市电同步时，能达到±0.2%。

3）输出电压。UPS 的输出电压可以通过以下方法进行测试。

① 当输入电压为额定电压的 90%，而输出负载为 100%或输入电压为额定电压的 110%，输出负载为 0 时，其输出电压应保持在额定值的±3%范围内。

② 当输入电压为额定电压的 90%或 110%时，输出电压一相为空载，别外两相为 100%负载时，其输出电压应保持在额定值±3%的范围内，其相位差应保持在 4°范围内。

③ 当 UPS 逆变器的输入直流电压变化±15%，输出负载为 0～100%变化时，其输出电压值应保持在额定电压值±3%范围内。这一指标表面上与前面所述指标重复，但实际上它比前面的指标要求更高。这是因为控制系统的输入信号在大范围内变化时，表现出明显的非线性特性，要使输出电压不超出允许范围，对电路要求就更高了。

④ 效率。UPS 的效率可以通过测量 UPS 的输出功率与输入功率求得。UPS 的效率

主要决定于逆变器的设计。大多数 UPS 只有在 50%～100%负载时才有比较高的效率，当低于 50%负载时，其效率就急剧下降，厂家提供的效率指标也多是在额定直流电压，额定负载条件下的效率。

（2）动态测试

1）突加或突减负载测试。先用"电源扰动分析仪"测量空载、稳态时的相电压与频率，然后突加负载由 0～100%或突减负载由 100%～0，若 UPS 输出瞬变电压在 −8%～10%之间，且在 20ms 内恢复到稳态，则此 UPS 该项指标合格；若 UPS 输出瞬变电压超出此范围时，就会产生较大的浪涌电流，无论对负载还是对 UPS 本身都是极为不利的。

2）转换特性测试。此项主要测试由逆变器供电转换到市电供电或由市电供电转换到逆变器供电时的转换特性。测试时需要具有存储功能的示波器和能模拟市电变化的调压器。

3）过载测试。过载测试是衡量 UPS 的一项重要指标，过载测试主要是检验 UPS 整机的过载能力，保证即使运行中出现过负荷现象时，UPS 也能维持一定时间而不损坏设备。过载测试时，必须按设备指标测试，并且要在 25℃以内的室温下进行。

4）输入电压过电压、欠电压保护测试。按设备指标输入电压允许变化范围进行测试，一般 UPS 允许输入电压变化 10%，当输入电压超过此范围时应报警，并转换到蓄电池供电，整流器自动关闭，当输入电压恢复到额定允许范围内时，设备应自动恢复运行，即自动转为由市电运行。在蓄电池自动投入到解除的过程中，UPS 输出电源波形应无变化。

不能把不同容量、不同厂家、不同性能的电池组串联在一起，否则会影响整组蓄电池的性能。同时，要定期对电池组进行检查、测量、并做好记录。检查项目包括：整组电池的浮充电压，单体电池浮充电压。测单体电池电压时，应在电池放电状态下进行，否则测得的结果会是假电压，其经验做法是在测量时，万用表两端并联一个 1～3Ω的电阻丝。

5.4.3 UPS 常见故障及处理

UPS 作为通信电源不可缺少的供电不间断系统，其应用领域越来越广泛。但长期以来，由于部分使用人员不了解 UPS 的组成、原理、特点，不注重对 UPS 管理维护，使用寿命缩短，故障率增高，其结果大大影响了 UPS 性能的发挥。UPS 故障可分为使用性故障、器件故障或板级故障。

1 UPS 使用故障

所谓使用性故障是由于操作、维护人员的误操作、对故障现象的错误判断以及所采取的不当措施或经验性判断等造成的故障。UPS 的使用性故障大致可以分为知识性故障、操作性故障、延误性故障、维护性故障、经验故障、环境性故障等。

（1）知识性故障

1）这类情况的出现主要是由于维护人员缺乏基本的 UPS 知识所致，如：对于三相电压不平衡的认识，一般来说其偏差<2%可以不计。目前，大多数 UPS 在三相负载 100% 不平衡时，都具有自动调节其电压不平衡度<2%的能力。所谓三相负载 100%不平衡，是指 UPS 的负载一相或两相满载，而另外两相或一相空载的情况。

2）对蓄电池的维护方法不了解所致。如 UPS 配置的是工作寿命为 3～5 年的蓄电池，而夏天环境温度经常超过 30℃，而且两年多市电从未停过，开机后维护人员也从未对蓄电池进行过核对性或容量测试性放电试验，对蓄电池的运行状况不清楚。偶遇市电停电，蓄电池的放电时间不到额定时间的 1/3UPS 就关机了。

3）误解了 UPS 输出短路保护功能，认为做短路试验时，只要将输出端用一根短路线短接。这样做短路试验时，对有的 UPS 可行，有的 UPS 是不可行的，原因是当 UPS 由逆变器供电时，对过载和短路的保护是通过切断控制信号的方法使逆变器截止。逆变器采用晶体三极管或 MOS 管时，因电流传感器电路具有一定的滞后时间，在控制信号被切断前，功率管就已经损坏了；在用 IGBT 作为逆变器功率器件时，引起损坏的概率相对高一些，这是由于 IGBT 难以克服的缺点造成的。即 IGBT 的结构中寄生了一只晶闸管，它具有擎住电流效应，即一旦通过功率管的电流超过晶闸管的擎住电流，这时即使取消了控制信号，IGBT 照样导通，一直到损坏。因此，不要做这样的短路试验。

（2）操作性故障

由于 UPS 所带负载的重要性，为了保证 UPS 安全可靠地运行，各种产品都有自己的一套安全操作程序，并写进说明书以供用户参照执行。维护人员若不按照既定程序操作，结果有时会出问题；也有无意识的操作故障，如：在维修或保养期间，由于拆卸某一器件时，不小心将临近的器件碰坏而未发现，开机加电时，形成二次故障；在检查故障时，表笔误将某两点短路；连接外部蓄电池时，误将正负极接错；有单节或几节蓄电池连接条未拧紧或蓄电池开关未闭合，市电停电时，蓄电池放不出电而导致 UPS 停机；改造或维修时，将 UPS 的输入电源的相序搞错，也会导致 UPS 无法启动或切换失败；UPS 加电后忘记启动逆变器，在市电断电时，同样会导致停机；无屏蔽的过程信号电缆与交流线并行布线，由于耦合干扰而导致的故障等。

（3）延误性故障

由于维护人员未及时发现故障隐患，或发现了却未及时采取相应措施而导致 UPS 发生故障。例如，在 UPS 双机并联冗余系统中，负载被均分到两台 UPS 上，有时由于某种巧合而导致其中的一台逆变器关机，这时负载被全部转移至另一台 UPS 上，如果维护人员及时发现，只要将关机的 UPS 逆变器重新开启即可。如果维护人员未及时发现，遇到市电中断时，就变为单机供电，一方面过载能力减弱，另一方面蓄电池后备时间减半，此时，一旦过载就会造成所带负载全部中断。又如，蓄电池在不理想的条件下运行时，应按时间对蓄电池进行维护，一旦发现有容量明显降低的蓄电池，应立即更换。因为蓄电池的损坏过程是逐渐积累造成的。例如，在对蓄电池的维护月检时，个别蓄电池虽然浮充电压稍低，但还未到完全不能使用的程度，而当月市电停电后，有一组蓄电池却完全不能放电。所以，一旦发现蓄电池有故障时，要及时进行更换，以免酿成事故。

（4）维护性故障

UPS 的周期性维护内容虽然较少，但这些内容却是非常有必要的，而且这些维护要有一套严格的程序。不按要求定期地维护设备是导致故障发生的重要原因。如：有的 UPS 长期不维护、不保养，一旦发现设备工作不稳定，只能维修。待打开机壳一看，电路板和元器件上积了厚厚一层灰尘，用吹风机和吸尘器将这些灰尘清理掉，设备即可恢复正常。例如，有一台 UPS 维修完毕后，维修人员将市电加到输入端，但忘了启动逆变器或闭合蓄电池开关，等到下一次市电停电时，UPS 因逆变器不能启动而关机。

（5）经验性故障

在 UPS 故障处理过程中，应根据 UPS 技术说明书和原理图并结合故障现象，进行综合分析，不能完全就凭经验进行故障处理。具体故障要具体分析，经验仅做参考。例如，UPS 交流输入熔断器熔断的原因有很多，诸如：整流器击穿、滤波电容击穿、逆变器击穿、输入整流管两端的 RC 网络短路，以及由此而波及到控制电路的损坏等都会造成熔断器熔断。当然，对一些简单故障的判断和排除，经验是有用的，不过要灵活运用，具体情况具体对待。

（6）环境性故障

这类故障是由于用户不重视设备使用环境而导致的，如：使 UPS 长期工作在没有空调也不通风，夏天温度高达 30～40℃，湿度又大的环境中，会导致 UPS 内元器件性能降低，蓄电池容量也会大打折扣，导致 UPS 在使用过程中故障频频发生，蓄电池容量也远远达不到要求。若 UPS 使用的市电条件很差，经常停电，致使蓄电池长期处于亏电状态，使其寿命急剧缩短；也有的地方市电电压上经常叠加很高的干扰电压，配电柜未设置二级防雷器或设置不合理，由于浪涌电压（电流）未得到有效抑制，导致 UPS 或用电设备损坏。

由以上几点可以看出对 UPS 的维护应制定并严格遵循一套科学有效的方法，才可能避免上述的人为故障，使 UPS 的故障率降低，真正做到不间断地为用电设备提供安全、可靠的洁净电源。

2 UPS 器件或板级故障

一般情况下，UPS 主板常见的故障主要有不逆变、不稳压、不充电、不能用市电、死机等几种情况。在检修 UPS 时，首先应检查蓄电池，其次是主板电路；当确定主板电路发生故障后，应先查市电稳压供电电路，然后查逆变电路，下面就几种情况的维修方法，分别做一下介绍。

（1）不逆变

不逆变是指 UPS 用市电能正常工作，但市电中断时，蓄电池直流电压不能转变为

220V 交流电压。遇到这种情况，应首先测量蓄电池电压，因为若蓄电池电压过低（对于 24V 蓄电池，一般调整为 21V），控制电路检测到蓄电池电压过低信号后，就会中断逆变电路工作；其次查辅助电源是否正常，逆变管及驱动管有无损坏；最后检查输出保护电路。一般情况下，通过上述步骤，故障即可得到排除。

（2）不稳压

非在线式 UPS 不稳压分为交流输入时输出不稳压和逆变输出不稳压两种情况。当市电输入时，输出稳压过程是通过调压电路控制继电器与变压器的不同抽头进行连接来实现的；逆变输出电压的稳压过程是通过检测逆变器反馈电压的高低来控制方波信号的脉冲宽度来实现。如果 UPS 出现不稳压故障，只查相应的调压控制电路即可。

（3）不充电

不充电故障在市电不经常中断的环境里比较难发现，它的危害很大，很可能使蓄电池因长期得不到充电而提前报废。判断此故障的方法很简单，只要断开充电电路与蓄电池的连接，测充电电路的空载电压即可判断（正常时，对单块 12V 的蓄电池来说，此电压为 13.5V，对串联的两块粗电池来说此电压为 27V）。若此电压不正常，就应查充电电路及相应的控制电路，特别是与此相关的控制电路。当市电过低或中断时，充电电路在控制电路作用下就会停止工作。若相应控制电路有故障误动作时，也会使充电电路不工作。

（4）不能用市电

逆变输出正常，用市电输入时，无输出。遇到此类故障应首先检查市电检测电路。因为当市电检测电路检测出市电低于 170V 或高于 260V 时，就会发出相应信号给控制电路，使控制电路发出控制脉冲，切断市电输入通路，并使 UPS 处于逆变状态。当检测电路正常后，最后检查继电器转换电路。由于机型不同，其控制关系和保护电路类型也千差万别，但其检查方法都基本相同。

（5）UPS 不能正常启动

在正常情况下，只要合上输入开关，UPS 便自动工作在旁路供电方式，这时负载由市电直接提供电源。当发出 UPS 启动命令后，UPS 开始启动约 1min 后，自动将旁路供电方式转为逆变器供电方式（正常工作方式）。UPS 不能正常启动的原因除 UPS 内部的因素外，还可能使输入电压不正常，因此，应检查输入电压是否正常；对于三相输入的 UPS，还要检查是否"缺相"。因为在 UPS 内部有一个检测电路时刻对输入电压进行监视，若存在"缺相"，输入电压的三相平均值必然低于正常值的下限，检测电路并发出信号封锁 UPS 的启动，若检查输入电压正常，UPS 仍未启动，对于单相输入的 UPS 要检查输入电压的相线与零线接线是否接反；对于三相输入的 UPS 则要检查其输入电压的相序是否正确。

（6）UPS 启动后不能正常转换

出现这种现象最大的可能使此时旁路电压超出其允许范围。UPS 对于其输入电压的允许范围是比较宽的，一般在额定值的 −20%～ +10% 的范围内。但其半旁路电压的允许范围只允许在其额定值的－10%～＋20%范围内。由此就出现了 UPS 虽然能够启动却不能转换到正常工作方式。

出现不能正常转换的情况，首先应检查当时的市电电压（旁路电压）是否超出其允许范围，如已超出，则无须做任何处理，只要市电电压进入其允许范围，UPS 就会自动地转换到正常工作方式。例如，检查的结果证实市电电压在允许范围内，可能是随着 UPS 使用时间的延长，其内部控制电路的某些参数发生了漂移，使得旁路电压的允许范围变小。这时需要对 UPS 内部的某些参数作必要的调整。

（7）UPS 在运行中频繁地转换到旁路供电方式

UPS 一般运行在正常工作方式，但是在某些情况下就会转到旁路供电方式。例如，当 UPS 原来负载就比较重，再启动其他的负载，UPS 因"过载"而转到旁路，等负载的冲击电流过去后，UPS 又自动转换到正常工作方式，这种情况频繁的出现对 UPS 的稳定工作是不利的，应做相应处理。在接有多台计算机及打印机等负载时，若在 UPS 的输出端安装一个开关集中控制这些负载的启动及停止是不恰当的。经计算，计算机在开机瞬间的负载量约是正常工作时负载量的 2～3 倍。这样的控制方式在加载的瞬间必然造成 UPS 的过载而转换到旁路。为了避免其发生，有两种办法：一是仍采用集中控制设备启停，但必须在旁路方式下进行，待设备启动之后再启动 UPS。由于旁路工作方式的过载能力较强，避开了集中加载瞬间所产生的冲击电流。二是在正常工作方式的情况下加载，但由于逆变器的过载能力较弱，此时，不能采用"集中加载"的方法，应逐步加载以分散加载时的冲击电流。

（8）UPS 逆变器驱动管损坏

减少或避免 UPS 逆变器驱动管损坏故障的发生的方法有以下几方面。

1）慎重选择 UPS 的负载，最好是不带有大功率晶闸管负载，含晶闸管桥式整流器及半波整流器等非线性负载。

2）对于单相桥式半控整流器电路，当晶闸管未被触发时，整流器的输出电流为零，晶闸管一旦被触发，整流器的输出电流突然由零上升至一个很大的值。晶闸管的控制角（α）不同，其触发时整流器输出电流的上升值也不同。当控制角 α 接近 90°时，整流器突然增大的输出电流将达到其最大值。UPS 带上这样的负载，就相当于在其输出端不断地进行从零到数倍输出负载量的阶跃式脉冲加载和减载操作，显然这种情况对于逆变器的工作是不利的。

3）UPS 工作时，蓄电池组未接入或接入的蓄电池组严重失效。蓄电池不仅能够储存电能，在 UPS 的工作中其还相当于一个容量很大的电容器，起到稳定直流母线电压的作用。如果蓄电池组未接入或接入的蓄电池严重失效，则 UPS 工作时，其逆变器输入端的直流母线电压就不稳定，当 UPS 突加或突减负载时尤为明显，这种不良情况容易造成逆变器驱动管损坏。

（9）当市电中断时 UPS 立即关机

当市电中断时，UPS 立即关机是由于蓄电池不能维持对负载供电，从而造成负载供电中断，这是由于蓄电池失效或其性能严重变坏，以致当市电中断时，蓄电池没有足够的能量来维持对负载供电。此时，只要将不良蓄电池更换就可恢复正常。在检查蓄电池时，不能以测量蓄电池空载时端电压的高低来衡量其好坏，而应让它稍带负载，视其端电压变化。当蓄电池失效或性能严重变坏时，其空载端电压虽然基本正常，但只要放电，其端电压就会大幅度下降，下降幅度往往超出蓄电池的允许范围。检查蓄电池时，蓄电池带的负载值与蓄电池容量有关，推荐以蓄电池额定容量的 70%作为放电电流值。

本 章 小 结

UPS（Uninterruptible Power System）是一种交流不间断供电电源系统，它可以解决现有电力的断电、低电压、高电压、突波等现象，使通信电源系统运行更安全可靠。

UPS 电源由整流模块、逆变器、蓄电池、静态开关、控制器件等组件构成。逆变器是 UPS 电源的核心设备。整流模块为能量变换设备（AC/DC），逆变器也是能量变换设备（DC/AC），蓄电池为储能设备。

UPS 按其结构工作方式可分为后备式、在线互动式、三端口式及在线式等。UPS 按输入/输出方式可分为单相输入/单相输出、三相输入/单相输出、三相输入/三相输出 3 类。采用三相供电方式，每一相都承担一部分负载电流，因而中、大功率 UPS 多采用三相输入/单相输出或三相输入/三相输出的供电方式。

单相逆变器的逆变电路有推挽式、半桥式、全桥式等。均用于中小型 UPS 系统。全桥式逆变电路应用场合多。脉宽调制型全桥逆变器结构原理和控制方法。

锁相环路基本结构由鉴相器（PD）、环路低通滤波器 LPF、压控振荡器 VCO3 个主要部件组成。

UPS 可处于下列 3 种运行方式之一：正常运行、关断、维护旁路。

所谓 UPS 使用性故障是由于操作、维护人员的误操作、对故障现象的错误判断以及所采取的不当措施或经验性判断等造成的故障。UPS 的使用性故障大致可以分为知识性故障、操作性故障、延误性故障、维护性故障、经验故障、环境性故障等。

习　　题

一、填空题

1. 在线式 UPS 中，无论市电是否正常，都由_____向负载供电。
2. 在通信电源中，交直流不间断电源两大系统的不间断，都是靠_____来保证的。
3. 直流供电系统目前广泛应用_____供电方式。
4. 单相逆变器的逆变电有_____、_____、_____3 种。
5. UPS 的运行方式有_____和_____。
6. UPS 不同步旁路切换是先_____后_____，利用_____的导通关断速度实现切换。

7．"1＋1"并机板完成调节单机间的相位差，对输出电压进行_____，达到对负载的均衡供电并实行_____管理。

二、选择题

1．UPS 电源由哪些基本部分组成（　　）。

    A．整理模块、静态开关、逆变器、蓄电池

    B．逆变器、防雷模块、整流模块、静态开关

    C．整流模块、功率因素补偿模块、蓄电池、静态开关

    D．整流模块、静态开关、防雷模块、蓄电池

2．负载能量 100%由逆变器提供的 UPS 是（　　）。

    A．后备式 UPS   B．互动式 UPS

    C．在线式 UPS   D．DELETA 变换式 UPS

3．UPS 逆变器输出的 SPWN 波形，经过输出变压器和输出滤波电路将变换成（　　）。

    A．方波   B．正弦波

    C．电压   D．电流

4．在后备式 UPS 中，只有当市电出现故障时，（　　）才启动进行工作。

    A．逆变器   B．电池充电电路

    C．静态开关   D．滤波器

5．当负载发生短路时，UPS 应能立即自动关闭（　　），同时发出声光告警。

    A．输入   B．电压

    C．输出   D．电流

6．采用并机柜实现两台 UPS 冗余并联时，并机柜可以实现（　　）功能。

    A．电压均衡   B．主备机控制

    C．主备机转换   D．负载均分

7．当 UPS 从逆变器供电向市电交流旁路供电切换时，逆变器频率于市电交流旁路电源频率不同步时，将采用（　　）的方式来执行切换操作。

    A．先接通后断开   B．先断开后接通

    C．同时断开   D．同时接通

三、判断题

1．交流不间断电源在市电中断时，蓄电池通过逆变器给通信设备供电。（　　）

2．考虑到可靠性，在经济条件允许的前提下，UPS 在后备电池容量选择上应尽量大一些。（　　）

3．交流电不间断电源在市电中断时，蓄电池通过逆变器（DC/AC 变换器）给通信设备供电。（　　）

4．UPS 并机工作的目的是冗余和增容。（　　）

5．在线式 UPS 没有切换时间，其切换时间为 0。　　　　　　　　　　　（　　）

四、简答题

1．UPS 在通信电源系统的作用和地位越来越重要，重要性主要体现在哪些方面？

2．UPS 都有哪些分类？UPS 有哪几部分组成？

3．后备式、在线式和三端式 UPS 在工作方式上有何不同，各自有什么特点？

4．UPS 的开机加载步骤有哪些？UPS 从正常运行到维护旁路的步骤有哪些？

5．如何选用 UPS 电源？

6．UPS 电源的常见故障都有哪些？如何处理？

第 6 章

油机发电机组

❖ **本章内容简介**

本章从油机的概念出发，阐述了油机在现代通信电源系统中的作用。主要内容有：油机的概念和分类，油机的总体构造，油机发电机的工作原理，油机发电机组的日常养护和使用，油机的一般故障排除方法，同时对便携式油机发电系统进行了简要介绍。

❖ **本章重点**

本章重点是油机的总体构造和油机发电机组的工作原理；根据故障现象判断油机发电机组的故障部位以及常见故障的排除方法。

❖ **本章难点**

本章难点是油机发电机组的基本理论；油机发电机组的常见故障及排除方法。

概　述

油机发电机组是确保通信电源供电不中断的重要组成部分。我们知道，市电比油机发电、蓄电池等其他形式电能更经济、环保和便于维护；也许有人会问，有了市电供电，市电既经济又环保，为什么我们在通信电源供电系统中还要采用油机发电机组呢？那么我们思考一下，当市电因设备故障、例行检修、能源紧张等因素导致电网供电中断时，如何确保通信供电不中断？通常在通信电源供电系统中，在市电供电中断时间较短的情况下，为了确保通信系统供电不中断设备的正常工作，通信局（站）通常采用蓄电池供电方式来满足系统供电需求；一旦出现市电供电中断时间较长的情况，由于受到蓄电池容量的限制，为了避免因长时间市电供电中断导致蓄电池过放电，使通信设备无法正常工作，在这种情况下，必须配置油机发电机组。

因此，为了确保供电不中断，在通信电源供电系统中，通常采用市电、蓄电池和油机发电机组混合供电方式。

6.1.1　油机发电机组的作用

1　几个概念

（1）热力发动机

热力发动机简称热机，它是将常规燃料或核燃料反应产生的热能、地热能和太阳能等转换为机械能的动力机械。常用的热力发动机有内燃机（包括汽油机、柴油机和煤气机等）和蒸汽机等。

（2）内燃机

内燃机又称发动机（或原动机），俗称油机。内燃机是一种原动机，它产生的动力可以带动发电机、水泵等工作。飞机、船舶、机车一般都用内燃机作动力。也就是说内燃机使用燃料（柴油、汽油或煤气）在汽缸内燃烧产生高温高压气体，经过活塞连杆和曲轴机构把化学能转换为机械能（动力）的机器。

内燃机的作用是燃烧燃料而产生动力。当内燃机使用的燃料是汽油或柴油时，这样的内燃机统称为油机。

（3）电机

电机是发电机和电动机的总称。发电机是通过发动机带动，将机械能变换为电能的一种机器。电动机是将电能变换为机械能的一种机器。

发电机通常分为直流发电机和交流发电机两种。直流发电机是将输入的机械能变换为直流电能输出；交流发电机是将输入的机械能变换为交流电能输出。

电动机通常分为直流电动机和交流电动机两种。直流电动机是将输入的直流电能变换为机械能输出；交流电动机是将输入的交流电能变换为机械能输出。

直流发电机和直流电动机具有可逆性，也就是说，同一直流电机可以用作发电机，也可以用作电动机。

相关知识

　　蒸汽机是水在锅炉中吸收由燃料燃烧后产生的高温热量而产生高温高压的蒸汽，蒸汽在汽轮机中膨胀，推动汽轮机转子转动对外作功的装置。

2　油机发电机组的作用

在通信电源系统中，油机发电机组作为交流电源的供给设备，通常是用来确保供电允许短时间中断的通信设备正常工作。在没有市电和蓄电池的地方，油机发电机组作为通信设备的独立电源；在有市电供给的地方，油机发电机组就成为备用电源，以便在市电停电时间较长时，避免因蓄电池过放电而导致设备不能正常工作。

3　通信电源对油机发电机组的要求

随着通信技术的不断发展，现代通信设备对电源供给的质量提出了更高要求，对于自备电源供给（不论是主用或备用）的油机发电机组，要求做到能随时迅速起动、及时供电、运行安全稳定、连续工作、供电电压和频率应满足通信设备的要求。

6.1.2　油机发电机组的组成与分类

1　油机发电机组的组成

油机发电机组是由油机和发电机两大部分组成。油机是将油料燃烧产生的热能变换为机械能的一种装置；发电机是将机械能变换为电能的一种装置。

提示

　　油机发电机组累计运行小时数超过大修或使用 10 年以上维修后达不到使用要求，则可以更新。

2　油机发电机组供电框图

油机发电机组供电方框图如图 6.1 所示。油机与发电机通过联接器牢固连接在一起，使油机拖动发电机同步运转，发电机输出 380/220V、50Hz 的交流电，通过电力电缆，送至发电机配电屏，再通过电力电缆送到市电、油机转换屏，再送到交流配电屏，分配到各个负载。

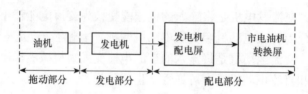

图 6.1　油机发电机组供电方框图

3　发动机的分类

发动机（采用燃油做动力的内燃机称为油机）广泛采用往复活塞式内燃发动机，它是通过可燃气体在汽缸内燃烧膨胀而产生压力，推动活塞运动并通过连杆使曲轴旋转来对外输出功率。发动机的种类很多，通常按以下方法来进行分类。

1）按使用的燃料来分有：汽油机、柴油机和煤气机等。

2）按点火方式来分有：强制点火式（点燃式）发动机和压燃式发动机。

3）按工作循环来分有：二冲程发动机和四冲程发动机。

4）按转速来分有：低速发动机、中速发动机和高速发动机。

5）按气缸数目来分有：单缸发动机和多缸发动机。

6）按冷却方式来分有：风冷式发动机和水冷式发动机。

7）按混合气形成方式来分有：化油器式发动机和直接喷射式发动机。

8）按是否对进气增压来分有：非增压（自然吸气）式发动机和增压式发动机。

4　油机发电机组的分类

油机是将燃料（汽油或柴油）的热能转变为机械能的一种装置，并带动发电机组转化为电能。油机发电机组通常按以下方式进行分类。

1）按转速来分有：低速发电机组、中速发电机组和高速发电机组。

2）按进气方式来分有：增压油机发电机组和自然吸气油机发电机组。

3）按冷却方式来分有：风冷式发电机组和水冷式发电机组。

4）按控制方式来分有：普通发电机组和自动化发电机组。

5）按安装方式来分有：移动（便携式）油机发电机组和固定油机发电机组。

6）按用途来分有：备用发电机组、应急发电机组和常用发电机组。

5　内燃机的编号规则

为了便于内燃机的生产管理和使用，国家标准（GB 725—82）《内燃机产品名称和型号编制规则》中对内燃机的名称和型号作了统一规定。

（1）内燃机的名称和型号

内燃机名称均按所使用的主要燃料命名，例如，汽油机、柴油机、煤气机等。

内燃机型号由阿拉伯数字和汉语拼音字母组成。内燃机型号由4部分组成：首部，包含产品系列符号和换代标志符号，由生产厂根据需要自选相应的字母表示，但需主管部门核准；中部，包含缸数符号、冲程符号、气缸排列形式符号和缸径符号等。后部，包含结构特征和用途特征符号，用字母表示。尾部，区分符号。同一系列产品因改进等原因需要区分时，由制造厂选用适当符号表示。

（2）内燃机型号的排列顺序及符号所代表的意义

内燃机型号的排列顺序及符号所代表的意义如图 6.2 所示。

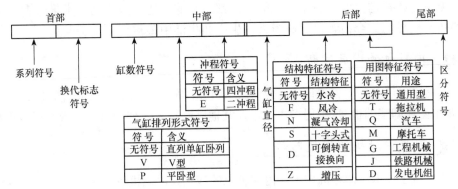

图 6.2　内燃机型号的排列顺序及符号所代表的意义

（3）型号编制举例

1）汽油机型号编制举例如下。

1E65F：表示单缸、二行程、缸径 65mm、风冷通用型。

4100Q：表示四缸、四行程、缸径 100mm、水冷车用。

4100Q-4：表示四缸、四行程、缸径 100mm、水冷车用，第 4 种变型产品。

CA6102：表示六缸、四行程、缸径 102mm、水冷通用型、CA 表示系列符号；

8V100：表示八缸、四行程、缸径 100mm、V 型，水冷通用型。

TJ376Q：表示三缸、四行程、缸径 76mm、水冷车用、TJ 表示系列符号。

CA488：表示四缸、四行程、缸径 88mm、水冷通用型、CA 表示系列符号。

2）柴油机型号编制举例如下。

195：表示单缸、四行程、缸径 95mm、水冷通用型。

165F：表示单缸、四行程、缸径 65mm、风冷通用型。

495Q：表示四缸、四行程、缸径 95mm，水冷车用。

6135Q：表示六缸、四行程、缸径 135mm、水冷车用。

X4105：表示四缸、四行程、缸径 105mm、水冷通用型，X 表示系列代号。

提示

自备发电机一般是指以内燃机作为动力，驱动同步交流发电机发电的一种独立发电设备。根据燃油的不同，可分为汽油发电机、柴油发电机两类。其中柴油发电机组是目前应用最广泛的发电设备。

6.1.3　现代内燃机的发展情况

1　奥托循环和狄塞尔循环的提出

德国工程师尼古拉斯·奥托（Nikolavs August Otto）和鲁道夫·狄塞尔（Rudolf Diesel）提出了奥托循环和狄塞尔循环，奠定了内燃机的理论基础，从此内燃机走进了人们的生活。百余年来，人们付出了艰辛的劳动，经过无数次的改进和提高，现代内燃机无论是在结构方面，还是在性能方面都已今非昔比，成为当今用量最大，用途最广的热能机械，如今内燃机已成为人们生产和生活中最重要的动力装置。

2　内燃机的发展过程

内燃机发展经历了自然循环（煤气机）、压缩循环（奥托循环即汽油机）、压燃循环（狄塞尔循环即柴油机），利用增压技术及其他高新技术，使内燃机热效率逐步提高。

3　现代内燃机的发展趋势

随着电子技术、计算机技术在内燃机上的应用，内燃机进入了一个全新的时代。内燃机电控化使它的运行参数保持在最佳值，使其功率、油耗、排废得到了最佳平衡，目前内燃机正处于一个新的发展高潮中。

改善内燃机的经济性，控制有害气体排放，实现工作过程及燃烧过程的优化控制，寻求代用燃料和应用劣质燃料，减少摩擦、磨损，提高工作可靠性和使用寿命，是内燃机技术的发展趋势，具体体现在以下几方面。

（1）提高内燃机的单机功率

提高内燃机单机功率的主要途径通常采用增加汽缸的工作容积（即增大汽缸缸径和缸数）、提高转速、提高平均有效压力等方法来实现。

（2）提高经济性能

现代内燃机采用增压技术，改善燃烧过程，在提高机械效率方面不断改进，以降低燃油的消耗，提高经济性。

（3）提高可靠性，延长使用寿命

现代内燃机各生产厂家广泛采用新材料、新工艺和新技术，不断改进设计和生产工艺来提高其可靠性。

（4）改进测试手段

现代内燃机正广泛采用计算机进行自动控制、调节、测量和记录，在监视和试验方面，采用放射性同位素来测定零件的磨损，用激光全息光弹法测定曲轴、连杆、活塞和机体等零部件的应力情况，来检查机器的质量。

（5）改善对环境的污染

现代内燃机不断降低废气中的有害成分和臭气，在噪声方面不断改善，降低了内燃机运行时对环境的污染。

注意

> 热机给人类文明带来进步，也给生态环境造成污染。煤、石油产品、天然气等都可以作为热机燃料，当它们燃烧时产生的二氧化碳、二氧化硫等有害气体（有害气体不一定是有毒气体）和粉尘，会造成大气污染。热机还会产生噪声污染，影响人们的生活环境，噪声污染可以减小，但不能消除。

6.2 油机的总体构造

油机发动机是一种由许多机构和系统组成的复杂机器。无论是汽油机，还是柴油机；无论是四冲程发动机，还是二冲程发动机；无论是单缸发动机，还是多缸发动机。要完成能量转换，实现工作循环，保证长时间连续正常工作，都必须具备一些机构和系统。汽油机由两大机构和5大系统组成，即：曲柄连杆机构、配气机构、燃料供给系统、润滑系统、冷却系统、点火系统和起动系统组成。柴油机由两大机构和4大系统组成，即：由曲柄连杆机构、配气机构、燃料供给系统、润滑系统、冷却系统和起动系统组成。由于柴油机采用压燃方式，所以它不需要点火系统。

提示

> 柴油机工作时，采用压燃方式，因此，柴油发动机不需要点火系统。

6.2.1 曲轴连杆机构

曲轴连杆机构是发动机实现工作循环，完成能量转换的主要运动零件。它由机体组、活塞连杆组和曲轴飞轮组等组成。在做功冲程中，活塞承受燃气压力在气缸内作直线运动，通过连杆转换成曲轴的旋转运动，并从曲轴对外输出动力。而在进气、压缩和排气冲程中，飞轮释放能量又把曲轴的旋转运动转化成活塞的直线运动。

机体组由气缸体、气缸套、气缸垫、气缸盖和下曲轴箱等不动件组成，如图6.3所示。

活塞连杆组由活塞、活塞环、活塞销和连杆运动件组成；曲轴飞轮组由曲轴、飞轮、扭转减震器等组成，如图6.4所示。

油机机体上部为气缸、下部为曲轴箱；活塞位于汽缸内。曲轴安装于曲轴箱内，飞轮固定于曲轴后端，在发动机缸体之外，负责对外输出动力。在多缸发动机中，活塞与连杆的数目与缸数相同，但曲轴只有一根。

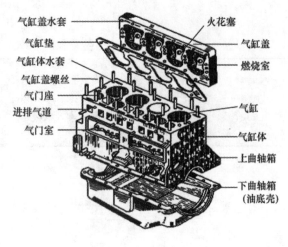

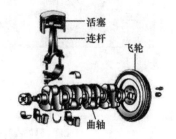

图 6.3　四缸汽油机机体　　　　　　　图 6.4　活塞、连杆、曲轴与飞轮
　　　　　　　　　　　　　　　　　　　　　　　　示意图

1　机体组

（1）气缸

气缸是一个圆筒形金属机件。密封的气缸是实现工作循环、产生动力的源地。各个装有气缸套的气缸安装在机体里，它的顶端用气缸盖封闭着。活塞可在气缸套内往复运动，并从气缸下部封闭气缸，从而形成容积作规律变化的密封空间。燃料在此空间内燃烧，产生的燃气动力推动活塞运动。

气缸是燃料燃烧的空间，根据油机的功率不同，气缸的直径和数目也不相同。内燃机按气缸数目不同可以分为单缸发动机和多缸发动机。仅有一个气缸的发动机称为单缸发动机；有两个以上气缸的发动机称为多缸发动机，如：双缸、三缸、四缸、五缸、六缸、八缸、十二缸等多缸发动机。在日常生活中，发动机大多数都采用多缸油机，在这种油机中，许多气缸与曲轴箱铸成一个整体。

油机在工作过程中，活塞在气缸内上下往返运动，为了保证气缸与活塞之间保持良好的密封性能，并且减小摩擦损失，气缸的内壁（简称气缸壁）必须非常光滑。燃料在气缸中燃烧时，温度很高，因此，油机中必须采用冷却水散热。为此，气缸壁都做成中空的夹层，两层之间的空间称为水套。

（2）气缸套

气缸套是装在缸体上，承受活塞在缸体内孔往返式运动作功，产生功率。根据不同加工工艺的特点，气缸套可分为：普通气缸套、镀铜气缸套、白色气缸套、等离子网状气缸套和激光螺纹气缸套等。

（3）油底壳

油底壳是曲轴箱的下半部，又称为下曲轴箱。作用是封闭曲轴箱作为储油槽的外壳，防止杂质进入，并收集和储存由柴油机各摩擦表面流回的润滑油，散去部分热量，防止润滑油氧化。

　　油底壳多由薄钢板冲压而成，内部装有稳油挡板，以避免柴油机颠簸时造成的油面震荡激溅，有利于润滑油杂质的沉淀，侧面装有油尺，用来检查油量。此外，油底壳底部最低处还装有放油螺塞。

2　活塞连杆组

（1）活塞组

　　活塞组由活塞、活塞环、活塞销等组成，如图 6.5（a）所示。活塞呈圆柱形，上面装有活塞环，在活塞往复运动时密闭气缸。上面的几道活塞环称为气环，用来封闭气缸，防止气缸内的气体漏泄，下面的环称为油环，用来将气缸壁上多余的润滑油刮下，防止润滑油窜入气缸。活塞销呈圆筒形，它穿入活塞上的销孔和连杆小头中，将活塞和连杆连接起来。

　　活塞的主要功用是承受燃烧气体压力，并将此压力通过活塞销传给连杆以推动曲轴旋转。此外，活塞顶部与气缸盖、气缸壁共同组成燃烧室。

　　活塞可视为由顶部、头部和裙部等 3 部分构成，如图 6.5（b）所示。油机在工作时，活塞既承受很高的温度，又承受很大的压力，而且运动速度极快，惯性很大。因此，活塞必须具有良好的机械强度和导热性能，并且应当用质量较轻的铝合金铸造，以减小惯性。

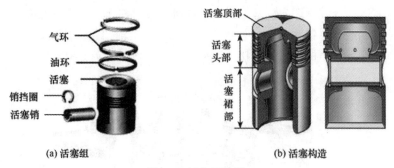

图 6.5　活塞示意图

　　活塞环的常见故障是由于活塞环的损坏使其外部几何尺寸及机械性能发生变化，造成密封不良、窜机油，柴油机由于燃烧机油而冒蓝烟，导致机油耗量增加、气缸内气压降低和柴油机功率下降，严重时会使活塞环结胶、卡死或折断，导致柴油机不能工作。

（2）连杆组

　　连杆构造如图 6.6（a）所示，它将活塞与曲轴连接起来，从而将活塞承受的压力传给曲轴，并通过曲轴把活塞的往返直线运动变为圆周运动。

　　连杆组包括连杆体、连杆盖、连杆螺栓和连杆轴承等零件，如图 6.6（b）所示。习惯上常把连杆体、连杆盖和连杆螺栓合称为连杆。连杆组的功能是将活塞承受的力传给曲轴，并将活塞的往复运动转变为曲轴的旋转运动。连杆小头与活塞销连接，连杆大头

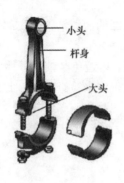
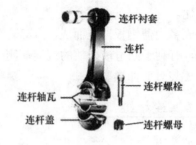

(a) 连杆构造　　　　　　　　　　　(b) 连杆组

图 6.6　连杆示意图

端分成两半，由连杆螺钉连接起来，它与曲轴的曲柄销相连。连杆工作时，连杆小头端随活塞作往复运动，连杆大头端随曲柄销绕曲轴轴线做旋转运动，连杆大小头间的杆身做复杂的摇摆运动。因此，连杆组主要受压缩、拉伸和弯曲等交变负荷。

3　曲轴飞轮组

（1）曲轴

曲轴是引擎的主要旋转机件，如图 6.7 所示。曲轴装上连杆后，可将承接连杆的上下（往复）运动变成循环（旋转）运动。曲轴是发动机上的一个重要的机件，其材料是由碳素结构钢或球墨铸铁制成，有两个重要部位：主轴颈、连杆颈等。主轴颈被安装在缸体上，连杆颈与连杆大头孔连接，连杆小头孔与汽缸活塞连接，是一个典型的曲柄滑块机构。

图 6.7　曲轴示意图

曲轴的润滑主要是指与摇臂间轴瓦的润滑和两头固定点的润滑。一般都是压力润滑，曲轴中间会有油道和各个轴瓦相通，发动机运转以后靠机油泵提供压力供油进行润滑、降温。发动机工作过程是，活塞经过混合压缩气的燃爆，推动活塞做直线运动，并通过连杆将力传给曲轴，由曲轴将直线运动转变为旋转运动。曲轴的旋转是发动机的动力源。也是整个机械系统的动力源。

（2）飞轮

飞轮能储存能量，使活塞的其他冲程能正常工作，并使曲轴旋转均匀。对于四冲程发动机来说，每 4 个活塞冲程做功一次，即只有做功冲程作功，而排气、进气和压缩 3 个冲程都要消耗功。因此,曲轴对外输出的转矩呈周期性变化,曲轴转速不稳定。为了改善这种状况,在曲轴后端安装了飞轮。

飞轮是转动惯量很大的盘形零件,其作用如同一个能量存储器。在做功冲程中发动机传输给曲轴的能量,除对外输出,还有部分能量被飞轮吸收,从而使曲轴的转速不会升高很多。在排气、进气和压缩 3 个冲程中,飞轮将其储存的能量释放出来补偿这 3 个冲程所消耗的功,从而使曲轴转速不会降低太大。

6.2.2 配气机构

配气机构的功用是根据发动机的工作顺序和工作过程,定时开启和关闭进气门和排气门,使可燃混合气或空气进入气缸,并使废气从气缸内排出,实现换气过程。配气机构大多采用顶置气门式配气机构,即进、排气门置于气缸盖内,倒挂在气缸顶上。

进入气缸内的新气数量或称进气量对发动机性能的影响很大。进气量越多,发动机的有效功率和转矩越大。因此,配气机构首先要保证进气充分,进气量尽可能地多;同时,废气要排除干净,因为气缸内残留的废气越多,进气量将会越少。

1 配气机构组成

在发动机各式配气机构中,按其功能可分为气门组和气门传动组两大部分,如图 6.8(a)所示。气门组包括气门、气门导管、气门座、弹簧座、气门弹簧、锁片等零件。气门传动组一般由摇臂、摇臂轴、推杆、挺柱、凸轮轴和正时齿轮组成。气门传动组的组成视配气机构的形式不同而有所不同,它的功能是定时驱动气门使其开闭。

气门式配气机构由气门组和气门传动组两部分组成,每组的零件组成与气门的位置、凸轮轴的位置和气门驱动形式等有关。根据配气机构凸轮轴位置的不同,配气机构分为凸轮轴下置式配气机构,凸轮轴中置式配气机构和凸轮轴上置式配气机构,如图 6.8(b)所示。

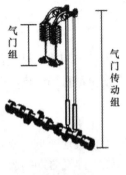

(a) 配气机构组成　　　　　　(b) 凸轮轴位置

图 6.8　配气机构组成

（1）凸轮轴下置式配气机构

凸轮轴置于曲轴箱内的配气机构为凸轮轴下置式配气机构。其中气门组零件包括气门、气门座圈、气门导管、气门弹簧、气门弹簧座和气门锁夹等；气门传动组零件则包括凸轮轴、挺柱、推杆、摇臂、摇臂轴、摇臂轴座和气门间隙调整螺钉等。

下置凸轮轴由曲轴定时齿轮驱动。发动机工作时，曲轴通过定时齿轮驱动凸轮轴旋转。当凸轮的上升段顶起挺柱时，经推杆和气门间隙调整螺钉推动摇臂绕摇臂轴摆动，压缩气门弹簧使气门开启。当凸轮的下降段与挺柱接触时，气门在气门弹簧力的作用下逐渐关闭。四冲程发动机每完成一个工作循环，每个气缸进、排气一次。这时曲轴转两周，而凸轮轴只旋转一周，所以曲轴与凸轮轴的转速比或传动比为 2:1。

（2）凸轮轴中置式配气机构

凸轮轴置于机体上部的配气机构被称为凸轮轴中置式配气机构。它与凸轮轴下置式配气机构的组成相比，减少了推杆，从而减轻了配气机构的往复运动质量，增大了机构的刚度，更适用于较高转速的发动机。有些凸轮轴中置式配气机构的组成与凸轮轴下置式配气机构没有区别，其推杆较短而已。

（3）凸轮轴上置式配气机构

凸轮轴置于气缸盖上的配气机构为凸轮轴上置式配气机构。其主要优点是运动部件少，传动链短，整个机构的刚度大，适合于高速发动机。由于气门排列和气门驱动形式的不同，凸轮轴上置式配气机构有多种多样的结构形式。

2 配气定时及气门间隙

（1）配气定时（配气相位）

以曲轴转角表示的进、排气门开闭时刻及其开启的持续时间称为配气定时。进气门在进气冲程上止点之前开启称为早开。

排气门在做功冲程结束之前，即在做功冲程下止点之前开启，称为排气门早开。从排气门开启到下止点曲轴转过的角度称为排气提前角，记作 γ。排气门在排气冲程结束之后，即在排气冲程上止点之后关闭，称为排气门晚关。从上止点到排气门关闭曲轴转过的角度称为排气迟后角，记作 δ。整个排气过程持续时间或排气持续角为 $180° + \gamma + \delta$ 曲轴转角。一般 $\gamma = 40° \sim 80°$、$\delta = 0° \sim 30°$ 曲轴转角。

由于进气门早开和排气门晚关，致使活塞在上止点附近出现进、排气门同时开启的现象，称为气门重叠。重叠期间的曲轴转角称为气门重叠角，它等于进气提前角与排气迟后角之和，即 $\alpha + \delta$。

（2）可变配气定时机构

采用可变配气定时机构可以改善发动机的性能。发动机转速不同，要求不同的配气定时。这是因为当发动机转速改变时，由于进气流速和强制排气时期的废气流速也随之改变，因此，在气门晚关期间利用气流惯性增加进气和促进排气的效果将会不同。例如，当发动机在低速运转时，气流惯性小，若此时配气定时保持不变，则部分进气将被活塞推出气缸，使进气量减少，气缸内残余废气将会增多。当发动机在高速运转时，气流惯性大，若此时增大进气迟后角和气门重叠角，则会增加进气量和减少残余废气量，使发动机的换气过程趋于完善。总之，四冲程发动机的配气定时应该是进气迟后角和气门重叠角随发动机转速的升高而加大。如果气门升程也能随发动机转速的升高而加大，则将更有利于获得良好的高速性能。

（3）气门间隙

发动机在冷态下，当气门处于关闭状态时，气门与传动件之间的间隙称为气门间隙。发动机工作时，气门及其传动件，如挺柱、推杆等都将受热膨胀而伸长。如果气门与其传动件之间，在冷态时不预留间隙，则在热态下由于气门及其传动件膨胀伸长而顶开气门，破坏气门与气门座之间的密封，造成气缸漏气，从而使发动机功率下降，起动困难，甚至不能正常工作。为此，在装配发动机时，在气门与其传动件之间需预留适当的间隙，即气门间隙。其作用是补偿气门受热后的膨胀量，防止气门受热膨胀使气门关闭不严。

气门间隙既不能过大，也不能过小。气门间隙过小，发动机工作时，气门关闭不严导致漏气，使发动机功率下降、燃油消耗增加、发动机过热。如果是进气门间隙过小，会出现回火现象；如果是排气门间隙过小往往会伴有放炮、冒黑烟现象。气门间隙过大，使气门开启时间延迟，气门升程减小，引起排气不彻底、进气不充分，使得充气效率下降、发动机功率下降。严重时气门脚处会伴有异响。可见，气门间隙对发动机的工作性能有着重要的影响。

3　气门组的基本组成

气门的工作条件非常恶劣。首先气门直接与高温燃气接触，受热严重，而散热困难，因此，气门温度很高。其次气门承受气体力和气门弹簧力的作用，以及由于配气机构运动部件的惯性力使气门落座时受到冲击。另外，气门在润滑条件很差的情况下以极高的速度启闭，并在气门导管内作高速往复运动。此外，气门由于与高温燃气中有腐蚀性的气体接触而受到腐蚀。

气门组的基本组成如图 6.9 所示。

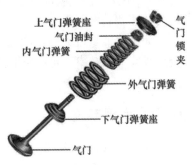

图 6.9　气门组的基本组成

6.2.3　燃料供给系统

汽油机燃料供给系统的功能是根据发动机的要求，配制出一定数量和浓度的混合气，送入气缸，并将燃烧后的废气从气缸内排到大气中去；柴油机燃料供给系的功能是把柴油和空气分别送入气缸，在燃烧室内形成混合气并燃烧，最后将燃烧后的废气排出。

柴油机的供油系统一般由油箱、柴油滤清器、低压油泵、高压油泵、喷油嘴等部分组成。如图 6.10 所示。柴油机工作时，柴油从油箱中流出，经粗滤器过滤，低压油泵升压，又经细滤器（也称精滤器）进一步过滤，高压油泵升压后，通过高压油管送到喷油嘴，并在适当的时间通过喷油嘴将柴油以雾状喷入气缸压燃。

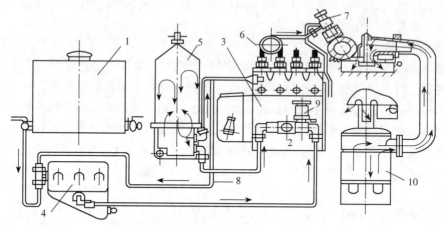

图 6.10　燃料供给系统

1. 油箱；2. 低压油泵；3. 高压油泵体；4. 粗滤器；5. 强滤器；
6. 高压油泵；7. 喷油嘴；8. 回油箱；9. 手泵把；10. 空气滤清器

喷油泵是柴油机喷油系统中最重要的组成部分，它的作用如下。

1）定压（提高油压），将喷油压力提高到 10～20MPa。

2）定时（控制喷油时间），按规定的时间喷油和停止喷油。

3）定量（控制喷油量），根据柴油机的工作情况，改变喷油量的多少，以调节柴油机的转速和功率。

如果喷油量过大则不能完全燃烧，柴油机将冒黑烟，经济性下降；供油量过小，又会造成柴油机功率不足；如果供油时间不对，将会影响柴油机的经济性和动力性及其他排放指标。

6.2.4　润滑系统

油机工作时，各部分机件在运动中将产生摩擦阻力，为子减轻机件磨损，延长使用寿命，必须设计润滑系统。润滑系统的功用是向作相对运动的零件表面输送定量的清洁润滑油，以实现液体摩擦，减小摩擦阻力，减轻机件的磨损，并对零件表面进行清洗和冷却。润滑系通常由润滑油道、机油泵、机油滤清器和一些阀门等组成。如图 6.11 所示。

机油泵通常装在底部的机油盘内，它的作用是提高机油压力，从而将机油源源不断地送到需要润滑的机件上。机油滤清器的作用是滤除机油中的杂质，以减轻机件摩损并延长机油的使用期限。机油的作用是实现液体摩擦，对摩擦表面进行清洗和冷却，同时

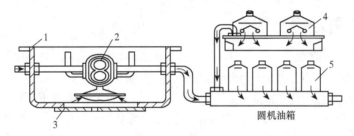

图 6.11　润滑系统

1. 干式油底壳；2. 双级机油泵；3. 盖板；4. 机油精滤器；5. 机油粗滤器

提高活塞环与气缸的密封性能，防止器件锈蚀。

6.2.5　冷却系统

油机工作时，温度很高（燃烧时，最高温度可达 2000℃），长时间工作将使机件膨胀变形，摩擦力增大。同时，机油也可能因温度过高而变稀，从而降低了润滑效果。为了避免温度过高，油机中通常都装有水冷却系统，以保证油机在适宜的温度（80～90℃）下正常工作。

冷却系的功能是将受热零件吸收的部分热量及时散发出去，保证发动机在最适宜的温度状态下工作。水冷发动机的冷却系通常由水箱、水管、冷却水套、水泵、风扇、散热器、节温器等组成，如图 6.12 所示。

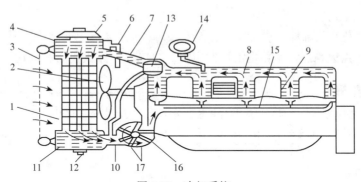

图 6.12　冷却系统

1. 散热器芯子；2. 风扇；3. 水箱挡帘；4. 上水箱；5. 加水口盖；6. 溢水管；
7. 上水管；8. 气缸盖水套；9. 气缸水套；10. 下水管；11. 下水箱；
12. 放水开关；13. 节温器；14. 水温表；15. 分水管；16. 水泵；17.旁通管

冷却水通过水泵加压后在冷却系统中循环，循环途径为：水箱、下水管、水泵、气缸水套、气缸盖水套、节温器、上水管、水箱。

节温器是控制冷却液流动路径的阀门。它是一种自动调温装置，通常含有感温组件，借助膨胀或冷缩来开启、关掉空气、气体或液体的流动。节温器可以自动调节进入散热器的水量，以便油机始终在最适宜的温度下工作。

1 节温器的工作原理

节温器的工作原理其实很简单，它是一个圆形的阀门，上面是小循环通道，下面是大循环通道。两个通道之间有一个充满乙醚的可膨胀变形阀门。当启动发动机时（冷车状态），水温较低，乙醚未被加温，未产生膨胀，阀门未打开，所以下面的大循环通道未开启，只利用上面的小循环将发动机燃烧部位加热。当发动机工作一段时间后，发动机温度整体升高，乙醚膨胀，打开阀门，大循环通道打开，冷却水在发动机整体循环通道起作用。

2 节温器故障判断

当发现油机水温表示不正常时，通常是偏高，可以检查冷却水循环系统的水温差异。用手摸水箱下部的出水管（自水箱而出）和水箱上部的进水管（向水箱流入）温度是否有较大温差。如果上部进水管温度非常高，而下部出水管水温接近常温，说明大循环没有建立。那么说明乙醚阀门没有被打开。节温器已经失效，需要更换。

相关知识

节温器主阀门开启过迟，就会引起发动机过热；节温器主阀门开启过早，则使发动机预热时间延长，使发动机温度过低。

6.2.6 点火系统

在汽油机中，气缸内的可燃混合气是靠电火花点燃的，为此在汽油机的气缸盖上装有火花塞，火花塞头部伸入燃烧室内。能够按时在火花塞电极间产生电火花的所有设备称为点火系，点火系通常由蓄电池、发电机、分电器、点火线圈和火花塞等组成。

相关知识

火花放电的两个电极间，在放电前具较高的电压，当两电极接近时，其间介质被击穿后，随即发生火花放电。伴随击穿过程，两电极间的电阻急剧变小，两极之间的电压也随之急剧降低。

6.2.7 启动系统

内燃机不能从停车状态自行转入运转状态，必须使用外力转动曲轴，使之起动。这种产生外力的装置称为起动系统。常用的有电起动和人力起动等方式。

油机电启动系统由蓄电池、启动马达、交流发电机和辅助启动系统等组成，如图6.13所示。

当按下启动开关，接通蓄电池电路的时候，蓄电池给启动马达供电带动内燃机启动，当发动机工作时，由一个小的交流发电机通过整流后给蓄电池充电。

辅助启动系统为了保证发动机在任何温度条件下都能可靠地启动，特别是柴油机，

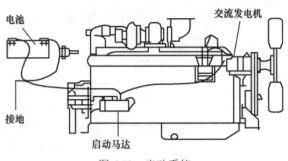

图 6.13　启动系统

我们可借助一些恰当的方法和手段，尤其是在环境温度较低的情况下都能顺利启动。

1　减压机构

减压机构的作用是在柴油机启动时，人为地将配气机构推杆顶起，使气门处于开启状态，减小启动时的压缩阻力，使启动转速迅速提高。当柴油机曲轴达到足够高的转速时，恢复气门正常工作，并利用飞轮惯性帮助柴油机启动。

2　润滑油预热装置

环境温度较低时，润滑油黏度大、阻力大，造成启动困难。因此，低温环境使用的柴油机的油底壳内常设有机油加热装置，在启动柴油机时，可先给润滑油加热，以减小启动阻力。

3　进气预热装置

电启动柴油机常用装在进气管中的进气预热器加热进气，改善启动条件。这种方法有利于混合气的形成和燃烧，效果比较明显，在低温下，利用它往往能迅速启动柴油机。

4　冷却水预热装置

专门设置预热冷却水的装置，提高水温，水温达到 40℃时，即可启动。有的柴油机则采用综合启动加热器，同时加热进气，冷却水、油底壳机油等。

6.3

油机发电机组的工作原理

油机发电机组是由油机和发电机两大部分组成。油机是一种能量转换机构，它将燃料燃烧产生的热能转变成机械能。发电机是将油机产生的机械能转变为电能。

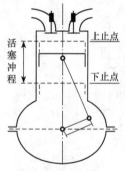

活塞冲程

上止点

下止点

图 6.14 四冲程油机简图

6.3.1 油机工作原理

1 发动机基本参数及术语

1) 上止点和下止点：就是指活塞在气缸中运动时的两个极端位置，上止点是活塞顶在气缸内最高位置；下止点是活塞顶在气缸内最低位置，如图 6.14 所示。

2) 活塞冲程：上止点和下止点间的距离称为活塞冲程（又称为活塞行程）。

3) 气缸工作容积（Vh）：当活塞由上止点移到下止点时，所经过的容积称为气缸工作容积，又称活塞排量，通常以升或立方厘米计算。

4) 发动机工作容积：发动机所有气缸工作容积之和，也称发动机的排量。

5) 燃烧室容积（Vc）：活塞在上止点时，活塞顶与气缸盖之间的容积。

6) 气缸总容积（Va）：活塞在下止点时，活塞顶上面整个空间的容积，它等于气缸工作容积与燃烧室容积之和。$Va=Vh+Vc$。

7) 压缩比（ε）：气缸总容积与燃烧室容积的比值称为压缩比，$\varepsilon=Va/Vc$。压缩比表示活塞自下止点移到上止点时，气体在气缸内被压缩了多少倍。压缩比愈大，说明气体被压缩得愈厉害，压缩过程终了的温度和压力就越高，燃烧后产生的压力也愈高，油机的效率也越高。

8) 工作循环：活塞在气缸内上下运动，经过进气、压缩、工作、排气 4 个冲程完成一次工作，叫做一次工作循环。

2 油机工作原理

油机是将燃料的化学能转化为机械能的一种机器。它通过在气缸内不断进行进气、压缩、工作和排气 4 个过程，即一个工作循环来将热能转换为机械能，完成能量转换。

内燃机按照完成一个工作循环所需的冲程数可分为二冲程内燃机和四冲程内燃机。二冲程是指活塞在气缸内上下运动各一次，经过二个冲程，曲轴旋转一周（360°）来完成一次工作循环，这样的发动机叫做二冲程发动机。四冲程是指活塞在气缸内上下运动各两次，经过 4 个冲程，曲轴旋转两周（720°）完成一次工作循环时，叫做四冲程发动机。

（1）四冲程发动机的工作过程

四冲程发动机的工作过程如图 6.15 所示。

1) 进气冲程。进气冲程前，活塞在上止点位置，此时，进排气门均关闭。在外力（飞轮惯性）作用下，使曲轴按顺时针方向旋转，通过连杆使活塞由上止点下行，这时气缸内容积增大，空气稀薄，压力减小，与外界形成压力差，此时，凸轮顶开进气门，在压力差的作用下，使混合气（汽油与空气）进入气缸。当活塞到达下止点时，进气门关闭，曲轴旋转半周（180°），如图 6.15（a）所示，完成进气冲程。

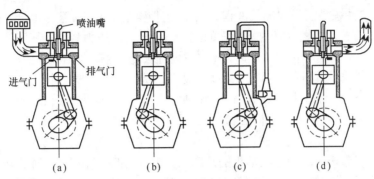

图 6.15   四冲程油机的工作过程

2）压缩冲程。由于曲轴继续旋转，活塞由下止点上行，此时，进排气门均关闭，气缸容积逐渐减小，混合气密度增大，压力升高，温度上升（此时，缸内压力达 8～10kg/cm^2，温度上升达 300～400℃），以便于点火燃烧。当活塞到达上止点时，曲轴又旋转半周（180°～360°），如图 6.15（b）所示，完成压缩冲程。

3）工作冲程。压缩冲程完毕，活塞到达上止点时，进、排气门仍然关闭着，汽油机火花塞电极间产生电火花，点燃被压缩的混合气，此时，产生很大的膨胀力，推动活塞移向下止点，通过连杆转动曲轴，发出动力。当活塞到达下止点时，工作冲程结束，如图 6.15（c）所示，曲轴又旋转半周（360°～540°）。

柴油机压缩冲程完毕，活塞快到上止点时，进、排气门仍然关闭着，柴油机气缸顶部的喷油器开始向气缸内喷射柴油，并被高温高压空气引燃点火。气缸内的气体压力和温度迅速上升，这种高温高压的燃烧气体在气缸内膨胀，推动活塞移向下止点，通过连杆转动曲轴，发出产生动力，当完成工作过程时，曲轴又旋转半周（360°～540°）。

4）排气冲程。当工作冲程完毕时，在飞轮惯性的作用下，曲轴继续旋转，迫使活塞第二次由下止点上行，这时排气门被凸轮顶起，燃烧后的废气由排气门排出。当完成排气冲程时，曲轴又旋转半周（540°～720°），如图 6.15（d）所示。

当曲轴旋转两周之后，又重复上述工作，即进气、压缩、工作、排气，四冲程汽油机就是这样往复不断，周而复始的循环工作。

因此，四冲程内燃机是由 4 个冲程完成一次工作循环。在 4 个冲程中，只有工作冲程产生动力，其余 3 个冲程都是辅助冲程，是消耗动力的冲程。由此可见，减少辅助冲程，可以提高内燃机的功率。因此，出现了两冲程内燃机。

（2）二冲程发动机的工作过程

1）第一冲程是压缩和混合气进入曲轴箱内。活塞从下止点向上移动前，气缸内已充满了上一次循环所进入的混合气。在外力作用下，当活塞由下止点向上移动时，先将进气孔关闭，再将换气孔关闭，然后活塞上面的混合气开始被压缩，当活塞到达上止点附近时，进气孔开启，曲轴箱内因活塞上行而容积增大，空气稀薄，压力降低，在压力差（曲轴箱与外界）的作用下，混合气进入曲轴箱内，活塞到达上止点时，曲轴旋转了180°，这一冲程任务即完成。

2）第二冲程是工作和排气冲程。当第一冲程结束时，活塞在上止点位置，点火系统产生高压火花，点燃气缸内被压缩的混合气，此时，压力急增，膨胀的气体压力推动活塞下行，当活塞向下止点移动时，先将进气孔关闭，这时曲轴箱内的混合气体被压缩，压力增大。活塞继续下行，排气孔打开，废气开始用自身压力经排气孔向外排出。等到活塞下行到下止点前又打开了换气孔，这时曲轴箱内的压力大于气缸内废气的压力，则曲轴箱内被压缩的混合气就冲入气缸中。因换气孔与排气孔有一定的相对位置，新鲜混合气进入气缸，可帮助废气的排出。排气和进气完毕，曲轴又旋转了180°。

由上可以看出，二冲程汽油机的活塞上、下移动两个冲程（曲轴旋转一周）就完成了一次工作循环，其中一个冲程是做功的，其他一个是准备冲程。

3 二冲程油机与四冲程油机的比较

优点：

1）二冲程油机的功率应等于四冲程油机的两倍。因为二冲程油机曲轴每旋转一周就做功一次，所以，二冲程汽油机的气缸容量和转速与四冲程汽油机相同时，在理论上它的功率应等于四冲程汽油机的两倍。

2）二冲程油机工作较四冲程油机平稳。在转速相同时，二冲程油机每次做功间隔时间短，故工作较平稳；

3）构造简单。二冲程汽油机无单独的配气机构和润滑系统，在相同的转速和功率的情况下，二冲程汽油机的尺寸较小，重量较轻，构造简单。

缺点：

1）二冲程油机易造成进气不足，排气不尽。因为二冲程汽油机进、排气时间短。

2）二冲程油机经济性能低。二冲程汽油机在换气时，有一部分混合气随同废气一块排出，浪费了燃油，导致经济性能低。实际上，二冲程汽油机的功率并不等于四冲程汽油机功率的两倍，而只等于1.5倍左右。

3）二冲程油机磨损较大，使用寿命短，故障率高。二冲程汽油机没有单独的润滑系统，发动机的润滑只靠混合油中少量的机油来进行。使得发动机的磨损较大，使用寿命短；同时，二冲程汽油机燃烧的是混合油，其机油不易完全燃烧而容易形成积炭，造成故障。

4）二冲程油机易引起机器过热。由于曲轴每旋转一周就工作一次，所以二冲程汽油机的平均温度比四冲程汽油机高，加上润滑不良，容易引起机器过热。

因此，油机发电机组中，大功率发动机一般不采用二冲程油机。

4 汽油机与柴油机工作原理异同

四冲程汽油机与柴油机的工作循环过程基本相同，都是通过进气、压缩、工作、排气4个过程完成一个循环。只是由于所用燃料的性质不同，汽油机的工作方式与柴油机有所不同，见表6.1。

表 6.1 汽油机与柴油机的主要区别

项　目	汽　油　机	柴　油　机
燃料	汽油	柴油
点火方式	点燃	压燃
压缩比	5～10	15～22
进气门进入	汽油与空气的混合气体	空气
机体结构	① 有一套点火系统（含火花塞、分电盘、高压点火线包） ② 化油器 ③ 无喷油器	① 无点火系统 ② 无化油器 ③ 喷油器（俗称喷油嘴）

汽油机与柴油机工作原理的不同点有以下几点。

1）汽油机进气过程中，被吸进的是汽油和空气的混合物，不是纯净的空气。

2）汽油机的压缩比低，可燃混合气的压强、温度较柴油机低。

3）汽油机气缸内的可燃混合气，是用火花塞产生的电火花点燃的。

6.3.2　发电机工作原理

发电机是将其他形式的能源转换成电能的机械设备。油机发电机组是由油机驱动，将燃料燃烧产生的能量转化为机械能传送给发电机，再由发电机转换为电能。

1　发电机的分类

发电机可分为直流发电机和交流发电机。交流发电机又分为同步发电机和异步发电机（很少采用）；交流发电机还可分为单相发电机和三相发电机。

2　发电机的工作原理

发电机的形式很多，但其工作原理都是基于电磁感应定律和电磁力定律的。因此，其构造的一般原则是：用适当的导磁和导电材料构成互相进行电磁感应的磁路和电路，以产生电磁功率，达到能量转换的目的。发电机可分为直流发电机、交流发电机等。

直流发电机主要由发电机壳、磁极铁心、磁场线圈、电枢和电刷等组成。交流发电机主要由永磁铁（称为转子）和电枢线圈（称为定子）组成。由于交流发电机比直流发电机具有体积小、质量轻、结构简单等优点，交流发电机又分为同步发电机和异步发电机（很少采用）两种，因此，在油机发电机组中主要使用同步发电机。

（1）电磁感应

我们知道，导体在磁场中作"切割"磁感应线运动时，导体中会产生感应电动势。这是因为导体在磁场内作"切割"磁感应线运动时，导体中的正电荷、自由电子将以同样的速度在磁场内运动，磁场对运动电荷产生作用力，作用力的方向由左手定则判定，因此，正电荷由导体 b 端移向 a 端，自由电子由导体的 a 端移向 b 端，如图 6.16（a）

所示。结果 b 端聚集了电子而带负电，a 端少了电子而带正电，使导体两端产生一定的电位差，即导体中产生感应电动势。当接通外电路时，电路中便会形成感应电流。见图 6.16（b）。

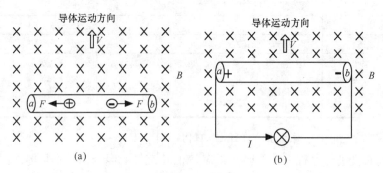

图 6.16　左手定则

感应电动势的方向，可由右手定则来判定：即将右手掌放平，大拇指与四指垂直，掌心迎向磁感应线，大拇指指向导体运动的方向，则四指的方向便是感应电动势的方向。直导体中感应电动势的大小则与磁感应强度 B、导体运动速度 v 及导体长度 L 成正比，当导体运动的方向与磁场方向平行时，导体中不产生感应电动势。

（2）正弦交流电动势的产生

图 6.17 为产生正弦交流电动势的简单交流发电示意图。

我们把线圈所在各处位置电动势值的变化用图形来表示，就可以画出交流电的波形来。这种按正弦曲线规律变化的电流（或电势）就叫正弦交流电。如图 6.18 所示。

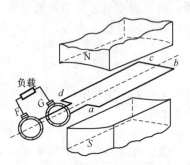

图 6.17　简单交流发电示意图

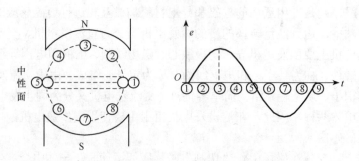

(a) 单相交流发电机的工作原理　　(b) 单相电动势波形图

图 6.18　正弦交流电产生示意图

在发电机转子上装有 3 个完全相同的、彼此相隔 120°的独立绕组 A—X、B—Y、

C—Z，见图 6.19（a）。当转子在按正弦分布的磁场中以恒定速度旋转时，就可产生 3 个独立的对称三相电动势 u_1、u_2、u_3。见图 6.19（b）。

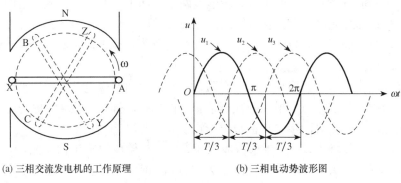

(a) 三相交流发电机的工作原理   (b) 三相电动势波形图

图 6.19　三相发电机示意图

3　同步发电机的基本工作原理

油机带动的交流发电机一般都是同步发电机。所谓同步发电机就是它的旋转速度 n 和电网频率 f 及发电机本身的磁极对数 ρ 之间保持着严格的恒定关系。即 $f= \rho \times n/60$。

（1）同步发电机的分类

从结构特点来看，同步发电机分为旋转电枢式和旋转磁极式。大中容量同步发电机，磁极旋转、电枢静止，称为旋转磁极式。某些小容量同步发电机，电枢旋转、磁极静止，称为旋转电枢式。因为电枢电动势通过集电环和电刷引出，大电流时容易产生火花和磨损。从制造工艺、绝缘性能和工作可靠性等方面比较，容量愈大的旋转磁极式优越性愈高。旋转磁极式同步发电机按磁极形状又可分为隐极式和凸极式两种。

同步发电机转子形式与转速有关。隐极式同步发电机，制造工艺较复杂，但机械强度较高，适用于高速。汽轮机是一种高速原动机，转速为 3000r/min，汽轮发电机多为隐极式。凸极式同步发电机，结构较为简单，但机械强度较低，适用于低速。水轮机一般转速为 1000r/min，因此，水轮发电机皆为凸极式的。

（2）同步发电机的基本结构

同步发电机与异步发电机一样，其结构基本由两部分构成，旋转部分为磁极（称为转子）；静止部分为电枢（称为定子）。

1）定子。定子称为电枢，是发电机中产生感应电动势的部分。它主要由定子铁心、三相定子绕组和机座等组成。定子铁心由扇形硅钢片叠成，每隔 4～5cm 留有通风沟，铁心两端放置压板，然后用双头螺栓从背部夹紧而成为一体，整个铁心固定在机座内定位筋上，且在机座外壳与铁心外圆之间留有通风道。在铁心内圆的槽中安装定子绕组并用槽楔压紧。电枢绕组由绝缘的铜导体绕成，按照发电机的不同额定电压，用云母带或棉纱带包扎。槽与绕组之间垫有绝缘体。定子端盖上装有电刷架，由石墨制成的电刷装在刷架上的刷握内。电刷与轴上集电环滑动接触，直流电流经过电刷、集电环通入励磁绕组。

2）转子。转子是由转轴、转子支架、轮环（即磁轭）、磁极和励磁绕组等组成。磁极由厚为 1～5mm 的钢板冲片叠成，在磁极两个端面上装有磁极压板，用铆钉铆装为一体。励磁绕组套装在磁极上，它多用扁铜线绕成，每匝绕组之间垫有石棉纸板绝缘。绕组经浸胶与热压处理，成为坚固整体。绕组与磁极之间绝缘。各励磁绕组串联后接到集电环上。环与环、环与轴之间，相互绝缘。

凸极式同步发电机在磁极上还装有阻尼绕组，它同感应电动机的笼型结构相似，整个阻尼绕组由插入磁极阻尼槽中的裸铜条和端面的铜环焊接而成，阻尼绕组可改善同步发电机的运行性能，对同步电动机来说，它主要作起动绕组用。

磁极固定在轮环上，磁极下部做成 T 尾，以便与轮环的 T 尾槽装配。中小型发电机也可用螺栓固定。大型发电机轮环由厚 2～2.5mm 钢板冲成扇形片叠成，中小型发电机磁轭常用整块钢板冲片叠成或用铸钢制成。转子由转子支架支撑，转子支架应有足够的强度。

3）发电机的主要参数。发电机的铭牌上都给出了主要的额定值。为了保证发电机可靠运行，必须严格遵守这些参数。

额定功率（P_N）：在额定运行（额定电压、电流、频率和功率因数）条件下，发电机能发出的最大功率。单位为 kW，也有用视在功率表示的，此时用 kVA 为单位。

额定电压（U_N）：在额定运行条件下，发电机定子三相线电压值，单位为 V 或 kV。

额定电流（I_N）：额定运行时，流过定子绕组的线电流，单位为 A 或 kA。在此值运行，线圈的温升不会超过允许范围。

额定转速（n_N）：额定运行时转子的转速，单位为 r/min。

额定频率 f：额定运行情况下输出交流电的频率。我国电网的频率为 50Hz。

相数 m：即发电机的相绕组数。常用的是三相交流同步发电机。

功率因数：额定运行情况下，有功功率和视在功率的比值，即：

$$\cos\phi = \frac{P_N}{S_N}$$

注：一般电机的功率因数 $\cos\phi = 0.8$。

根据上面的定义，对三相交流同步发电机来说，额定电压、额电电流和额定功率之间有下面关系：

$$P_N = \sqrt{3}\,U_N I_N \cos\phi_N$$

此外，铭牌上还有其他运行数据，例如，额定负载时的温升、额定励磁电流、额定励磁电压等。

相关知识

同步发电机获得励磁电流的方法称为励磁方式，主要励磁方式有自励和他励两种。

（3）交流同步发电机工作原理

简单的旋转磁极式三相交流同步发电机如图 6.20 所示。直流励磁机供给的直流电流通过电刷和滑环输入励磁绕组（也叫转子组），以产生磁场。在定五子槽中放着 3 个结构相同的绕组 AX、BY、CZ（A、B、C 为绕组始端，X、Y、Z 为绕组末端）。3 个绕组的空间位置互差 120° 电角度。

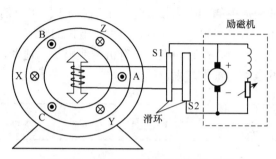

图 6.20　简单的三相交流同步发电机

当油机（原动机）拖动发电机转子和励磁机旋转时，励磁机输出的直流电流流入转子绕组，产生旋转磁场，磁场切割三相绕组，产生 3 个频率相同、幅值相等、相应差为 120° 的电动势。设磁极磁场的磁通密度沿定子圆周按正弦规律分布，相电势的最大值为 U_m，A 相电动势的初相角为零，则 3 个绕组感应电动势的瞬间值为：

$$u_A = U_m \sin \omega t$$

$$u_B = U_m \sin(\omega t - 120°)$$

$$u_C = U_m \sin(\omega t + 120°)$$

三相电势的波形和向量图如图 6.21 所示。

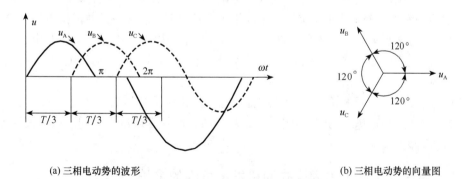

(a) 三相电动势的波形　　　　　　　　　　　　(b) 三相电动势的向量图

图 6.21　三相电动势的波形和向量图

当转子磁极为一对时，转子旋转一周，绕组中感应电动势正好变化一次。发电机具有 p 对磁极时，转子旋转一周，感应电势变化 p 次。设转子每分钟转为 n，则转子每秒

钟旋转 $n/60$ 转。因此，感应电动势每秒钟变化 $pn/60$ 次，即电动势的频率为：

$$f = pn/60$$

同步发电机获得励磁电流的方法称为励磁方式，主要励磁方式有自励和他励两种。

国际规定，工业交流电的频率为 50Hz，因此，同步发电机的转速 n 与电网频率 f 之间具有严格的关系。当电网频率一定时，同步发电机的转速为一恒定值。为了保证发电机发出恒定频率的交流电，在原动机上装有机械或电子调速器，实现转速稳定。这是同步发电机与异步发电机的根本差别。

> **提示**
>
> 发电机组为了防止人员触电，不论在什么季节绝缘电阻值应为大于 $2M\Omega$。

6.4 油机发电机组的使用与维护

6.4.1 油机发电机组维护的基本要求

1）机组应保持清洁，无漏油、漏水、漏气、漏电（简称 4 漏）现象。机组上的部件应完好无损、接线牢靠、仪表齐全、指示准确、无螺钉松动。

2）根据各地区气候及季节情况的变化，应选用适当标号的燃油和机油。所选柴油的凝点通常应比最低气温低（2～3℃）；其机油质量应符合要求。

3）保持机油、燃油、冷却液及其容器的清洁，定期清洗滤清器和更换机油；按期清洁油箱和水箱的沉底杂质，定期更换润滑油和冷却液、经常检查并保持电气系统清洁。

4）启动电池应经常处于稳压浮充状态、每月至少检查一次充电电压及电解液液位。

5）市电停电后应能在 15min 内正常启动并供电，需延时启动供电的，应报上级主管部门审批。

6）新装或大修后的机组应先试运行，当性能指标都合格后，才能投入使用。

7）定期检查市电/油机自动倒换设备，并结合例行带载试机的同时检查其性能、功能是否符合要求。

6.4.2 通信局（站）内固定式油机发电机组的维护

1 基本要求

1）油机室内维护作业时，应光线充足、空气流通、注意清洁、不存放杂物、进出门口装置防鼠栏、地槽、线槽等孔洞堵塞。根据环保要求、应采取必要的降燥措施。

2）确保油进、排风系统满足油机额定功率运转的要求。油机房的进、排风口滤网要定期清洁、排气管道应经常进行检查、有损伤的管道或隔热层应及时维修。

3）室内温度不宜低于 5℃。若在冬季室温过低（0℃以下）的地区、油机的水箱应装置加热器或在水箱添加防冻剂。

4）沿海等潮湿地区、机组配有驱潮装置或抽湿机、在潮湿季节应长期开启。

5）油机应至少每月空载试机一次、每半年至少加载试机具有自动启动装置的油机结合加载试机作业、每半年测试自动启动/切换功能和手动/切换功能各一次。

6）柴油发电机组空载试机持续时间不宜太长、应以说明书为准、一般以 5～15min 为宜。

2　日常维修检查的项目

1）润滑油、冷却液的液位是否符合规定要求。

2）风冷机组的进风、排风口是否通畅。

3）目用燃油箱里的燃油量是否充足。

4）启动电池电压、液位是否正常、连线接头是否牢固。

5）机组及其附近是否有放置的工具、零件及其他物品、开机前应清理以免机组运转时发生意外危险。

6）环境温度低于 5℃时、装置有水箱加热器的、应启动加热。

3　机组运行时的注意事项

1）润滑油压力、润滑油温度、水温是否符合规定要求。

2）各种仪表、信号灯指示是否正常。

3）气缸工作及排烟是否正常。

4）油机运转时、是否有剧烈振动和异常声响。

5）机组启动后、不得立即加载、应待机组温度、油压、电压、频率（转速）等参数达到规定要求并稳定后、方可加载。

6）供电后系统是否有低频振荡现象。

7）禁止在油组运行中手工补充燃油。

4　关机、故障停机检查记录

1）正常关机。当市电恢复供电或带试机完后、应先切断负荷、空载运行 3～5min、再停机。

2）故障停机。当出现油压低、水温高、转速高、电压异常等故障时、应立即停机。

3）紧急停机。当出现机组内部异常敲击声、传动机构出现异常、转速过高（飞车）

或其他有发生人生事故或设备危险情况时，应立即紧急停机。

4）故障或紧急停机后做好检查和记录，在机组未排除故障和恢复正常时，不得重新开机运行。

5 维护周期和项目

通信局（站）固定式油机发电机组维护周期见表 6.2。

表 6.2 固定式油机发电机组维护周期

周 期	项 目
月	1. 检查启动电池电压及电解液、添加蒸馏水并进行补充充电、清洁启动电池、检查电缆连接头，是否牢固 2. 打扫油机房环境卫生 3. 空载试机 5～15min 4. 检查油箱储油量 5. 检查/排风、冷却、润滑、燃油系统是否正常
半年	1. 清洁油箱和水箱的沉底杂质 2. 清洁设备 3. 带载试机 30min 测试启动/转换、手动启动/切换装置正常 4. 校正仪表

6.4.3 移动式油机发电机组的维护

我们知道，移动式发电机组主要分为拖车式、便携式以及车载式 3 种。为了确保发电机组的正常工作，必须坚持日常维护。

1）移动式发电机组长期不使用时，应每个月做一次发电机组及其车辆的试机、试车。

2）每周至少给启动电池充电一次，保证汽车和油机的起动电池容量充足。检查并及时补充润滑油和燃油箱的油量。

3）每次使用后，注意补充发电机组及其车辆的润滑油和燃油、检查冷却液箱的液位情况。

4）拖车式发电机组和车载式发电机组宜设置专用车库。

5）作为备用发电机的小型汽油机在其运转供电时，要有专人在场。当处于人机一室时，应保持室内空气流通，防止废气（一氧化碳）中毒。在燃油不足时，停机后方可添加燃油，不得与其他在用油机共室临近存放。

6.4.4 柴油发电机组的使用

1 不允许刚启动后就猛加油，使转速突然升高

柴油发电机组启动成功后，应先低速运转一段时间，然后再逐步调速到额定转速。

决不允许刚启动后就猛加油，使转速突然升高。其原因有以下几点。

1）刚启动的柴油机，机器温度低，机油黏度大，机油不能迅速进入各轴承间隙内。

2）柴油机不工作时，各间隙间的润滑油逐步流回到油底槽内，使各轴颈全部压在轴承上，形成干摩擦状况。低速运转一段时间后，机温逐渐升高，机油变稀，转速稍高时，机油才慢慢压入轴承内，形成薄油膜，逐渐使轴颈与轴承间隙得到完全的润滑。

3）刚启动柴油机时，机油黏度大，若猛然提高转速，机油压力超过允许范围会冲坏压力表。

因此，一般柴油机水温在 50℃以上，既有温度在 45℃以上，又有压力在 1.5～3.0kg/cm^2，待一切正常后，才接上负载。在带负载时，也要逐步均匀地增加，除特殊情况外，应尽量避免突然增加负载或突然卸去负载。

2 柴油机不宜在低速情况下长期运转

柴油雾化质量的好坏，取决于喷油压力和凸轮轴转速，喷油压力越高和凸轮轴转速越快，柴油雾化质量越好，而凸轮轴的转速是随着曲轴的转速而变化的。当柴油机曲轴转身低于额定转速时，柴油雾化就变坏，时间一久就会导致机器运转不正常。

3 注意仪表指针数值

柴油机在运行中，应密切注意各仪表指示数值，一般规定如下。

1）机油压力应在 1.5～4.0kg/cm^2。

2）机油温度应在 70～90℃。

3）进水温度应在 55～65℃。

4）出水温度应在 75～85℃。

5）正常运行时，如：蓄电池电量为充满，充电电流表指示应在正数值。当蓄电池已充满电时，电流表应指示 0 位。

4 注意排气颜色

正常情况下，柴油机的排气颜色是浅灰色；不正常时，排气颜色变成深灰色；超负载时，排气颜色变为黑色。

机器运行时，注意内部有无不正常敲击声；注意油料是否将用完，避免空气进入燃油系统造成停机，在人工加润滑油点应按规定时间加润滑油。

6.4.5 柴油发电机组常见故障处理

前面我们学习了柴油机的结构原理、操作方法。为了提升动手能力，我们必须进一步了解柴油机在什么情况下容易产生故障，一旦发生故障，如何根据故障现象，去分析故障产生的原因，通过深入细致的分析，才能提出正确的处理方法，消除故障。

1 判断故障的原则和方法

柴油机故障的原因通常是多方面因素造成的，不同故障表现出不同的现象，要排除故障，必须先查明故障的原因，在实践中通过看、听、摸、嗅等感觉，来发现柴油机异常的表现，从而发现问题、解决问题，消除故障。

判断柴油机故障的一般原则是：结合结构、联系原理、弄清现象、结合实际，从简到繁、由表及里、按系分段、查找原因。

在长期的生产实践中，人们摸索总结出"一看、二听、三摸、四嗅"的一套检查方法，通过仪表监测和人体器官的感受，去观察和判断柴油机的运行情况。

（1）柴油机运转时的异常现象

柴油机长期运转后，发生了故障，通常会遇到下列几种现象。

1）运转时声音异常。柴油机运转时，发出不正常的敲击声、放炮声、吹嘘声、排气声、周期性的摩擦声等。

2）运转异常。柴油机不易启动、工作时出现剧烈震动；拖不动负载；转速不稳定等。

3）外观异常。柴油机排气管冒白烟、黑烟、蓝烟，各系统出现漏油、漏水、漏气等。

4）温度异常。机油温度或冷却液温度过高，轴承过热等；

5）气味异常。柴油机运行时，发出臭味、焦味、烟味等气味。

柴油机运转时，发现上述异常现象后，必须进行仔细的调查，根据故障现象，分析判断找出故障的部位和原因。有时一种故障可能有好几种异常现象，例如，高压油泵磨损后，既可表现出启动困难，又可表现出输出功率不足，还可表现出低速运转不稳定等现象。有时一种异常现象，可能由几种故障造成。因此，柴油机运行时出现异常现象，必须认真查清产生异常现象的原因，这就要求我们善于做分析推理判断，透过现象抓本质，找出发生故障的原因和部位，将故障排除。

（2）柴油机故障的分析检查方法

1）根据异常的声响来判别故障的部位。用一把通心螺钉旋具或用一根半米长一端磨尖的细铁条，进行"听针判断"，一端贴耳，另一端触及各检查部位表面，可较清晰地监听到异常声响产生的部位以及声响的大小和性质。不同部位发出声响往往是不同的。例如，主轴承间隙过大，发生冲击声是沉闷的；气门与活塞碰击声是清脆的；若飞轮键槽配合松动，发出"唝！唝！"的撞击声等，因此，根据不同声响，来判断故障的部位。

2）用局部停止法来判断。经故障分析后，若怀疑故障是由某一汽缸引起的，可停止该汽缸工作，观察故障现象是否消失，从而确定故障原因和部位。例如，柴油机冒黑烟，分析为某汽缸喷油器喷孔堵塞，可对该缸停止供油，若黑烟消失，说明判断正确。

3）用比较法来判断。根据故障分析，认为故障可能是由于某一零、部件所造成的，可将该零件（或部件）更换一只新件，然后开机运行比较柴油机前后工作情况是否有变化，从而找出故障原因。

4）用试探法来判断。根据分析故障原因一时难以判断，可用改变局部范围内的技术状态，观察柴油机工作性能是否有影响，以此来判别故障的原因。例如柴油机达不到规定的功率，认为某汽缸压缩冲程压力不足，是汽缸与活塞间隙较大密封不严造成的，此时将缸盖打开向汽缸注入少量机油，以改善密封状况，然后重新装好缸盖，开机试验，若压力增大，输出功率增加，说明分析是正确的。

柴油机经长时间使用后，会出现很多故障现象，由于柴油机各种型号不同，国产的和进口的结构和使用环境不同，故障原因也有所不同，因此，在处理问题时，对具体问题应根据不同情况作具体分析。正确分析和判断柴油机故障的原因，是一项细致的工作，不应在未弄清故障原因之前就乱拆，这样不但不能消除故障，而且可能在重装拆开的零、部件时，达不到技术要求，造成新的故障。

2 油发电机组常见的一般故障及排除方法

（1）柴油机不能启动

柴油机在常温下，一般应在几秒内能顺利启动，有时需要反复 1～2 次才能启动是正常的。如果经过 3～4 次反复启动，柴油仍不能点燃时，应视为启动故障，需查明原因，待故障排除后，再行开启。

1）启动系统的故障。这种故障表现为不能驱动旋转或启动无力，转速低，其故障原因及排除方法，见表 6.3。

表 6.3　启动系统故障一览表

故障现象	故　障　原　因	排　除　方　法
柴油机不能起动	1. 电动机起动 ① 起动时，蓄电池电力不足 ② 起动系统电路接线错误或电气零件接触不良 ③ 起动电动机的电刷与整流子接触不良。	① 更换电力充足的蓄电池或增加蓄电池并联使用 ② 检查启动电路接线是否正确和牢靠 ③ 修整或更换电刷，用木砂纸清理整流子表面，并吹净灰尘
	2. 压缩空气启动 ① 储气瓶内压缩空气压力太低 ② 空气分配器安装位置不对	① 重新充气 ② 进行检查调整

2）燃料供给系统的故障。柴油机不能启动，经检查启动系统电路或各零部件均为良好，应检查燃料供给系统，如果它出了故障，表现为燃料系统不供油或供油不正常，柴油机不能点燃或点燃后不能转入正常运行，此类故障的原因和排除方法，见表 6.4。

表 6.4　燃料供给系统故障一览表

故障现象	故 障 原 因	排 除 方 法
柴油机不能起动	1. 燃料系统内有空气	检查燃油管路接头是否松弛 ① 旋开喷油泵及燃油滤清器上的放气螺塞，用手泵把燃油压到溢出螺塞不带气泡为止，然后旋紧螺塞，并将手泵旋紧 ② 松开高压油管在喷油器一端的螺帽，撬喷油泵弹簧，当管口流出的燃油中无气泡时，旋紧螺帽，再撬喷油泵弹簧几次，使各喷油器内均充满燃油为止
	2. 燃油管路或滤清器堵塞	检查各段管路，找出故障部位使其畅通。若燃油滤清器阻塞应清洗或更换滤芯
	3. 输油泵不供油或断续供油	检查进油管是否漏气，如果排除进油管漏气后，仍不供油，应检修输油泵
	4. 喷油压力	调整喷油器的喷油压力
	5. 喷油量很少或喷不出油	将喷油器拆卸下来，仍接在高压油管上，撬喷油泵弹簧，观察喷油器的雾化是否良好
	6. 喷油泵故障 ① 喷油泵弹簧折断 ② 喷油泵的齿条卡死在停车位置 ③ 出油阀卡住或弹簧断裂	① 更换弹簧 ② 拆开修理 ③ 拆开清洗或更换出油阀
	7. 喷油器故障 ① 喷油器喷孔堵塞 ② 喷油器针阀卡死	① 拆开清除 ② 拆开清洗并研磨喷器偶件或更换新件

3）柴油机压缩压力不足。检查时，用人力转动曲轴时，感觉压缩冲程阻力不大，其故障原因和排除方法，见表 6.5。

表 6.5　压缩压力不足一览表

故障现象	故 障 原 因	排 除 方 法
	1. 气门漏气 ① 气门间隙过小，关闭不严 ② 气门上积炭严重，气门杆咬死 ③ 气门锥面与座磨损严重，造成密封不严	① 检查并调整气门间隙，使其符合说明书规定的技术要求 ② 打开汽缸盖，清除气门积炭，清洗气门并在气门杆加润滑油 ③ 对气门进行研磨
	2. 活塞环磨损严重，活塞环与缸套之间漏气 ① 活塞与缸套间隙过大 ② 活塞环卡住或各环切口重合	拆卸活塞，更换活塞环 ① 视磨损情况更换活塞或缸套 ② 清洗活塞环，将各环切口错开

（2）机油压力不正常

柴油机使用后发现机油压力不足或过高可旋动调整螺杆使压力恢复正常，当不能调整时，可参照下表 6.6 所示方法进行处理。

（3）柴油机不能达到规定的功率

柴油机输出功率不足就是通常所说柴油机带不动规定的负载，没有动力。对于这种故障应从柴油机基本工作原理进行分析，应检查进气量、喷油量是否充足，燃烧过程是否正常，压缩压力是否足够大，逐步进行分析判断，查出故障原因，并予以消除，见下表 6.7。

表6.6 机油压力不正常一览表

故障现象	故 障 原 因	排 除 方 法
机油压力 不正常	1. 机油管路漏油或阻塞折断	1. 检修各管路泄漏部位,使油路畅通,必要时更换油管划接头
	2. 油底壳中机油平面过低	2. 向油底壳注入机油至规定油平面
	3. 机油泵齿轮磨损或装配不符合要求	3. 检验机油泵性能,更换齿轮或新泵
	4. 机油冷却器或机油滤清器堵塞	4. 清洗或更换滤芯
	5. 机油压力调节器弹簧损坏,调压阀平面不平	5. 更换弹簧,修磨调压阀平面
	6. 曲轴前端油封处、曲轴法兰端、摇臂轴之间的连接油管、凸轮轴承处、连杆轴承处严重漏油	6. 检修各处漏油,如果各轴承磨损超过允许值,则必须更换
	7. 机油压力调节器调节失调,造成压力不足或压力过高	7. 重新调节机油压力
	8. 机油压力表损坏或压力表连接油管阻塞	8. 更换新表,清除连接油管堵塞物

表6.7 柴油机达不到规定的功率一览表

故障现象	故 障 原 因	排 除 方 法
排气冒黑烟	1. 配气机构及进、排气系统故障 ① 进、排气门与摇臂间隙不正确 ② 配气定时不正确 ③ 气门弹簧损坏 ④ 气门有积炭,密封面漏气 ⑤ 空气滤清器阻塞 ⑥ 排气管及消音器积炭严重,排气不畅	① 检查并调整至规定间隙 ② 检查并重新调整配气定时 ③ 更换气门弹簧 ④ 清除积炭,研磨气门 ⑤ 清洗空气滤清器 ⑥ 清除积炭
压缩无力	2. 压缩压力不足 (1) 汽缸盖与机体密合处有漏气,其表现在变速时,有一股气流从垫片处冲出 　1) 汽缸盖大螺母松动 　2) 汽缸盖垫片损坏 (2) 活塞环卡住,气门杆咬住不灵活 (3) 汽缸盖喷油器孔漏气 　1) 喷油器紧帽铜垫圈损坏 　2) 喷油器孔平面未清理干净 　3) 喷油器与喷油器体结合面损漏	1) 按规定扭矩拧紧大螺母 2) 检查汽缸盖和机体接合面情况,更换汽缸垫 3) 更换垫圈 4) 清理座孔 5) 拧紧喷油器紧帽或研磨平面
水温过高	3. 柴油机过热(冷却或润滑系统故障)	检修冷却及润滑系统并除去水套中的水垢,清洗机油冷却器
供油不正常	4. 燃油系统有故障	① 按前述将燃油系统中的空气排出 ② 检修或更换偶件 ③ 检修或更换喷油器偶件

(4) 柴油机运转时有不正常的声响

柴油机在运转过程中,如果发出不正常的杂声,首先应了解发出异响的部位、声响的现象、出现的时间和变化规律。在听查声响时，还应适时观察烟色、烟量的变化，并借助听针判断，找出故障的根源，表 6.8 列出部分异响的现象，原因及消除方法。

表 6.8　柴油机运转时异常声响一览表

序号	故障现象	故障原因	排除方法
1	汽缸内发出有节奏的清脆的金属敲击声	喷油时间过早	重新调整喷油时间
2	汽缸内发出低沉不清晰的敲击声	喷油时间过迟	重新调整喷油时间
3	柴油机在运转过程中，有轻微而尖锐的响声，此种响声在怠速运转时，尤其清晰	活塞销与连杆小头孔配合太松	更换连杆小头轴承使之在规定间隙范围
4	柴油机在启动后发出响声，此种响声随柴油机走热后逐渐减轻	活塞与汽缸套间隙过大	更换活塞环或视磨损程度更换缸套
5	柴油机在怠速运转时，听到曲轴游动的碰撞声	曲轴推力轴承磨损，造成间隙过大，导致曲轴前后游动	检查推力轴承，并用垫片调整到规定间隙，若磨损严重，更换新件
6	当柴油机在 1500r/min 运转时，在曲轴箱内听到机件的撞击声，此时突然降低转速，可以听到沉重而有力的撞击声	连杆轴承太松	检查连杆轴承，必要时予以更换
7	柴油机在运转过程中发出　①　特别尖锐而刺耳的响声，在加大油门时，此响声更为清晰	①　曲轴滚柱轴承过紧	①　检查响声的滚柱轴承并更换
	②　有霍霍声	②　曲轴滚柱轴承松动	②　更换新件
	③　主轴承使用滑动轴承的柴油机，发出沉重的撞击声	③　主轴承间隙过大，情况与连杆轴承撞击声的声响相似	③　检查并更换主轴瓦
8	柴油机汽缸盖处发出有节奏的轻微敲击声	气门弹簧折断，气门挺杆弯曲，推杆套筒磨损	更换配件，调整气门间隙
9	在前盖板处发出不正常的声音，当柴油机突然降低转速时，可听到撞击声	①　齿轮磨损严重　②　齿隙过大	调整齿隙，必要时更换齿轮
10	柴油机在运转中，汽缸盖处发出沉重而均匀有节奏的敲击声，用手指轻轻捏住汽缸盖罩的螺柱（即固紧摇臂座的螺柱）上有活塞碰气门的感觉	活塞碰气门	拆下汽缸盖罩，检查相碰原因，调整气门间隙。必有时增加汽缸盖垫片（视需要增加（0.20～0.40mm）的紫铜垫片，可用旧缸垫代用）
11	在汽缸盖处，听到干摩擦响声	摇臂调节螺钉与推杆的球面处无机油	在球面处浇注机油

（5）柴油机排气烟色不正常

柴油机在带负载运转时，排气烟色一般为淡灰色，负载略重时，则可能为深灰色（在短时间内运转还是允许的）。这里所说的排气烟色不正常是指排气冒黑烟、蓝烟或白烟。排气冒黑烟，表示燃烧不完善。排气冒蓝烟表示有机油窜入燃烧室参与燃烧。白烟表示柴油雾滴在燃烧室未燃烧。排气烟色不正常的故障原因及消除方法见表 6.9。

表 6.9　排气烟色不正常一览表

序号	故障现象	故 障 原 因	排 除 方 法
1	排气冒黑烟	① 柴油机带动的负载超过设计规定 ② 各缸喷油泵供油不均匀 ③ 气门间隙不正确，气门密封线接触不良 ④ 喷油太迟，部分燃油在柴油机排气管中燃烧	① 调整负载，使之在设计范围内 ② 调整各缸供油量，使之达到均匀 ③ 检查气门间隙、气门、气门弹簧和密封情况，并消除缺陷 ④ 调整喷油提前角
2	排气冒白烟	喷油器喷油时，有滴油现象；雾化不良，喷油压力低	检查喷油器组件，若密封不良，则更换新的喷油器，检查喷油压力，调整到规定要求
3	排气冒蓝烟	① 空气滤清器阻塞，进气不畅，或滤清器中机油过多 ② 活塞环卡死或磨损过多，弹性不足，使机油进入燃烧室	① 检查空气滤清器，视故障原因给予清洗或减少机油至规定平面 ② 清洗活塞环，必要时更换新活塞环

（6）机油温度过高、耗量过大、稀释

柴油机在运转时，由于运动部件磨损，间隙增大造成这类故障发生，现将故障原因和排除方法见表 6.10。

表 6.10　机油温度过高耗量太大、稀释一览表

序号	故障现象	故 障 原 因	排 除 方 法
1	机油温度过高	① 机油不足或机油过多 ② 柴油机负载过重（同时排气冒黑烟） ③ 机油冷却器堵塞	① 按规定检查并增减机油 ② 减轻负载 ③ 清洗机油冷却器内部
2	机油耗量太大	① 管路接头及其他部分漏油 ② 活塞环被粘住或磨损过大；汽缸套磨损过大，或油环的回油孔被积炭阻塞，使机油通过活塞窜入到燃烧室中（其特征是排气冒蓝烟，机油加油口冒烟） ③ 使用不合适的机油	① 拧紧各接头处，检查泄漏处并消除 ② 更换活塞环或油环，必要时更换汽缸套 ③ 换用合适的机油
3	机油稀释	1）活塞环粘住或磨损过大 2）采用不合适的机油 3）柴油机温度经常过高 4）燃油进入机油内 　① 喷油量过多 　② 喷油器滴油，喷油压力过低，使燃油不能良好燃烧	1）更换活塞环 2）换用适当的机油 3）检查冷却系统 4）当燃油进入机油内时 　① 重新调整喷油器 　② 检修或更换新的喷油器

（7）柴油机过热

柴油机过热主要表现冷却水出水温度过高，导致受热零件温度增高，配合间隙缩小，材料强度降低，容易引起零件卡死或断裂事故。现将这类故障的原因，排除方法见表 6.11。

表 6.11　柴油机过热一览表

序号	故障现象	故 障 原 因	排 除 方 法
1	柴油机过热	冷却系统故障 ① 水泵内或水管中有空气形成气塞 ② 散热水箱内缺水 ③ 散热水箱散热片和铜管表面积垢太多 ④ 风扇传动皮带松弛，转速降低，风量减少 ⑤ 冷却系统中水垢严重或水路通道堵塞 ⑥ 水泵叶轮损坏 ⑦ 节温器失灵	① 排除水泵或水管中的空气，并检查各管接头处是否拧紧，不得漏气 ② 检查水位并补充加足水 ③ 清除水垢，清洗表面 ④ 调整皮带张力或更换皮带 ⑤ 清洗水垢，疏通水路 ⑥ 更换水泵叶轮 ⑦ 检查节温器，修复或更换
2		柴油机长时间超负荷运行	降低负荷
3		供油提前角过小	检查并重新调整

（8）柴油机喷油泵的一般故障

柴油机在起动或运行时，喷油泵不喷油、喷油量不足、喷油量过多或喷油不均匀等故障，造成柴油机不能起动或起动后运动不正常，这是柴油机常遇到的故障，其原因和排除方法，见表 6.12。

表 6.12　喷油泵的一般故障一览表

序号	故障现象	故 障 原 因	排 除 方 法
1	喷油泵不喷油	① 油箱内无油 ② 燃油输油泵故障 ③ 燃油滤清器或油管阻塞 ④ 燃油系统中进入空气 ⑤ 喷油泵柱塞磨损 ⑥ 出油阀不能紧闭或损坏	① 向油箱加入燃油 ② 检修燃油输油泵 ③ 清洗 ④ 排除系统内空气 ⑤ 更换柱塞偶件 ⑥ 拆开清洗并研磨修整或更换油封垫圈
3	喷油不匀	① 燃油系统进入空气 ② 出油阀弹簧断裂 ③ 出油阀平面与外圆磨损 ④ 油泵芯子弹簧断裂 ⑤ 杂质使油泵芯子阻滞 ⑥ 进油压力太低 ⑦ 齿轮调节不当	① 排除空气 ② 检修燃油输油泵 ③ 研磨修整或更换 ④ 更换弹簧 ⑤ 清洗油泵 ⑥ 检查输油泵和滤清器，并清洗 ⑦ 将齿轮调整到出厂规定记号
3	出油量不足	① 出油阀漏油 ② 接头漏油 ③ 油泵芯子套筒磨损 ④ 装配错误	① 拆开修整、研磨或更换 ② 检查各接头并修理或更换 ③ 更换偶件 ④ 重新装配调整
4	出油量多过	① 喷油泵各缸未平衡 ② 装配错误	① 重新调整 ② 重新装配调整

（9）喷油器的一般故障

柴油机运转时，某个汽缸喷油器不喷油、喷油雾化不良或严重漏油或喷油压力太高、太低等现象，其原因和排除方法，见表6.13。

表6.13 喷油器的一般故障一览表

序号	故障现象	故 障 原 因	排 除 方 法
1	喷油很少或喷不出油	① 油路中有空气窜入 ② 油针或油针体咬住 ③ 油针与油针体配合太松 ④ 燃油系统漏油严重 ⑤ 喷油泵供油不正常 ⑥ 油针体与油针轧死	① 排除空气 ② 检查、修整或更换 ③ 更换喷油器配件 ④ 检查油路各接头并紧固，必要时更换 ⑤ 检修并调整 ⑥ 清洗并检修
2	喷油压力低	① 调压螺钉松动 ② 调压弹簧变形导致压力减退	① 调整喷油压力到规定数值 ② 调整或更换新弹簧
3	喷油压力太高	① 调压弹簧压力太大 ② 油针被粘住 ③ 喷油被堵死	① 调整压力或更换弹簧 ② 检修喷油器 ③ 检修清洗
4	喷油器漏油严重	① 调压弹簧折断 ② 油针体座面损坏 ③ 油针被咬住 ④ 紧帽久用变形 ⑤ 喷油器外壳平面磨损不平	① 更换新弹簧 ② 更换喷油器偶件 ③ 清洗或更换喷油器偶件 ④ 更换紧帽 ⑤ 研磨外壳平面或更换
5	喷油器雾化不良	① 油针体变形或磨损 ② 油针体座面磨损或烧坏	① 更换喷油器偶件 ② 更换喷油器偶件
6	喷油成线	① 喷孔塞死 ② 油针及油针体座面磨损过度 ③ 油针被咬住。	① 清洗或更换 ② 更换喷油器偶件 ③ 清洗或更换
7	柴油机过热	喷油嘴表面烧坏或呈蓝黑色	检修冷却系统，并更换喷油器偶件

（10）柴油机输油泵的一般故障（表6.14）

表6.14 柴油机输油泵的一般故障一览表

故障现象	故 障 原 因	排 除 方 法
燃油输油量不足	① 输油泵单向阀断裂 ② 活塞磨损 ③ 进油紧帽漏气	① 更换单向阀 ② 更活活塞 ③ 扳紧管接头螺帽

（11）转速控制方面的故障

柴油机在运转时，其转速不稳定或者调速时不稳定，怠速转速达不到或出现飞车现象。所谓飞车是指柴油机转速失去控制，转速大大超过规定的最高转速。这种故障会产生重大事故，给柴油机带来极大的危害。现代的柴油机发电机组通常都装有飞车自动保护装置,一旦出现飞车时,将会自动进行保护。但是,对于没有飞车保护装置的柴油机,一旦出现飞车情况,由于严重的超速会造成连杆螺栓断裂,打坏汽缸盖、机体、活塞等零件,甚至发生使曲轴平衡块和调速器飞锤甩出、飞轮破裂、气门弹簧折断等重大事故,直接威胁人身安全。判断飞车故障主要是根据柴油机声响的变化,由于转速迅速升高,因此,排气响声变成啸叫声音。一旦听到这声音,必须立即采取果断有效措施,避免造成更大的威胁。对飞车紧急处理,就是设法迅速停车,其方法为下面几种。

1)迅速切断油路。将油门迅速拉到停车位置,关掉油路开关。但是由于产生飞车的情况大多数原因是油门对油泵柱塞失去控制,因此,即使油门已拉到停车位置,在低压油路中还存有柴油仍不能很快使柴油机停车,此时还应迅速拧开高压油管连接螺母,使喷油器立即停止喷油,大多数情况能迅速停车。

2)迅速切断空气通路。若有防爆装置的柴油机,可将进气通道迅速关闭。无此装置的柴油机可用衣物将空气滤清器包住或直接堵住进气口。只要堵住进气通路,一般均能使柴油机迅速停车。

这里特别应指出,产生飞车事故后,绝对不允许卸去负载,否则会使转速更加急剧升高发生更大的危险。

停车后,应认真仔细分析飞车原因,及时排除故障,确保运行安全。

柴油机转速控制失灵的故障原因和排除方法,见表6.15所示。

表6.15 柴油机转速控制方面的故障一览表

序号	故障现象	故障原因	排除方法
1	转速调整不稳定	① 各缸供油量不均匀 ② 部分喷油器喷孔结炭、堵死或漏油 ③ 拉杆销子松动 ④ 喷油泵芯子弹簧断裂 ⑤ 出油阀弹簧断裂	① 调整油量控制套筒 ② 检修清洗喷孔或更换喷油器 ③ 更换拉杆销子 ④ 更换弹簧 ⑤ 更换出油阀弹簧
2	怠速转速不能达到	① 手柄未放到底 ② 弹簧挂耳轧死 ③ 齿轮齿杆有轻微轧住	① 将调速手柄放到底并检修 ② 拆卸检修 ③ 拆卸检修
3	游车	① 调速主副弹簧久用变形 ② 飞铁滚轮销孔和座架磨损松动 ③ 油泵齿轮齿杆配合不当 ④ 飞铁张开和收拢距离不一致 ⑤ 调整器外壳孔油泵盖板孔松动,凸轮轴游动间隙过大 ⑥ 齿杆销孔和拉杆与拉杆销子配合间隙太大 ⑦ 低速稳定器调整不当 ⑧ 调节齿条(或调节拨叉)发涩	① 调节或更换新弹簧 ② 更换新飞铁 ③ 重新调整装配 ④ 检修校正 ⑤ 检修增加铜垫片,调整到规定间隙 ⑥ 更换拉杆销子 ⑦ 按规定调整 ⑧ 检查齿条及孔和拉杆(或拨叉机构)连接部分是否灵活自如

续表

序号	故障现象	故　障　原　因	排　除　方　法
4	柴油机转速不稳定	① 转速过高 ② 调速器包壳下部的螺塞松掉，杠杆销子脱落 ③ 调速弹簧断裂 ④ 齿杆和拉杆连续销子脱落，弹簧销片断裂 ⑤ 杠杆销子脱落 ⑥ 喷油泵齿条卡死 ⑦ 调速器滚珠轴承损坏 ⑧ 调速器滑管套筒 ⑨ 柴油泵内润油面过高，机油粘度太大	① 检修各部分，拆开高速限制螺钉铅封重新进行调整 ② 检修或重新装配 ③ 更换弹簧 ④ 检修或更换 ⑤ 检修或更换 ⑥ 拆下总泵进行检修 ⑦ 更换轴承 ⑧ 检修或更换 ⑨ 更换为 11 号柴油机机油，调整油面高度

（12）电动机启动装置的故障

柴油机电动机启动装置，也是比较容易产生故障的部分，当它出现故障时，造成柴油机起动失败，因此，平时应加强对它进行维护保养，以保证柴油机正常起动运转。一旦出现故障，应根据现象去分析查找故障原因，及时予以消除，这类故障的现象、原因和排除方法见表 6.16。

表 6.16　电动机启动装置的故障一览表

序号	故障现象	故　障　原　因	排　除　方　法
1	启动电动机传动齿轮不能啮合	1. 启动电动机继电器不工作 　① 启动按钮毁坏或接触不良 　② 转换开关触点烧坏 　③ 电压不足（蓄电池缺电，电路系统接触不良或漏电） 2. 启动电动机传动齿轮与柴油机飞轮齿圈不能啮合 　① 齿轮单面磨损较重或起毛 　② 启动电动机齿轮与飞轮齿圈的中心线不平行 　③ 启动电动机齿轮端面到飞轮齿圈端面间隙过大或顶死 　④ 启动电动机的杠杆脱钩 　⑤ 启动电动机传动齿轮铜套松脱 　⑥ 启动电动机离合器紧固螺母松脱	① 修理或更换启动按钮 ② 拆开并清理触点 ③ 检查电气线路及蓄电池 ① 检修齿轮 ② 重新安装，消除不平行现象 ③ 该间隙应在（2.5～5mm）范围内，不含要求时，用增减垫片的方法调整 ④ 重新安装调整 ⑤ 拆开启动电动机进行检修 ⑥ 拆开重新装配
2	启动电动机进入啮合，但柴油机不能转动或转动无力	① 电压不足（电路接触不良漏电或蓄电池电量不足） ② 离合器摩擦片打滑 ③ 启动电动机换向器沾有油或烧蚀，电刷磨损，电刷弹簧压力不足 ④ 启动电动机电枢与磁场线圈碰撞或短路	① 检查电器线路和蓄电池 ② 在离合器内压环和摩擦片之间增加垫圈来调整 ③ 用砂纸清洁启动电动机换向器，如磨损、烧蚀严重，需要进行修理 ④ 拆卸修理

序号	故障现象	故 障 原 因	排 除 方 法
3	柴油机已起动，但起动齿轮不能分离，发出尖锐的噪音	① 启动电动机继电器内铜接触盘和两个触点粘连 ② 启动转换开关大小铜接触盘与触点粘连 ③ 启动电动机杠杆脱钩或偏心螺钉松脱 ④ 杠杆复位弹簧折断或丧失弹性 ⑤ 启动电机电枢轴折断或弯曲 ⑥ 齿面拉毛卡死	① 检查电气线路，修整触头 ② 拆开检查并修理触点 ③ 重新调整并紧固 ④ 更换弹簧 ⑤ 更换启动电动机 ⑥ 修整齿面
4	蓄电池电力不足	① 电液液面过低 ② 极板间有短路 ③ 极板硫酸化 ④ 充电发电机供电不足 ⑤ 连接导线接触不良	① 添加蒸馏水或比重为 1.1 的稀硫酸溶液 ② 清除沉淀物，更换电液 ③ 反复充放电消除硫酸化 ④ 检修继电器调节器和皮带松紧度 ⑤ 检查连接线使之接触良好
5	蓄电池温度过高	① 蓄电池内部有短路 ② 充电电流过大	① 消除短路物 ② 检修继电调节器
6	蓄电池外壳变形，封口破裂	① 充电电流过大 ② 外电路短路	① 检修继电调节器 ② 消除短路
7	电液不清洁	电液混浊，有杂质	更换电液
8	电液有沉积物	极板活性物质脱落	沉淀物少的，清除后继续使用。沉淀物多者，更换极板

（13）充电发电机工作不正常（表 6.17）

表 6.17 充电发机工作不正常一览表

序号	故障现象	故 障 原 因	排 除 方 法
1	充电发电机换向器有强烈火花	① 电刷和换向器接触不良 ② 换向器烧蚀严重，出现凹坑或失圆 ③ 云母片凸出	① 调整电刷压力，使其接触正常 ② 修整换向器达到规定要求 ③ 修刮云母片
2	充电发电机工作有噪音和敲击声	① 轴承磨损有明显松动 ② 轴承过紧，安装不正确 ③ 磁极螺钉松动，使磁极与电枢发生摩擦	① 更换轴承 ② 校准轴承配合，改进安装方法 ③ 上紧螺钉，校验空气隙是否够，是否均匀
3	充电发电机温度过高	① 电枢线圈短路 ② 磁场线圈短路 ③ 轴承缺油或咬住 ④ 皮带拉紧过强 ⑤ 电刷弹簧力过强	① 用短路试验器检查并修理 ② 用电桥测量电阻，并修理 ③ 加注润滑油或清洗轴承，更换润滑 ④ 调整皮带拉紧力 ⑤ 调整电刷弹簧压力
4	电流表不指示充电状态	① 充电电路内导线接触不良 ② 充电发电机换向器油污或烧蚀 ③ 充电发电机电刷过度磨损，电刷弹簧压力不够 ④ 充电发电机电刷卡滞或与换向器接触不良 ⑤ 电刷或磁场绕组开路和短路	① 排除导线折断或接触不良 ② 清洁换向器并修理 ③ 更换电刷 ④ 使电刷在支架内灵活移动，并与换向器完全接触 ⑤ 用电桥或短路试验器检查并修理

续表

序号	故障现象	故障原因	排除方法
4	电流表不指示充电状态	⑥ 充电发电机调节器发生故障 ⑦ 皮带拉紧力不够，充电发电机转速下降	⑥ 检修并调整 ⑦ 按规定调整皮带拉力
5	电流指示充电电流过强	① 充电发电机的电枢与磁场电路短路，调节器不能控制 ② 调节器工作不正常	① 仔细检查电路，消除短路 ② 重新检查和调整调节器

本 章 小 结

　　在通信电源系统中，油机发电机组作为交流电源供给设备，在没有市电和蓄电池的地方，油机发电机组作为通信设备的独立电源；在有市电供给的地方，油机发电机组就成为备用电源，以便在市电停电时间较长时，避免因蓄电池过放电而导致设备不能正常工作。

　　热力发动机是将常规燃料或核燃料反应产生的热能、地热能和太阳能等转换为机械功的动力机械。常用的热力发动机有内燃机（包括汽油机、柴油机和煤气机等）和蒸汽机等。

　　发电机是通过发动机带动，将机械能变换为电能的一种机器。电动机是将电能变换为机械能的一种机器。

　　油机发电机组包含油机和发电机。油机是将燃料（汽油或柴油）的热能转变为机械能的一种装置；发电机将油机产生的机械能转化为电能。用汽油作为燃料，利用电火花点燃的油机叫做汽油机。用柴油为燃料，采用压燃方式工作的油机叫做柴油机。由于柴油机比汽油机效率高，因此，在通信局（站）中主要采用柴油机。

　　内燃机发展经历了自然循环（煤气机），压缩循环（奥托循环即汽油机），压燃循环（狄塞尔循环即柴油机），利用增压技术及其他高新技术，使内燃机热效率逐步提高。

　　改善内燃机的经济性，控制有害气体排放，实现工作过程及燃烧过程的优化控制，寻求代用燃料和应用劣质燃料，减少摩擦、磨损，提高工作可靠性和使用寿命，是内燃机技术的发展趋势。

　　汽油机由两大机构和 5 大系统组成，即由曲柄连杆机构，配气机构；燃料供给系统、润滑系统、冷却系统、点火系统和起动系统组成。

　　柴油机由两大机构和 4 大系统组成，即由曲柄连杆机构、配气机构；燃料供给系统、润滑系统、冷却系统和起动系统组成。

　　发动机所有气缸工作容积之和称为发动机的排量。活塞在气缸内上下运动，经过进气、压缩、工作、排气 4 个冲程完成一次工作，叫做一次工作循环。

　　二冲程是指活塞在气缸内上下运动各一次，经过二个冲程，曲轴旋转一周（360°）来完成一次工作循环，这样的发动机叫做二冲程发动机。四冲程是指活塞在气缸内上下运动各两次，经过 4 个冲程，曲轴旋转两周（720°）完成一次工作循环时，叫做四冲程发动机。

发电机的形式很多，但其工作原理都基于电磁感应定律和电磁力定律。因此，其构造的一般原则是：用适当的导磁和导电材料构成互相进行电磁感应的磁路和电路，以产生电磁功率，达到能量转换的目的。

在长期的生产实践中，人们总结出"一看、二听、三摸、四嗅"的一套油机发电机组故障检查方法，通过人体器官的感受，去观察和判断油机的运行情况，再通过相应仪表监测和工具测试，确定故障部位。

习 题

一、填空题

1．为了确保通信设备供不中断，通信电源供电系统通常采用市电、_____和蓄电池混合供电方式。

2．热力发动机是将常规燃料或核燃料反应产生的热能、地热能和太阳能等转换为_____的动力机械。

3．油机发电机组是由油机和_____两大部分组成。油机是将油料燃烧产生的热能变换为机械能的一种装置。

4．发电机是通过发动机带动，将_____变换为电能的一种机器。

5．电动机是将_____变换为机械能的一种机器。

6．油机按混合气形成方式来分有化油器式发动机和_____发动机。

7．内燃机发展经历了自然循环，压缩循环和_____循环。

8．曲轴连杆机构由机体组、活塞连杆组和_____等组成。

9．配气机构的作用是根据发动机的工作顺序和工作过程，_____开启和关闭进气门和排气门。

10．汽油机燃料供给系统的功能是根据发动机的要求，配制出一定数量和浓度的_____供入气缸。

11．柴油机燃料供给系统的功能是把柴油和空气_____供入气缸，在燃烧室内形成混合气并燃烧。

12．润滑系统通常由润滑油道、机油泵、_____和一些阀门等组成。

13．油机是将燃料的_____转化为机械能的一种机器。

14．油机是通过在气缸内不断进行进气、压缩、工作和_____ 4 个过程来将热能转换为机械能。

15．发电机的形式很多，但其工作原理都基于_____和电磁力定律。

16．定子主要由定子铁心、三相定子绕组和_____等组成。

17．转子是由转轴、转子支架、轮环（即磁轭）、磁极和_____等组成。

18．柴油发电机组平时维护时要求不出现"四漏"，"四漏"指的是＿＿＿＿＿＿＿、＿＿＿＿＿＿＿、＿＿＿＿＿＿＿和＿＿＿＿＿＿＿。

19．发电机组为了防止＿＿＿＿＿＿＿，不论在什么季节绝缘电阻值应为＿＿＿＿＿＿＿。

20．同步发电机获得励磁电流的方法称＿＿＿＿＿＿＿，主要有＿＿＿＿＿＿＿和＿＿＿＿＿＿＿两种。

二、选择题

1．内燃机工作的4个冲程中，将内能转化为机械能的是（　　　）。

　　A．吸气冲程　　　　　　　　　　B．压缩冲程

　　C．做功冲程　　　　　　　　　　D．排气冲程

2．采用压缩循环的内燃机是（　　　）。

　　A．煤气机　　　　　　　　　　　B．汽油机

　　C．柴油机　　　　　　　　　　　D．发电机

3．单缸四冲程内燃机飞轮转速为3000r/min，那么每秒燃气推动活塞做功的次数为（　　　）。

　　A．25　　　　　　　　　　　　　B．50

　　C．75　　　　　　　　　　　　　D．100

4．单缸二冲程内燃机飞轮转速为3600r/min，那么每秒燃气推动活塞做功的次数为（　　　）。

　　A．30　　　　　　　　　　　　　B．60

　　C．90　　　　　　　　　　　　　D．120

5．保证发动机在最适宜的温度状态下工作的系统是（　　　）。

　　A．燃料供给系统　　　　　　　　B．润滑系统

　　C．冷却系统　　　　　　　　　　D．启动系统

6．油机发电机组是由油机和发电机两部分组成，将燃料燃烧产生的热能转变成机械能的设备是（　　　）。

　　A．油机　　　　　　　　　　　　B．发电机

　　C．电动机　　　　　　　　　　　D．电机

7．油机发电机组是由油机和发电机两部分组成，将机械能转变为电能的设备是（　　　）。

　　A．油机　　　　　　　　　　　　B．发电机

　　C．电动机　　　　　　　　　　　D．电机

8．内燃机按照完成一个工作循环所需的冲程数可分为（　　　）。

　　A．一冲程和二冲程内燃机　　　　B．一冲程和三冲程内燃机

　　C．二冲程和四冲程内燃机　　　　D．三冲程和四冲程内燃机

9．活塞在气缸内上下运动各一次，曲轴旋转一周（360°）来完成一次工作循环，这样的发动机叫做（　　　）。

A．一冲程发动机　　　　　　　　B．二冲程发动机

C．三冲程发动机　　　　　　　　D．四冲程发动机

10．活塞在气缸内上下运动各两次，曲轴旋转两周（720°）来完成一次工作循环，这样的发动机叫做（　　　）。

A．一冲程发动机　　　　　　　　B．二冲程发动机

C．三冲程发动机　　　　　　　　D．四冲程发动机

11．下列关于热机和环境保护的说法中正确的是（　　　）。

A．热机的大量使用会造成环境污染

B．所有的热机都是用汽油作燃料

C．汽车排出的尾气都是有毒气体

D．消声器可以完全消除热机产生的噪声

12．油机排气冒黑烟的原因可能是（　　　）。

A．低压油路有空气　　　　　　　B．油路堵塞

C．气门间隙过大　　　　　　　　D．以上都不对

三、判断题

1．油机需要点火系统才能将燃料燃烧产生的热能转换为机械能。　　（　　　）

2．当活塞由上止点移到下止点时，所经过的容积称为气缸工作容积，又称活塞排量。
（　　　）

3．发动机的排量就是发动机所有气缸工作容积之和。　　　　　　（　　　）

4．气缸总容积就是活塞在下止点时，活塞顶上面整个空间的容积，也就是说气缸总容积等于气缸工作容积。　　　　　　　　　　　　　　　　（　　　）

5．气缸总容积与燃烧室容积的比值称为压缩比。　　　　　　　　（　　　）

6．同步发电机就是它的旋转速度 n 和电网频率 f 及发电机本身的磁极对数 ρ 之间保持着严格的恒定关系。（　　　）

7．柴油机喷油泵的作用是将柴油喷入气缸。　　　　　　　　　　（　　　）

8．节温器能根据温度高低自动改变冷却水循环路线。　　　　　　（　　　）

9．活塞环磨损严重将导致排气冒黑烟。　　　　　　　　　　　　（　　　）

10．进气门间隔越大，进气量越多。　　　　　　　　　　　　　　（　　　）

四、简答题

1．什么是油机发电机组？简述其在通信电源系统中的作用。

2．简述柴油机和汽油机的组成？并说明它们之间的区别。

3．曲轴连杆机构起什么作用？它由哪几部分组成？

4．简述柴油机燃料供给系统的组成及作用。

5．简述二冲程油机与四冲程油机的优缺点。

6．简述发电机的工作原理。

7．油机发电机组维护有哪些方面的要求？

8．判断柴油机故障的一般原则是什么？

9．简述柴油机故障的分析检查方法。

10．柴油机在运行中，机油温度为何不能太低或太高？

五、计算题

1．某油机发电机组，其额定转速为 1500r/min，当转速从 1450r/min 突然增加到 1495r/min 时，问该机组的频率变化了多少？

2．某油机发电机组，其额定转速为 3000r/min，当输出频率从 49.5Hz 突然增加到 51Hz 时，问该机组的转速变化了多少？

第 7 章
通信接地与防雷

❖ **本章内容简介**

本章主要阐述接地系统概念、组成、接地电阻、接地电压、接地分类与作用、联合接地系统的特点及组成、雷电形成、雷电危害、常见防雷元件、通信电源系统防雷保护原则及措施等。

❖ **本章重点**

本章重点是接地系统的组成；影响接地电阻的因素；通信电源系统接地的分类及各自的作用；联合接地的优点和组成特点；通信电源系统防雷保护原则和措施。

❖ **本章难点**

本章难点是交流保护接地的保护原理、联合接地的组成特点。

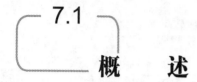

7.1
概　　述

7.1.1　接地系统的概念

接地系统是电信电源系统的重要组成部分，它不仅直接影响通信的质量和电力系统的正常运行，还起到保护人身安全和设备安全的作用。在电信局（站）中，接地技术牵涉到各个电信专业的设备、电源设备和房屋建筑防雷等各个方面的要求。

接地系统就是在规定区域内由所有互相连接的多个接地连接组成的系统。

1　地

（1）电气地

大地是一个电阻非常低、电容量非常大的物体，它拥有吸收无限电荷的能力，而且在吸收大量电荷后仍能保持电位不变，因此，适合作为电气系统中的参考电位体。这种"地"称为电气地。

电气地并不等于"地理地"，但却包含在"地理地"之中。"电气地"的范围随着大地结构的组成和大地与带电体接触的情况而定。

（2）地电位

当向单极接地体注入电流时，如图 7.1 所示。

流入地中的电流 I 通过接地极以圆球形从接地体向周围土壤中扩散，由于球形的球面在离接地极越近的地方越小，越远的地方越大，因此，离接地极越远的地方电流密度越小，电位越低。试验证明：在距单根接地极或碰地处 20m 以外的地方，电位已趋于零。这个电位为零的电气地，在工程上就叫做地电位。图中的流散区是指电流通过接地极向大地流散时，产生明显电位梯度的土壤范围。地电位是指流散区以外的土壤区域。在接地极分布很密的地方，很难存在电位等于零的电气地。

（3）逻辑地

在电子设备中，各级电路电流的传输、信息转换要求有一个参考的电位，这个电位还可防止外界电磁场信号的侵入，常称这个电位为"逻辑地"。

逻辑地不一定是"地理地"，可能是电子设备的金属机壳、底座、印刷电路板上的地线或建筑物内的总接地端子、接地干线等；逻辑地可与大地接触，也可不接触，而"电

图 7.1　地电位示意图

气地"必须与大地接触。

2　跨步电压

跨步电压：就是指电器设备发生接地故障时，在接地电流入地点周围电位分布区行走的人，其两脚之间的电压。

当架空线路的一根带电导线断落在地上时，落地点与带电导线的电势相同，电流就会从导线的落地点向大地流散，于是地面上以导线落地点为中心，形成了一个电势分布区域，离落地点越远，电流越分散，地面电势也越低。如果人或牲畜站在距离电线落地点 8～10m 以内。就可能发生触电事故，这种触电叫做跨步电压触电；如果人或牲畜站在距离电线落地点 20m 以外，跨步电压接近零。线路电压越高，离落地点越近，跨步电压越大，触电的危险性越大。

> **注意**
>
> 为预防跨步电压触电，必须注意以下几点。
> 1）不得随意接近故障接地点、导线断落接地点或在雷雨天靠近避雷针接地极埋设地点。
> 2）必须进入或接近上述地点时，应穿绝缘靴，并采取其他防护措施。
> 3）当误入上述区域时，应单脚着地朝故障点反方向跳出危险区或站在原地不动，等待救援，切不可迈步走近故障点，以防跨步电压伤害。

人受到跨步电压时，电流虽然是沿着人的下身，从脚经腿、胯部又到脚与大地形成通路，没有经过人体的重要器官，好像比较安全。但是实际并非如此，因为人受到较高的跨步电压作用时，双脚会抽筋，使身体倒在地上。这不仅使作用于身体上的电流增加，而且使电流经过人体的路径改变，完全可能流经人体重要器官，如：从头到手或脚。经验证明，人倒地后电流在体内持续作用 2s，这种触电就会致命。

> **提示**
>
> 发生触电事故时，在保证救护者本身安全的同时，必须首先设法使触电者迅速脱离电源，然后进行以下抢救工作。
> 1）解开妨碍触电者呼吸的紧身衣服。
> 2）检查触电者的口腔，清除口腔中的沾液，取下假牙。
> 3）立即就地进行急救。

7.1.2　接地系统应具备的功能

我们知道，接地是指把电气设备或金属部件连接到一个接地系统上；接地系统是构成接地的一切装置，接地系统应具有以下功能。

1）防止电气设备发生事故时，故障电路发生危险的接触电位和使故障电路开路。

2）保证系统的电磁兼容（EMC）的需要，保证通信系统所有功能不受干扰。

3）提供以大地作回路的所有信号系统一个低的接地电阻。

4）提高电子设备的屏蔽效果。

5）减小雷击的影响，尤其对高层电信大楼和山上微波站的防雷影响更大。

7.1.3 接地系统的组成

接地系统由接地体、接地引线、地线排、接地配线、设备机房地线排、机房汇流排、接地分支和设备接地端等构成，如图 7.2 所示。

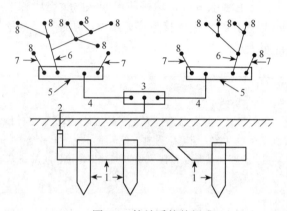

图 7.2 接地系统的组成

1. 接地体；2. 接地引线；3. 地线排；4. 接地配线；5. 设备机房地线排；

6. 机房江流排；7. 接地分支线；8. 设备接地端子

1 接地体

接地体又称接地电极，它是指使通信局（站）各地线电流汇入大地扩散和均衡电位而设置的与土地物理结合形成电气接触的一个或一组导电体。它通常采用圆钢或角钢，也可采用铜棒或铜板。

2 接地引入线

接地引入线就是把接地电极连接到地线排（或地线汇流排）上去的导线。接地引入线应作防腐蚀处理，以提高使用寿命。在室外与土壤接触的接地电极之间的连接导线则形成接地电极的一部分，不作为接地引入线。

3 地线排

地线排又称为地线汇流排，它是专供接地引入线汇集的小型配电板或母线汇接排，同时，地线排通过接地配线与设备机房地线排相连。

地线排与设备机房地线排统称接地汇集线。也就是说接地汇集线是通信局（站）建筑物内分布设备与各通信机房接地线相连的一组接地干线的总称。根据等电位原理，为提高接地有效性和减少地线上杂散电流回窜，接地汇集线分为垂直接地总汇集线（地线排）和水平接地分汇集线（设备机房地线排）两部分，其中垂直总汇集线是一个主干线，其一端与接地引入线连通，另一端与建筑物各层楼的钢筋和各层楼的水平接地分汇集线相连，形成辐射状结构。为了防雷电电磁干扰，垂直接地总汇集线宜安装在建筑物中央部位；也可在建筑物底层安装环形汇集线，并垂直引到各机房的水平接地分汇集线上。

4　接地配线

接地配线就是把必须接地的建筑物内分布设备的各个部分连接到设备机房底线排并且将设备机房地线排连接到地线排上去的导线。

> **相关知识**
>
> 接地装置是指埋设在地下的接地电极与由该接地电极到设备之间的连接导线的总称。

7.2 接地的作用及分类

7.2.1　接地的作用

接地的作用是防止人身遭受电击、避免设备和线路遭受损坏，同时防止静电损害电子设备器件和防止雷电引入损坏各种电子设备，提高通信设备和其他电子设备的屏蔽效果，保障电源系统和通信系统正常运行。

1　通信局站蓄电池正极或负极接地的作用

电话局蓄电池组－48 或－24V 系正极接地，其原因是减少由于继电器或电缆金属外皮绝缘不良时产生的电蚀作用，因而使继电器和电缆金属外皮受到损坏。因为在电蚀时，金属离子在化学反应下是由正极向负极移动的。继电器线圈和铁心之间的绝缘性能不良，会有小电流流过，电池组负极接地时，线圈的导线有可能蚀断。反之，如果电池组正极接地，虽然铁心也会受到电蚀，但线圈的导线不会腐蚀，铁心的质量较大，不会导致不良后果。正极接地也可以使外线电缆的芯线在绝缘性能不良时免受腐蚀。

2 接地可避免触电对人体造成危害

根据研究认为，流经人体的电流，当交流在 15～20mA 以下或直流在 50mA 以下时，对人身不发生危险，因为这对大多数人来说，是可以不需别人帮助而自行摆脱带电体的。但是，即使是这样大小的电流，如长时间地流经人体，依然是会有生命危险的。

相关知识

触电电流对人体造成危害。

当流经人体电流增大到 50mA 时，触电者的呼吸器官和心血管系统都会受到致命的伤害；增大到 100mA 时，其心脏便开始纤维性颤动，即心脏肌肉纤维无规律的紊乱收缩和软弱无力，此时心脏停止跳动，血液停止循环；电流大于 5A 时，心脏立即停止跳动，呼吸立即中断，在上述情况下，如果电流作用的时间很短（不超过 1～2s），温度升高和灼伤未伤害心脏，则在切断电流后，触电者的心脏尚能自主恢复正常跳动，但此时需要采取人工呼吸等急救措施。

根据多次的试验证明：100mA 左右的电流流经人体时，毫无疑问是要使人致命的。允许通过心脏的电流与流经电流时间的平方根成正比，其关系为

$$I = \frac{116}{\sqrt{T}}$$

式中，T 是 s。

人体各部分组织的电阻，以皮肤的电阻为最大。当人体皮肤处于干燥、洁净和无损伤时，可高达 $4 \sim 10^4 \Omega$。但当皮肤处于潮湿状态，则会降低到 $1k\Omega$ 左右。此外当触电时，若皮肤触及带电体的面积愈大，接触得愈紧密，也都会使人体的电阻减少。

流经人体的电流大小，与作用于人体电压的高低并不是成直线关系。这是因为随着电压的增高，人体表皮角质层有电解和类似介质击穿的现象发生，使人体电阻急剧地下降，而致使电流迅速增大，产生严重的触电事故。

根据环境条件的不同，我国规定的安全电压值为下面几类。

1）在没有高度危险的建筑物中为 65V。

2）在高度危险的建筑物中为 36V。

3）在特别危险的建筑物中为 12V。

以上谈到触电的危险性，为了避免触电事故，需要采取各种安全措施，而其中最简单有效和可靠的措施是采用接地保护。就是将电气设备在正常情况下不带电的金属部分与接地体之间做良好的金属连接。

3 重复接地的作用

在 TN 系统中要求电源系统有直接接地点，我国强调重复接地，以防止因保护线断

线而造成的危害，增设重复接地是有作用的。

水电部《电力设备接地设计技术规程》（SDJ8—79）第 22 条规定：在中性点直接接地的低压电力网中，零线应在电源处接地。电缆和架空线在引入车间或大型建筑物处零线应重复接地（但距接地点不超过 50m 者除外），或在室内将零线与配电屏、控制屏的接地装置相连。

相关知识

　　TN 系统是指受电设备外露导电部分（正常情况下与带电部分绝缘的金属外壳）通过保护线与电源系统的直接接地点（即交流工作地）相连。

7.2.2　接地的分类

接地一般分为保护性接地和功能性接地两大类。保护性接地可细分为：保护接地、防雷接地、防静电接地和防电蚀接地；功能性接地可细分为：工作接地、屏蔽接地和信号接地。工作接地又可分为交流工作接地和直流工作接地。

1 保护性接地

（1）保护接地

保护接地又称为防电击接地。当交流设备的绝缘损坏时，会使平时不带电的外露导体部分（金属外壳）带电，从而危害到人身安全，所以必须把与带电部分绝缘的金属外壳接地。将设备的外露导体部分接地，称为保护接地。

当有接地装置的电气设备发生绝缘损坏而导致外壳带电时，如果未设保护接地，此时人体接触该外壳，接地电流将直接通过人体流经大地，这样就会遭受触电的危害。

当有接地装置的电气设备发生绝缘损坏而导致外壳带电时，如：人体接触该外壳，接地电流将同时沿着接地装置和人体两条通路流过。流过每一条通路的电流值将与其电阻的大小成反比，接地装置的接地电阻越小，流经人体的电流就越小。当接地电阻极为微小时（通常人体的电阻比接地体电阻大数百倍），流经人体的电流几乎等于零，人体就能避免触电的危险。同时接地电流流过保护装置，经接点产生短路电流或漏电电流时，使熔断器、自动断路器或漏电自动开关动作，切断设备的电源。保护接地的接地电阻通常要求不大于 10Ω。

在低压交流系统中，电源设备外壳的保护接地则根据电力网接地方式不同，分为接零保护和接地保护两类。在中性点直接接地的低压电力网中，电力设备外壳与零线连接，称为低压接零保护，简称接零。电力设备外壳不与零线连接，而与独立的接地装置连接，则称为接地保护。在直流系统中，直流工作接地线可作设备的保护接地。

（2）防雷接地

防雷接地是为了防止建筑物或通信设施遭到直击雷、雷电感应以及沿管线传入的高电位等引起的破坏性后果，而采取把雷电流安全释放的接地系统。

防雷接地的目的是将雷电导入大地，防止雷电流使人身和设备遭到雷击。有关建筑物和通信线路等设施的防雷接地，应遵照相关专业的规定设计。防雷接地装置的接地电阻通常要求不大于 10Ω。

（3）防静电接地

防静电接地是将静电荷引入大地，防止由于静电荷积聚对人体和设备造成危害。

（4）防电蚀接地

防电蚀接地是在地下埋设金属作为牺牲阳极或阴极，保护与之连接的金属体。

2 功能性接地

功能性接地分为：工作接地、屏蔽接地和信号接地。工作接地又可分为：交流工作接地和直流工作接地，下面主要介绍工作接地。

（1）交流工作接地

在交流电力系统中，运行需要的接地称为交流工作接地。交流工作接地一般在中性点。也就是说交流工作接地是指在低压交流电网中将三相电源中的中性点直接接地。如：配电变压器的二级线圈、交流发电机电枢绕组等中性点的接地，如图7.3所示。

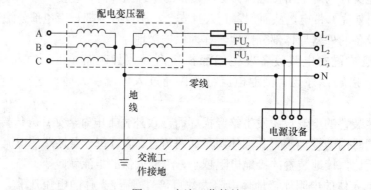

图7.3　交流工作接地

交流工作接地的作用是将三相交流负荷不平衡引起的在中性线上不平衡电流释放于地，以及减少中性点电位的偏移，保证各相设备的正常运行。接地以后的中性线称为零线。

> **注意**
>
> 　　通信局（站）内的电力变压器，10kV 高压侧中性点不需要接地；而在低压侧，中性点必须接地。变压器 100kVA 以下时，接地电阻应不大于 10Ω；变压器 100kVA 以上时，接地电阻应不大于 4Ω。

为了防止室外电力电缆和架空线在引入室内时，零线（中性线）发生断线或接触不良等故障，导致人体触电，根据 SDJ8-97《电力设备接地技术规程》和中华人民共和国行业标准 JGJ/T 16—92《民用建筑电气设计规范》等标准的有关条文规定，电信局的变配电室和主楼距离如超过 50m 时，应增设重复接地，并与主楼内交流配电屏零线相连，但重复接地不应与直流工作接地线直接连接。

（2）直流工作接地

直流工作接地通常是指通信局（站）直流电源的一极接地（如：−48V 系统电源正极接地）。直流工作接地属于功能性接地，有时也称之为电信接地。

将直流电源的一个正极接地，可减少由于用户电话线路对地绝缘性不良而引起的串话；在某些通信回路中，可利用大地完成通信信号回路。

直流工作接地防干扰要求：通常通信用蓄电池均需接到公共的接地系统上，但这个公共的接地系统上不能引入干扰电压，如：50Hz 交流电压，当蓄电池的接地线接到或碰到交流电源零线接地线上时，由于交流零线接地线上有单相或三相不平衡电流通过，产生零线对地的电位，其大小随电信局（站）规模大小而变化。零线对地电压的频谱以 50Hz 基波分量和 150Hz 的三次谐波分量最大。零线电压的衡重值一般为几十毫伏，但也有高达 100～200mV 的。50Hz 的电压分量虽然最大，但其衡重值很小，衡重值主要取决于 600～1500Hz 频谱的电压分量。

比较工作地线与零线的对地电压，可看出工作地线的宽频杂音以及衡重杂音电压值比零线少一个数量级，所以工作地线与交流零线分开能减少工频交流对通信的影响。

在通信局（站），因此，采用中性线（零线）和保护线分开布放，即所谓三相五线制和单相三线制的布线方式，就是为了避免接地线上经常受到干扰。

（3）屏蔽接地

屏蔽接地用于将电气干扰源引入大地，保证系统电磁兼容性的需要。

（4）信号接地

信号接地是为了保证信号具有未定的基准电位而设置的接地。

7.3 接 地 系 统

接地的种类很多，在工程实践中，早期由于考虑到各接地系统（例如，交流工作接地、直流工作接地和保护接地等）在电流入地时可能相互影响，传统做法是将各接地系统在距离上分开 20m 以上，称为分设接地系统；但是，随着技术的发展，各种新器件的出现，各种电子设备层出不穷，外界电磁场干扰日趋增大，出现了联合接地系统。

7.3.1 分设接地系统

分设接地系统又称分散接地系统，它是将一个通信局（站）的交流接地系统、直流接地系统和防雷接地系统分别安装设置，互不连接，并且在距离上分开 20m 以上的接地系统。通信局（站）分设接地系统如图 7.4 所示。

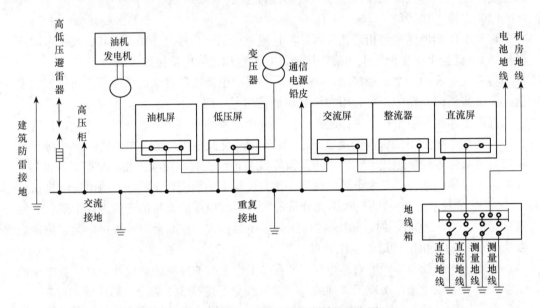

图 7.4 通信局（站）分设接地系统示意图

我国在 20 世纪 70 年代之前，通信局（站）均采用分设接地系统。随着通信行业的发展，设备不断增加，分散接地系统存在的问题就越来越明显，主要体现在以下几个方面。

（1）雷电易使装置设备产生过电压

在雷雨季节，侵入的雷浪涌电流在这些分离的接地体之间产生电位差，使装置设备产生过电压。

（2）各接地系统间相互影响增大

由于外界电磁干扰日趋增大，如：汽车的增多，大功率发射台的大量使用，电气化铁路的兴建以及高频变流器等器件的应用，使各接地系统间相互影响增大。

（3）接地装置数量过多

在分设接地系统中，接地装置数量过多，无法在地带狭窄的闹市区的建筑物周围找到合适的地线场地，导致打入土壤的接地体过密排列，不能保证相互间所需的安全间隔，以造成接地系统间相互干扰。

（4）现代建筑的使用，很难把各接地系统真正分开

在实际施工中由于走线架、建筑物内钢筋等导电体的存在，很难把各接地系统真正

分开，达不到分设的目的。

> **提示**
>
> 分散接地带来的弊端很多，如跨步电压的问题、地网之间的耦合影响问题等。

（5）不易施工和使用

在分设接地系统中，地线种类多，工程建设易接错，使用时也难分清。

目前，在 IEC（国际电工委员会）和 ITU（国际电信联盟）相关标准中都不提倡分散接地，联合接地系统应运而生。我国从 20 世纪 80 年代以来，通信局（站）均采用联合接地系统。

7.3.2　联合接地系统

按 YD5040-97《通信电源设备安装设计规范》的要求，新建局（站）应采用联合接地。目前，我国通信局（站）广泛采用联合接地系统。

1　什么是联合接地

联合接地又称为合设接地系统，它是综合考虑各个系统、各种设备（通信的、电力的、建筑等）的接地要求，把工作接地、保护接地和建筑防雷接地互联，在地下共同使用同一地网的接地方式。联合接地其接地电阻要求必须很小。我们可以简单理解为，联合接地就是将所有接地系统共用一个公共的"地网"。通信局（站）联合接地系统如图 7.5 所示。

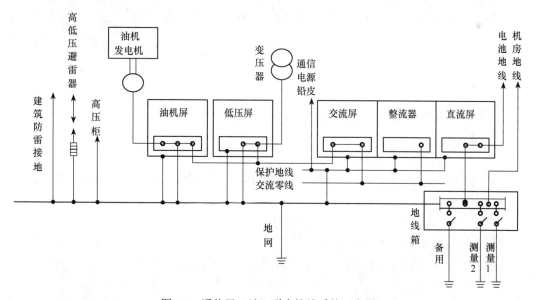

图 7.5　通信局（站）联合接地系统示意图

2 联合接地系统的组成

联合接地系统由大地、接地体、接地引入、接地汇集线和接地线所组成，如图 7.6 所示。

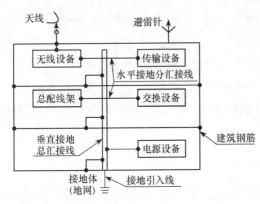

图 7.6　联合接地方式示意图

图中接地体是由数根镀锌钢管或角铁，强行环绕垂直打入土壤，构成垂直接地体。然后用扁钢以水平状与钢管逐一焊接，使之组成水平电极。两者构成环形电极（称为地网），采用联合接地方式的接地体，还包含建筑物基础部分混凝土内的钢筋。

接地汇集线是指通信大楼内分布设置，且与各机房接地线相连的接地干线。接地汇集线又分为垂直接地总汇集线和水平接地分汇集线两种，前者是垂直贯穿于建筑体各层楼的接地用主干线，后者是各层通信设备的接地线与就近水平接地进行分汇集的互连线。

接地引入线是接地体与总汇集线之间相连的连接线。

接地线是各层需要进行接地的设备，与水平接地分汇集线之间的连线。

> **提示**
>
> 实施联合地网的主要目的，一是为了降低接地电阻；二是使过电流在地网中产生的电位分布均匀，以减小跨步电压对人身造成的危害。而楼内实施联合接地方式的目的，主要是从等电位的角度出发，将各个部位的电位差减至最小使设备或系统不受损害。以上两者结合起来就达到了联合接地的目的。

3 联合接地系统的优点

采用联合接地方式，在技术上使整个大楼内的所有接地系统联合组成低接地电阻值的均压网，具有下列优点。

（1）消除危及设备的电位差

采用联合接地系统，地电位均衡，同层各地线系统电位大体相等，消除危及设备的电位差。

（2）当发生地电位上升时，设备间基本上不存在电位差

联合接地系统公共接地母线为全局建立了基准零电位点。全局按一点接地原理采用一个接地系统（地网），当发生地电位上升时，各处的地电位同时上升，在任何时候，基本上不存在电位差。

（3）消除了地线系统的干扰

联合接地系统消除了地线系统间的相互干扰。通常依据各种不同电特性设计出多种地线系统，彼此间存在相互影响，而采用一个接地系统之后，使地线系统做到了无干扰。

（4）电磁兼容性能变好

采用联合接地系统电磁兼容性能变好。由于强电、弱电，高频及低频电都是等电位，又采用分屏蔽设备及分支地线等方法，所以提高了电磁兼容性能。

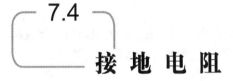

7.4 接 地 电 阻

接地系统的电阻是由土壤电阻、土壤电阻和接地体之间的接触电阻及接地体本身的电阻 3 部分电阻的总和。

以上几部分中，起决定性作用的是接地体附近的土壤电阻。因为一般土壤的电阻都比金属大几百万倍，如：取土壤的平均电阻率为 $1\times10^{4}\Omega\cdot m$，而 $1cm^{3}$ 铜在 $20℃$ 时的电阻为 $0.0175\times10^{-4}\Omega$，则这种土壤的电阻率较铜的电阻率大 57 亿倍。接地体的土壤电阻 R 的分布情况主要集中在接地体周围。在通信局（站）的接地系统中，其他各部分的电阻都比土壤的电阻小得多，即使在接地体金属表面生锈时，它们之间的接触电阻也不大，其他各部分则都是用金属导体构成，而且连接的地方又都十分可靠所以它们的电阻可以忽略不计。

7.4.1 接地电阻组成

接地体对地电阻和接地引线电阻的总和，称为接地装置的接地电阻。接地电阻的数值，等于接地装置对地电压与通过接地装置流入大地电流的比值。

接地装置的接地电阻，一般是接地引线电阻、接地体本身电阻、接地体与土壤的接触电阻及接地体周围呈现电流区域内的散流电阻四部分组成。

在上述决定接地电阻大小的 4 个因素中，接地引线一般是有相应截面的良导体，故其电阻值是很小的。而绝大部分的接地体采用钢管、角钢、扁钢或钢筋等金属材料，其电阻值也是很小的。接地体与土壤的接触电阻决定于土壤的湿度、松紧程度及接触面积的大小，土壤的湿度越高、接触越紧、接触面积越大，接触电阻就小，反之，接触电阻就大。电流由接地体向土壤四周扩散时，愈靠近接地体，电流密度愈大，散流电流所遇到阻力愈大，呈现出的电阻值也愈大。可以看出，电流对接地电阻的影响最大，所以接地电阻主要由接触电阻和散流电阻构成。

7.4.2 影响接地电阻的因素

上面已经分析了接地电阻主要由接触电阻和散流电阻构成，所以分析影响接地电阻的因素主要考虑影响接触电阻和散流电阻的因素。

接触电阻指接地体与土壤接触时所呈现的电阻，在上一节中已经作了描述。下面重点讨论散流电阻的问题。

散流电阻是电流由接地体向土壤四周扩散时，所遇到的阻力。它和两个因素有关：一是接地体之间的疏密程度。考虑到保护电流刚从接地体向大地扩散时，其有限的空间电流密度很大，所以在实际工程设计时，不能将各接地体之间埋设得过于紧密，一般埋设垂直接地体之间间距是其长度的两倍以上。二是和土壤本身的电阻有关。衡量土壤电阻大小的物理量是土壤电阻率。

土壤电阻率的定义为：电流通过体积为 $1m^3$ 土壤的一面到另一面的电阻值，代表符号为ρ，单位为$\Omega \cdot m$ 或$\Omega \cdot cm$，$\Omega \cdot m = 100\Omega \cdot cm$。土壤电阻率的大小与以下主要因素有关。

1 土壤的性质

土壤电阻性质对土壤电阻率的影响最大，表 7.1 中列出了几种土壤的电阻率平均值。从表中可以看出，不同性质的土壤，它们的土壤电阻率差别很大。一般来讲，土壤含有化学物质（包括酸、碱以及腐烂物质等）较多时，其土壤电阻率较小；同一块土壤大地表面部分土壤电阻率较大，距离地面越深，电阻率越小，而且渐趋稳定。所以在实际工作中，应根据实际情况的不同，选择好接地装置的位置，尽量将接地体埋设在较理想的土壤中。表 7.1 只是一个平均的参考值，具体数值应参考当地土壤的实际资料。

表 7.1 几种土壤电阻率的平均值

类 别	名 称	电阻率（$\Omega \cdot m$）
岩石	花岗岩	200 000
	多岩山石	5 000
	砾石、碎石	5 000
砂	砂砾	1 000
	表层土类石、下层砾石	600
土壤	红色风华黏土	500
	多石土壤	400
	含砂土壤	300
	黄土	200
	砂质黏土	100
	黑土、陶土	50
	捣碎的木炭	40
	沼泽地	20
	陶黏土	10

2 土壤的温度

当土壤的温度在 0℃ 以上时，随土壤温度的升高，土壤电阻率减小，但不明显，当土壤温度上升到 100℃时，由于土壤中水分的蒸发反而使土壤电阻率有所增加。但是当土壤的温度在 0℃以下时，土壤中水分结冰，其土壤电阻率急剧上升，而且当温度继续下降时，土壤电阻率增加十分明显。因此，在实际工程设计施工时，应将接地体埋设在冻土层以下，以避免产生很大的接地电阻。

同时，我们应该考虑到同一接地系统在一年中的不同季节里，其接地电阻不同，这里面有土壤温度的因素，还有湿度的因素。

3　土壤的湿度

土壤电阻率随着土壤湿度的变化有着明显的差别，一般地讲，湿度增加会使土壤电阻率明显减小。所以，一方面接地体的埋设应尽量选择地势低洼、水分较大处；另一方面，平时在测量系统接地电阻时，应选择在干燥季节测量，以保证在一年中接地电阻最大的时间里系统的接地电阻仍然能够满足要求。

4　土壤的密度

土壤的密度即土壤的紧密程度。土壤受到的压力越大，其内部颗粒越紧密，电阻率就会减小。因此，在接地体的埋设方法上，不用采取挖掘土壤后再埋入接地体的方法，可以采用直接打入接地体的方法，这样既施工简单，又可以使接地电阻下降。

5　土壤的化学成分

土壤中含有酸、碱、盐等化学成分时，其电阻率就会明显减小。在实际工作中，可以用在土壤中渗入食盐的方法降低土壤电阻率，也可以用其他的化学降阻剂来达到降低土壤电阻率的目的。

6　季节对土壤电阻率的影响

一般冬季土壤电阻率最大，夏季最小。因此，在设计接地装置时，应将测得的数据换算为冬季的最大值，以保证在最不利条件下也能满足对接地电阻的要求。

7.4.3　人工降低接地电阻的方法

在通信局（站）的有些地方自然接地装置的接地电阻难以达到要求值，这时要采用人工降低接地电阻的办法来解决问题。如采用增大地网面积、置换土壤、埋深电极、使用降阻剂、地网外引到附近土壤电阻率较低的地带等方法来改善接地条件。

1　换土法

在接地体周围 1～4m 范围内，将所有挖出的电阻率高的砂砾土运走，换上比原来土壤电阻率小得多的土壤，可以是粘土、泥炭、黑土等，必要时可以使用焦炭粉和碎木炭。

换土后，接地电阻可以减小到原来的 2/5～2/3，但是使用这种方法，土壤电阻率受外界压力和温度影响变化较大。

2 层叠法

在每根接地体的周围，挖一个坑，然后在上面交替地铺上 6～8 层土壤（可混入焦炭、木炭等）及食盐。采用食盐对改善土壤电阻率的效果较明显，在砂质土壤中接地电阻可以降低到原来的 1/6～1/8，在砂砾土中可减少到原来的 1/3～2/5。用食盐处理过的土壤电阻受季节性变动的影响较小，而且食盐价格低廉，但盐易溶化而流失，而且会加速接地体的锈蚀，使接地体使用年限下降。

3 化学降阻剂法

化学降阻剂由几种物质配制而成。化学降阻剂敷在接地电极和自然土壤之间，相当于增大了接地体的几何尺寸，扩大电极与良导体的总接触面积，减小接触电阻，从而使接地电阻显著地减小。而且化学降阻剂能保持土里的水分、增加土里的盐分，能使土壤电阻率下降到原来的 30%～50%，降阻效果能够保持长久，不会水解溶化。同时，化学降阻剂耗钢材量少、延缓钢材腐蚀速度、施工方法简单、占地面积小、对水质和土壤不会造成污染，所以被广泛采用。

化学降阻剂的种类很多，可以分为两大类：高分子树脂类和无机化合物类。

高分子树脂类是一种电解质与树脂材料结合组成的凝胶状导电物质。高分子树脂类降阻剂具有高导电性，电阻率为 $0.1\Omega \cdot m$，并且可以长期保持导电性能。但高分子树脂类往往要求较严的配比，要加温稀释或有一定的刺激性气味，价格偏高而不受到青睐。

无机化合物是用水泥、石膏、水玻璃、石灰等胶结的材料用水调制后固结而成的固体导电物质。在国际上，对降阻剂的研究倾向于无机化合物。

使用化学降阻剂时，接地体通常采用棒状和板状两种接地体。对于棒状接地体，用钻机或铲挖出直径 0.1～0.15m、深约 3m 的圆柱形孔，将接地体放在孔的中央，压紧放直，然后将搅拌好的降阻剂倒入洞内，待降阻剂硬化后填土夯实。对于板状接地体，首先在坑底平敷 50mm 厚降阻剂，放入铜板，再敷 50mm 厚降阻剂，最后填土夯实。

7.4.4 接地装置的埋设与接地电阻的测量

1 接地体和接地导线的选择

（1）接地体

接地体的地埋形式分为水平接地体和垂直接地体。水平接地体埋于地中的表层，有扁钢、线缆及其金属包皮和埋入基础内的导体等。垂直接地体埋于较深的土壤内，有钢棒、钢管、混凝土柱内的钢筋、自流井管等。

接地体一般采用镀锌材料，角钢应不小于 50mm×50mm×5mm，长 2.5m；钢管为直径 50mm，长 2.5m，管壁厚应不小于 3.5mm；扁钢应不小于 40mm×4mm；圆钢直径应不小于 8mm。

（2）接地导线一般采用的材料

接地导线的选定要从机械强度、耐腐蚀性及电流容量 3 方面来考虑。

室外接地引入线用 40mm×4mm 的镀锌扁钢，并应缠以麻布条后再浸沥青或涂沫沥青两层以上。

当采用 40mm×4mm 的镀锌扁钢室外接地引入线换接电缆引入楼内时，电缆应采用铜芯，截面不小于 95mm^2。在连接时应采取有效措施，防止接触不良。

接地汇集线采用截面积不小于 120mm^2 的铜排或相同电阻值的镀锌扁钢。

接地线可采用不小于以下截面的铜导线。

1）－24V、－48V 直流配电屏：95mm^2。

2）±24V 直流配电屏：25mm^2。

3）电力室直流配电屏到自动长市话交换机房和微波室：95mm^2。

4）电力室直流配电屏到测量台：25mm^2。

5）电力室直流配电屏到总配线架：50mm^2。

（3）交流保护导线的尺寸

根据国际电报电话咨询委员会 1974 年 4 月出版的《电信装置的接地手册》，保护线的尺寸应参考表 7.2 确定。

表 7.2 保护线的截面

保护装置的工作电流/A	铜芯截面/mm^2	保护装置的工作电流/A	铜芯截面/mm^2
25	2.5	160	25
35	4	225	35
50	6	260	50
60	10	350	70
80～125	16	350 以上	95

2 埋设接地装置的施工要求

（1）坚固牢靠

接地系统必须有足够的机械强度，而且还要考虑短路时的动、热稳定。

（2）电气连接可靠

接地系统的阻抗值应限制在一定范围内，同时应特别重视接头的制作，不能造成过高的接触阻抗。

（3）焊接点牢固并进行防腐处理

作为防雷引下线的钢筋应采用对接焊或搭接焊；扁钢与扁钢之间的焊接应采取双面搭

接焊；扁钢与角钢之间的焊接也应采取搭接焊。所有焊接点必须采用电焊或气焊，不得用锡焊；不能在焊接时采用铆接或螺栓连接。接地体之间的所有焊接点、接地线两端连接点、接地汇集线由不同金属材料互连时，应进行防腐处理。接地引入线也应进行绝缘防腐处理。

（4）便于测试

人工埋设接地装置时，注意以下事项。

1）接地体不应埋设在垃圾、炉渣和有强烈腐蚀性的土壤中。

2）垂直接地体不少于2根，有2根以上接地体时，各接地体之间的距离不小于5m，每根接地体的长度不小于2.5m。

3）采用打桩法将接地体打入地下，接地体与地面垂直，顶端距地面距离不小于0.8m。

4）接地体与接地线之间的连线中间不允许有接头，应采用不拆卸螺栓。

5）接地线与相线、中线同时架空或穿管时，必须与相线、中线有明显的区别。

6）接地装置安装完毕之后，应用接地电阻测量仪测试其阻值是否符合要求。

接地系统施工时，还必须设置测试点，便于定期测试。

3 接地电阻的测量

接地电阻的测量，一般采用三极测试法和卡钳法。而三极测试法按使用仪器分又为电流表-电压表法和接地电阻测量仪测试法。卡钳法也是采用专用的接地电阻测量仪。

提示

在防雷装置的日常检查中，接地电阻的测量是必不可少的一项检查内容，接地电阻值能够比较直观的反映防雷装置的接地效果，测量接电阻能够及时了解接地相关情况，比如地网是否遭到破坏或者腐蚀从而失去性能，掌握测量时应注意的问题是正确测量接地电阻的重要因素之一。

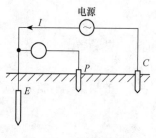

图7.7 三极测试法图

现在测量接地电阻一般都采用专用接地电阻测量仪。

（1）三极测试法

三极测试法不论采用电流表-电压表法还是采用接地电阻测量仪器，其基本工作原理都是相同的。在测量时都要敷设两个辅助接地体，一个用来测量被测接地体（E）与零电位间的电压，称为电压接地体（P）；而另一个用来构成流过被测接地体的电流回路，称为电流接地体（C），如图7.7所示。

电流表-电压表法使用的仪器为：交流电流表、交流电压表各一只，一个能输出足够大电流的交流电源，一般采用电焊变压器作电源。为了防止土壤产生极化现象，测量时必须采用交流电源。

接地电阻阻值是电压表和电流表测量到的数值之比：$R=U/I$。

电流表-电压表法能测量从 $0.1\sim100\Omega$ 以上的接地电阻值，尤其是对小接地电阻，它的准确度比其他方法都高。

使用三极测试法的接地电阻测量仪器种类较多，但接线方式是一致的，如图 7.8 所示。常见的仪器有 701 型接地电阻测试器、ZC-8 型接地电阻测量仪、K-7 型地阻仪等。

在三极测试法中，被测接地体和两组辅助接地体之间的距离不同，对测量结果影响很大。如：被测接地体 E、电压接地极 P 和电流极 C 均为单管且 E、P、C3 点在一条直线上，则 EP 间最小距离应为 20m，EC 间最小距离为 40m。

（2）卡钳法

三极测试法存在缺陷：一是需要与负载隔离；二是两根辅助接地极必须离被测接地体足够远，实施测量时，不方便。因此，出现了卡钳法。

目前使用的钳形电阻测试仪主要有 GEOX 感应式电子地阻测试仪、CA6411、CA6413 等。有的测量时，需要有辅助接地极；有的测量时，不需要辅助接地极。钳型地阻仪有单钳口和双钳口两种。

双钳口钳型接地电阻仪的工作原理是：在电压钳口产生一个一定频率的电压信号 $U(f)$，感应到与地网连接的地线，形成感应电流，电流钳口接收感应电流 $I(f)$，则接地电阻为 $R\infty U(f)/I(f)$，从而测出接地电阻值。

使用双钳口型接地电阻仪测联合接地系统的接地电阻，测量方式如图 7.8 所示。

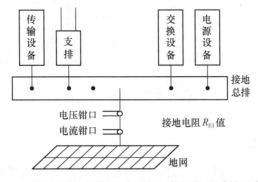

图 7.8　使用双钳口型接地电阻仪测量和接地系统示意图

GEOX 新型双钳口接地电阻测试仪既可以模拟普通摇表打辅助接地极，更具有无需打辅助接地极，直接用双钳口测量的功能。当使用不打辅助接地极功能时，双钳口相距 10cm，按测试键，就可测出接地电阻值，以数字形式显示。

同时，它可实现在线测量接地电阻，所以特别适合于接地引线不能与接地排或设备断开等场合。

4 土壤电阻率的测量

土壤电阻折率大小用土壤电阻率来表示。不同的土壤有不同的电阻率，而同一种土壤，由于含水量、温度和水中含有的电解质不同，土壤电阻率也不同。因此，设计接地装置，应当先实地测量土壤的电阻率。

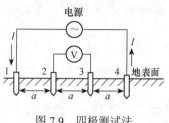

电源

图 7.9　四极测试法

土壤电阻率一般用四极法测量，如图 7.9 所示。其中，a 为测量电极的间距，R 为土壤电阻值。

具体测量时要看仪表格式，有的直接读数就是 ρ 值，有的需乘以 a 值后才是 ρ 值。

7.5

通信电源系统的防雷保护

7.5.1　雷电的形成和特征

雷电是因强对流气候而形成的雷雨云层之间或者云层与大地间强烈的瞬间放电现象。当雷电发生时，产生强大的雷击电流、炽热的高温、猛烈的冲击波、瞬变的电磁场和强烈的电磁辐射等综合物理效应，是一种严重的气象自然灾害。

> **注意**
>
> 1）严禁在雷雨天气下进行高压、交流电，及铁塔、桅杆作业。
> 2）在雷雨天气下，大气中会产生强电磁场。因此，为避免雷击损坏设备，要及时做好设备的良好接地。

1 雷电的形成

尽管雷电现象自古以来就有，但由于大自然本身的复杂性和客观条件的制约，全世界至今仍然还在继续研究雷电产生的机理。目前大家比较认同的解释理论有以下两种。

（1）雨滴分裂作用理论

当潮湿水气上升到高空，遇冷产生凝结，形成小水滴。由于上升气流的不稳定，水滴在运动过程中相互摩擦、碰撞、分裂形成大小不等的水珠，大水珠带正电荷，小水珠带负电荷，小水珠容易被上升气流带到上层云层，大水珠则留在下层或降落到地面，这样便形成了电荷的分离过程。当带电荷云层逐步积累到足够的电荷量时，便相互放电产生闪电现象，形成雷电。

（2）电场极化理论

距离地面 80km 以上的电离层具有一定的导电能力，而且是带正电荷的，而大地是带负电荷的，形成比较稳定的大气电场。使处于其中的任何导体（包括云层）上端带负电荷，下端带正电荷，即发生极化。另外，前面介绍的空气中水滴分裂后形成上负下正的带电云层，进一步被大气电场极化，这些云层电荷量逐渐积累增多，达到了足够的能量时，便产生闪电现象，形成雷电。

2 雷电的特征

1）冲击电流大。其电流高达几万、几十万安培。

2）时间短。一般雷击分为 3 个阶段，即先导放电、主放电、余光放电。整个过程一般不会超过 60ms。

3）频率高雷电流变化梯度大，有的可达 10A/ms。

4）冲击电压高，强大的电流产生交变磁场，其感应电压可高达上亿伏。

7.5.2 雷电分类及危害

1 自然界中的雷击主要分直击雷和感应雷（雷电电磁脉冲 LEMP）两类

（1）直击雷

直击雷是雷雨云对大地和建筑物的放电现象。它以强大的冲击电流、炽热的高温、猛烈的冲击波、强烈的电磁辐射损坏放电通道上的建筑物、输电线、室外电子设备，甚至击死击伤人畜，造成一定的财产损失和生命损失。

直击雷具有电压高、电流大、破坏性极强等特点。

（2）感应雷

感应雷是由雷雨云之间的静电感应，或放电时的电磁感应以及雷电电磁脉冲辐射作用，使物体上的金属部件，如：管道、钢筋、电源线、信号传输线等感应出雷电过电压、过电流，雷电波通过这些通道侵入电子信息系统内，导致电子设备损坏、信息系统中断等严重事故。

2 雷电的危害

我国雷电区，南方多于北方，而南方以两广、两湖尤为突出。在通信局（站）中，尤以山上微波站、架空电力进局线，易遭受雷害次数最多。随着电子信息时代的快速发展，雷电的危害可以概括如下几方面。

1）受灾面大大扩大，从电力、建筑这两个传统领域扩展到几乎所有行业，特点是与高新技术关系最密切的领域，如：航天航空、国防、邮电通信、计算机、电子工业、

213

石油化工、金融证券等。

2）从二维空间入侵变为三维空间入侵。从闪电直击与过电压波沿线传输变为空间闪电的脉冲电磁场从三维空间入侵到任何角落，无孔不入地造成灾害，因而防雷工程已从防直击雷、感应雷进入防雷电电磁脉冲（LEMP），雷电灾害的空间范围扩大了。例如，发生在某地，2007 年 7 月 25 日 14 点 40 分左右，一次闪电造成两条路附近二家单位同时受到雷灾，而不是以往的一次闪电只是一个建筑物受损。

3）雷灾的经济损失和危害程度大大增加。它袭击的对象本身的直接经济损失有时并不太大，但由此产生的间接经济损失和影响却难以估计。例如，1999 年 8 月 27 日凌晨 2 点，某寻呼台遭受雷击，导致该台中断寻呼数小时，其直接损失虽然只有 80 多万元，但间接损失达到数百万元。

7.5.3　通信电源系统防雷保护原则

为了防止电信电源系统和人身遭受雷害，通信电源系统主要应采取以下防雷保护原则。

1　重视接地系统的建设和维护

通信局（站）的防雷保护措施，首先要做好全局接地系统的工事，防雷接地是全局接地的一部分，做好整个接地系统才能让雷电流尽快入地，避免危及人身和设备安全。

电信建筑物屋顶上设置避雷针和避雷带等接闪器与建筑物外墙上下的钢筋和柱子钢筋等结构相连接，再接到建筑物的地下钢筋混凝土基础上组成一个接地网。这个接地网与建筑物外的接地装置，如：变压器、油机发电机、微波铁塔等接地相连接，组成电信设备的工作接地、保护接地、防雷接地合用的联合接地系统。

在已建的电信局（站）中，应加强对联合接地的维护工作，定期检查焊接和螺丝加固处是否完好，建筑物和铁塔的引下线是否受到锈蚀，影响防雷作用。还应根据《电信电源维护规程》规定，定期对避雷线和接地电阻进行检查和测量。

2　采用等电位原理

等电位原理是防止遭受雷击时产生高电位差的，使人身和设备免遭损害的理论根据。通信局（站）采用联合接地，把建筑物钢筋结构组成一个呈法拉第笼式的均压体，使各点电位分布比较均匀，则工作人员和设备安全将得到较好保障，而且对电信设备也起到屏蔽作用。

3　采用分区保护和多级保护

按照 IEC1312-1《雷电电磁脉冲的防护》第一部分，一般原则（通则）中指出，应将需要保护的空间划分为不同的防雷区（LPZ），以确定各部分空间不同的雷电电磁脉冲

（LEMP）的严重程度和相应的防护对策。

各区以其交界处的电磁环境有明显改变作为划分不同防雷区的特征。

1）防直击雷区 LPZOA。本区内的各物体都可能遭到直接雷击，因此，各物体都可能导走大部雷电流（详见后面分析）。本区内的电磁场没有衰减。

2）防间接雷区 LPZOB。本区内的各物体不可能遭到直接雷击，流经各导体的雷电流，比 LPZ OA 区减少，但本区内电磁场没有衰减。

3）防感应雷 LEMP 冲击区 LPZ1。本区内的各物体不可能遭到直接雷击，流经各导体的电流比 LPZOB 区进一步减小，本区内的电磁场已经衰减，衰减程度取决于屏蔽措施。如果需要进一步减小所导引的电流和/或电磁场，就应再分出后续防雷区如：防雷区 LPZ2 等，应按照保护对象的重要性及其承受浪涌的能力作为选择后续防雷区的条件。通常，防雷区划分级数越多，电磁环境的参数就越低。

我国 YD/T 944—1998 通信行业标准《通信电源设备的防雷技术要求和测试方法》中规定，与户外低压电力线相连接的电源设备入口处应符合冲击电流波幅值≥20kA 的防雷要求。说明在防直接雷区 LPZOA 进入防间接雷区 LPZOB 时的要求。

除分区原则外，防雷保护也要考虑多级保护的措施，因为雷击设备时，设备第一级保护元件动作之后，进入设备内部的过电压幅值仍相当高。只有采用多级保护才足以把外来的过电压抑制到电压很低水平，以保护设备内部集成电路等元件的安全。如果设备的耐压水平较高，可使用二级保护，但当设备可靠性要求很高、电路元件又极为脆弱时，则应采用三级或四级保护。

一般把限幅电压较高、耐流能力较大的保护元件，如：放电管等避雷器放在靠近外线电路处。而把限幅电压较低、耐流能力较弱的保护元件，如：半导体避雷器放在内部电路的保护上。

4　加装电涌保护器（Surge Protection Device）

电涌保护器（SPD）是抑制传导来的线路过电压和过电流装置，包括放电间隙、压敏电阻、二极管、滤波器等。

放电间隙、压敏电阻电涌保护器也称为避雷器，正常时呈高阻抗，并联在设备电路中，对设备工作无影响。当受到雷击时，能承受强大雷电流浪涌能量而放电，呈低阻抗状态，能迅速将外来冲击过量能量全部或部分泄放掉，响应时间极快，瞬间又恢复到平时高阻状态。

7.5.4　通信电源系统雷电防护及措施

通信电源系统的雷电防护与传统意义的雷电防护是截然不同的。传统意义上的雷电防护的对象是建筑物，防雷的重点是直击雷，防雷的方法采用的是避雷针（网、带），并提供雷电流释放通道。而现代意义上的雷电防护的对象是电源系统的电子设备，防雷的重点是感应雷，防雷的方法是设立保护区，采用配置防雷保安器（SPD）、等电位连接、设均压地网、电磁屏蔽、控制雷电电磁脉冲（LEMP）等一系列保护手段。

1 直击雷防护

常规直击雷防护的方式一般采用"引雷性"，主要靠架高接闪器来主动引雷释放入地。虽实现了直击雷防护，但由此大大增加了雷击的概率。而通信电源系统的直击雷防护，则应采用"抑制性"的保护措施。因为信息系统的雷害主要来自雷电电磁脉冲（LEMP），在做好直击雷的保护时，应从源头控制雷电电磁脉冲（LEMP）的产生和减小其强度。为此，应尽量采用屏蔽型、抑制型的方法进行保护，如：采用避雷网、避雷带、优化避雷针等。在使用避雷针时，应尽量降低避雷针高度，采用"多针"方法。降低避雷针的高度，虽然减小了单根避雷针保护半径，但可以大大减少雷击概率；同时使用多针来增大保护范围。

注意

许多布线人员，因对防雷知识了解有限，或者为了简单方便，习惯于将户外走线线路与建筑物避雷带、引下线相互捆绑。方便了工程与美观的同时，也带来了较大的防雷安全隐患。这一点是值得注意的。为了减小雷害风险，任何导线/金属线路均应尽可能避免与直击雷防护系统平行捆扎，而应依照有关规范要求。

通信车辆在野外空旷地带因无高大建筑物保护，很容易遭受直接雷的袭击，造成人员伤亡和车体损坏，因此，直击雷防护是综合防雷中非常重要的环节。同时通信枢纽各要素存在机动性，设计配置防直击雷装置时，既要达到防直击雷的目的，还必须满足实际需要，做到便于架设、撤收及运输。

2 感应雷防护

据统计，通信电源系统受雷击损坏，绝大部分是由感应雷造成的。由于通信电源系统接口较多、线路较长等原因，给雷电电磁脉冲（LEMP）的耦合提供了条件。电源线接口，信号传输接口、天馈线接口等是感应脉冲侵入的主要通道。

3 通信电源系统防雷保护的主要措施

微波站和卫星地球站等局站的市电高压引入线路，如：在采用高压架空线路中，其进站端上方宜设架空避雷线，长度为300～500m，避雷线的保护角应不大于250°，避雷线（除终端杆外）宜每杆做一次接地。

位于城区内的电信局，市电高压引入线路宜采用地理电力电缆进入通信局（站），其电缆长度不宜小于200m。

电力变压器高、低压侧均应各装一组避雷器，避雷器应尽量靠近变压器装设。

出入局（站）的交流低压电力线路应采用地理电力电缆，其金属护套应就近两端接地。低压电力电缆长度宜不小于 50m，两端芯线应加装避雷器。通常将通信电源交流系统低压电缆进线作为第一级防雷，交流配电屏内作第二级防雷，整流器输入端口作为第三级防雷，这是通信电源系统防雷的最基本要求。

本 章 小 结

所谓的"接地"，就是为了工作和保护的目的，将通信局（站）电源设备的接地端子通过接地装置与大地作良好的电气连接，与大地保持等电位，这种连接称为接地。

接地系统由接地体、接地引线、地线排、接地配线、设备机房地线排、机房汇流排、接地分支、设备接地端等构成。

接地系统的电阻是由土壤电阻、土壤电阻和接地体之间的接触电阻及接地体本身的电阻 3 部分电阻的总和。接地引入线、地线盘或接地汇流排、以及接地配线系统中采用的导线电阻。

在接地系统中，由于会有电荷注入大地，势必会有电压的存在。很好地理解接地系统中几个重要的电压概念，对于人身和设备的安全有很重要的意义。

按照接地系统的性质和用途可分为：交流接地系统、直流接地系统、防雷接地三种。

雷电是因强对流气候而形成的雷雨云层之间或者云层与大地间强烈瞬间的放电现象。当雷电发生时，产生强大的雷击电流、炽热的高温、猛烈的冲击波、瞬变的电磁场和强烈的电磁辐射等综合物理效应，是一种严重的气象自然灾害。

自然界中的雷击主要分直击雷和感应雷（雷电电磁脉冲 LEMP）两类。

为了防止电信电源系统和人身遭受雷害，通信电源系统主要应采取以下防雷保护原则

① 重视接地系统的建设和维护。

② 采用等电位原理。

③ 采用分区保护和多级保护。

④ 加装电涌保护器。

习　　题

一、填空题

1．接地系统由_____、_____、地线排、接地配线、设备机房地线排、机房汇流排、接地分支和_____等构成。

2．联合接地系统由大地、_____、_____、接地汇集线和____所组成。

3．接地装置的接地电阻，一般是由_____、_____、接地体与土壤的接触电阻以及接地体周围呈现电流区域内的_____4 部分组成。

4. 直流供电系统目前广泛应用＿＿＿＿＿＿＿供电方式。

5. 影响接地电阻的因素主要考虑影响＿＿＿＿和＿＿＿＿的因素。

6. 电器设备击穿(电介质击穿)可分为＿＿＿、＿＿＿＿、＿＿＿＿3 种。

7. 按照接地系统的性质和用途可分为：＿＿＿＿＿、＿＿＿＿＿、＿＿＿＿3 种。

8. 自然界中的雷击主要分＿＿＿＿和＿＿＿两类。

二、选择题

1. 避雷针及其衍生的各种室外接闪器实际上是一种（　　）。
   A. 防雷系统　　　　　　B. 引雷系统
   C. 消雷系统　　　　　　D. 避雷系统

2. 下列不是人工降低接触电阻方法的是（　　）。
   A. 层叠法　　　　　　　B. 换土法
   C. 金属接地法　　　　　D. 化学降阻剂法

3. 下列说法错误的是（　　）。
   A. 误入带电导线落地点应该及时跑离导线落地点
   B. 因此，为避免雷击损坏设备，要及时做好设备的良好接地
   C. 严禁在雷雨天气下进行高压、交流电，及铁塔、桅杆作业
   D. 不得随意接近故障导线断落接地点或在雷雨天靠近避雷针接地极埋设地点

4. 雷电过电压波是持续时间极短的（　　）。
   A. 方波　　　　　　　　B. 正弦波
   C. 脉冲波　　　　　　　D. 谐波

三、判断题

1. 土壤温度越高，则电阻越小。（　　）
2. 误入带电导线落地点应双脚着地超故障点反方向跑出危险区。（　　）
3. 分散接地不会带来接地弊端，是一种比较理想的接地方式。（　　）
4. 平时在测量系统接地电阻时，应选择在干季测量。（　　）
5. 为了施工方便，可将户外走线线路与建筑物避雷带、引下线相互捆绑。（　　）

四、简答题

1. 什么是接地和接地装置？
2. 接地系统有哪几部分组成？各部分有什么功能？
3. 影响土壤电阻率的因素有哪些？
4. 如何能够避免跨步电压的危害？
5. 简述接地的种类和功能？
6. 交流接地系统和直流接地系统的功能是什么？
7. 联合接地系统有哪些优点？
8. 雷电的危害有哪些？
9. 通信电源系统有哪些防雷防护措施？

第8章 通信电源集中监控系统

❖ **本章内容简介**

本章介绍了通信电源集中监控系统产生的背景及其意义，阐述了监控系统的功能结构，并对监控系统的监控对象和内容进行了详细介绍；从应用的角度出发，结合一些实例，阐述了监控系统的组成、组网方案、常见硬件及其操作维护管理，同时对远程图像监控系统进行了简要介绍。

❖ **本章重点**

本章重点是通信电源集中监控系统的监控对象和内容、电源集中监控系统结构与组成及其电源集中监控系统的组网方案。

❖ **本章难点**

本章难点是电源监控系统的传输与组网。

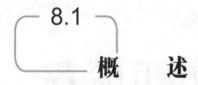

概　　述

通信电源集中监控系统（Centralized Supervision and Control System for Telecommunication Power Supply）：就是对分布的通信局（站）的电源和空调系统及设备进行遥控、遥信、遥测和遥调，实时监视其运行参数，监测和处理故障，记录和处理相关数据，从而实现通信电源和空调设备少人或无人值守和集中维护的计算机控制系统。

通信电源集中监控系统是一个集中并融合了计算机技术，通信技术，电子技术和自动控制技术而构成的计算机集成系统。

电源集中监控系统是现代通信电源系统的控制、管理核心，它使人们对通信电源系统的管理由前期的繁琐、枯燥、难以确保供电不间断变得简单、有效，供电安全得以保障。其功能主要表现在以下 3 个方面。

1）电源监控系统可以全面管理电源系统的运行、方便地更改运行参数，对电池的充放电实施全自动管理，记录、统计、分析各种运行数据。

2）当系统出现故障时，它可以及时、准确地给出故障发生部位，指导管理人员及时采取相应措施、缩短维修时间，从而保证电源系统安全、长期、稳定、可靠的运行。

3）通过"遥测、遥信、遥控、遥调"功能，实现电源系统的少人值守或全自动化无人值守。

> **相关知识**
>
> 遥测就是远距离对模拟信号进行测量，如：测量电压、电流、功率等各种电量和温度、压力、液位等各种非电量；遥控就是远距离对设备的开关操作，如：开启油机、开关空调等；遥信就是远距离对开关量信号进行监测，如：监视电气开关和设备的工作状态、空调是否开机等；遥调就是远距离对模拟量信号值进行设定，如：设置空调温度、智能开关电源的均充电压等。

在通信电源集中监控系统中，监控系统的监视功能可归纳为遥测和遥信；监控系统的控制功能可归纳为遥控和遥调。

8.1.1　集中监控系统产生的背景及意义

1　集中监控产生的背景

我们知道，通信电源是各种通信设备正常运行的"心脏"，在通信中起着非常重要的作用。随着通信技术的发展，用户的增长，通信网络规模的不断扩大，设备的技术含量和复杂程度越来越高，分布范围越来越广。在这种条件下，为了保障供电安全、可靠，电信运营商不得不增加电源维护人员和加大电源设备备件数量，增大其维护成本。同时，传统的电源维护和空调管理方式主要依靠人工看守。值班人员长期工作在电力机房内，部分人员会产生一种惰性和麻痹心理，因值班人员违反劳动纪律（脱岗、睡觉），责任心不强而导致设备发生故障没有及时进行处理而产生的电源中断故障时有发生。

20 世纪 90 年代初，电子器件更趋成熟、完善；计算机技术、通信技术、传感器技术和自动控制技术的迅猛发展，为电源监控系统的发展创造了必要的客观条件。

如何利用新技术对在网运行设备进行实时监测，及时发现设备故障，减少人为因素事故，实时进行故障排除，降低维护成本，提高工作效率，保障通信设备供电系统稳定、可靠运行显得尤为突出。

随着我国通信事业的迅速发展，通信网络规模越来越大，导致通信网中动力设备种类繁多、位置分散、交通不便、维护人员短缺，无疑增加了通信电源维护的难度。为了提高通信局（站）动力系统的稳定性、可靠性，保证供电安全，提高设备维护，我国原邮电部从 1992 年就开始了全面的维护改革工作，通信行业交换、传输等专业率先向少人、无人值守迈进。通信行业电源专业也在强劲的改革推动下，迅速地进行维护改革的重要工作——电源集中监控研究和建设工作。

原邮电部电信总局制订的《通信电源、机房空调集中监控管理系统技术要求》和原邮电部颁布的《通信电源和空调集中监控系统技术要求（暂行规定）》于 1996 年年初相继出台，有力地推动了电源集中监控管理系统的研究，包括总体研究框架、组网架构、监控内容的技术规范等。

2　集中监控的意义

（1）降低了维护成本，提升了维护质量

传统的通信电源维护是劳动密集型工作，这与以往电源设备技术含量低，可靠性不高，需要维护人员现场值守有关。随着我国电信事业的迅速发展，通信网络的规模不断扩大，电源设备的种类和数量增长迅速，维护工作量也随之骤增。电源集中监控的基本目的，是对网上运行的电源设备进行实时自动监控，实现少人或无人值守，改变过去由维护人员值班和巡检的落后维护方式，实现了集中维护、集中管理。实践证明，采用电源集中监控系统能够达到减少值守人员、提高维护水平。

（2）提高了电源设备工作的稳定性和可靠性

集中监控系统获得的大量、实时数据，直观地反映了设备、系统的真实状态。通过对监测数据的分析、处理，可定性或定量地对设备、系统工作品质给予准确的评价，并以大量的技术数据为依据，指导设备的检修维护，把设备维护工作变得简单、轻松、准确、快速，保障了电源设备工作的稳定性和可靠性。

（3）提高了电源设备运行的经济性，降低了运行成本

电力是一种能源，如何提高在传输、变换和使用中的效率，是电源维护的一个重要

内容。随着单片机技术在智能电源设备中的广泛应用，设备本身的智能性和效率在不断地提高。监控系统发挥其在数据分析和处理以及控制上的优势，与智能设备相互配合，根据设备的实际运行情况，随时调整其运行参数，使设备始终工作在最佳状态，提高了电源设备运行的经济性，也延长了设备的使用寿命。

> **提示**
>
> 　实现集中监控后的设备维护，仍然需要技术精湛、经验丰富的电源专家，进行必要的设备检修与集中监控管理。

8.1.2　电源集中监控系统的功能结构

从应用的角度出发，通信电源集中监控管理系统的功能可以分为监控功能、交互功能、管理功能、智能分析功能以及帮助功能等5个方面。其中，管理功能又包括数据管理功能、告警管理功能、配置管理功能、安全管理功能、自我管理功能和档案管理功能等。如图8.1所示。

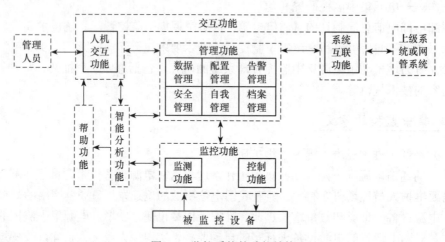

图 8.1　监控系统的功能结构

1　监控功能

监控功能是监控系统最基本的功能。这里"监"是指监视、监测，"控"是指控制，所以监控功能又可分解为监测和控制功能。

（1）监测功能

监控系统能够对设备的实时运行状况和影响设备运行的环境条件进行不间断地监测，获取设备运行的原始数据和各种状态，以供系统分析处理。这个过程就是遥测和遥信。同时，监控系统还能够通过安装在机房里的摄像机，以图像的方式对设备、环境进行直接监视，并能通过现场的拾音器将声音传到监控中心，以帮助维护人员更加直观、准确地掌握设备运行状况，查找告警原因，及时处理故障。这个过程也常被称为遥像。监视功能要求系统具有较好的实时性和精确性。

（2）控制功能

监控系统能够把控制中心发出的控制命令转换成设备能够识别的指令，使设备执行预期的动作，或进行参数调整。这个过程也就是遥控和遥调。监控系统遥控的对象包括各种被监控设备，也包括监控系统本身的设备，如：对云台和镜头进行遥控，使之能够获取满意的图像。控制功能也同样要求系统具有较好的实时性和准确性。

2　交互功能

交互功能，是指监控系统与人之间以及监控系统之间相互对话的功能，包括人机交互界面所实现的功能和系统之间互联通信的功能。

（1）人机交互功能

1）图形界面。监控系统运用计算机图形学技术和图形化操作系统，为我们提供了友好的图形操作界面，其内容包括：地图、空间布局图、系统网络图、设备状态示意图、统计图和设备树等。图形界面的采用，使得界面简洁、直观，让维护人员的操作变得简单、有效，不易出错。

2）多样化的数据显示方式。监控系统给人们提供的数据显示方式不再是简单的文字和报表，而是文字和图形相结合，视觉和听觉相结合的多样化显示。

3）声像监控界面。声像监控无疑让监控系统与人之间的相互对话变得更加形象直观，使得维护人员能够较为准确地了解现场一些实时数据监测所不能反映的情况，增强维护和故障处理的针对性。

（2）系统互联功能

系统互联功能是指监控系统的纵向、横向联网功能，它使得监控系统可以灵活地进行纵向和横向的联网，组成大型的监控网络。

1）纵向联网功能。纵向联网功能是指具有管辖关系的上下级监控系统能够通过采用一定协议的接口进行联网，使得上级监控系统可以对下级监控系统及其监控内容进行管理，从而实现一定范围内的集中监控管理功能。

2）横向联网功能。横向联网功能是指监控系统可以通过采用一定协议的接口与其他系统（如网管系统）互联，使得监控数据可以共享网管数据平台，实现数据综合管理的功能。

3　管理功能

管理功能是监控系统的核心功能。它包括对实时数据、历史数据、告警、配置、人员以及档案资料的一系列管理和维护。

（1）数据管理功能

监控系统中的数据，包含了反映设备运行状况和环境状况的所有监测到的数值、状态和告警。监控系统的数据管理功能包括如下几方面。

1）数据显示功能。数据显示功能让维护人员直接观测到设备当前运行的特性数据，了解设备运行状况。

2）数据存储功能。大量的数据在显示之后就被丢弃了，但也有许多数据对指导以后的维护工作具有相当重要的意义，因此，需要对它们进行归档，保存到数据库当中去。

3）数据查询功能。当数据被简单处理后，就以历史数据的形式被保存在磁盘中。为了了解一些设备的长期特性和运行状况，从中得出一些规律性和建设性的结论，经常需要对历史数据进行查询。系统为用户提供高效的搜索引擎和逻辑运算功能，以帮助用户迅速查找到所需要的数据。

4）数据备份和恢复功能。当大量的历史数据经过一段时间后，对维护工作已经显得可有可无，却又有一定的留档价值的时候，就需要将它们导出到备份存储设备中，如：光盘、磁带等。而当设备维护需要这些数据的时候，再将它们导入系统。这就是数据的备份和恢复。这项工作对系统的安全性也非常重要。经常将系统内的数据进行备份，在系统一旦因不可预见的原因而崩溃时，能够使损失减少到最低程度。

5）数据处理和统计功能。数据处理和统计功能就是运用数学原理，通过计算机强大的处理能力，对大量杂乱无章的原始数据进行归纳、分析和统计，得出具有一定指导意义的统计数据，并从中找出一定规律的过程。常见的统计运算有平均值、最大值、最小值和均方差等。同时系统还能够根据用户的需要，生成各种各样的报表和曲线，为维护工作提供科学的依据。

（2）告警管理功能

告警也是一种数据。但它与其他数据不同，有着其内容和意义上的特殊性。对告警的管理，除了数据管理功能所提到的内容外，还包括以下一些内容。

1）告警显示功能。告警显示与数据显示都具有多种不同的显示方式，所不同的是，告警必须能够根据其重要性和紧急性分等级显示。通常不同的告警等级以不同颜色的字体、指示灯或图标等在显示器或大屏幕上显示，同时还配以不同的语音信息或警报声。此外，有些系统还运用打印机对告警信息进行实时打印。

在具有图像监视的系统中，当被监视对象发生告警时，系统能够自动控制相应的矩阵切换、云台转动和镜头调整，使监视画面调整到发生告警的场地或设备，以进行远程监视，并控制录像机自动进行录像。这就是告警时图像联动功能。

2）告警屏蔽功能。有些系统所监视到的告警信息，可能对维护人员来说是没有什么实际意义的，或是因某种特殊原因而不需要让其告警的，这时便需要由监控系统对这些告警信息进行屏蔽，使它们不再作为告警反映给维护人员。如：在白天上班时，一些有人值守的机房的红外和门禁告警；再如；端局在对设备进行更换、扩容等施工时，所产生的一些设备告警等。当需要时再对这些告警项目进行恢复，取消屏蔽。

3）告警过滤功能。监控系统的告警功能为及时发现并排除设备的故障提供了良好的帮助，但有时过多相关的告警信息又反而会使维护人员难以判断直接的故障原因，给维护工作带来麻烦。比如停电时，交流配电、直流配电和整流器等都会发出相应的告警，可能一下子会在监控界面上产生几十条告警。这时需要系统能够根据预先设定的逻辑关系，判断出最关键、最根本的告警，而将其余关联的告警过滤掉。这也是监控系统智能化的一个最基本要求。

4）告警确认功能。在很多情况下，告警即意味着"不正常"，意味着故障或是警戒，及时处理各种故障和突发事件，是每一个维护人员的职责。告警确认功能使得这项职责更加有据可依。当维护人员对一条告警进行确认时，系统会自动记录下确认人、确认时间等信息，并根据需要打印维修派工单。

5）告警呼叫功能。当维护人员离开机房时，系统能够在产生告警时，通过无线寻呼台向维护人员发出呼叫，并能够将告警名称、发生地点、发生时间和告警等级等信息显示在维护人员的 BP 机上，为及时处理故障争取了宝贵的时间。

（3）配置管理功能

配置管理是指通过对监控系统的设置以及参数、界面等特性进行编辑修改，保证系统正常运行，优化系统性能，增强系统实用性。它包括参数配置功能、组态功能和校时功能等 3 个方面。

1）参数配置功能。系统参数是保证监控系统正常运行，如实反映设备情况的重要信息。这些参数包括数据处理参数、告警设置参数、通信与端口参数和采集器补偿参数等。

数据处理参数，如：数据采集周期、数据存储周期、数据存储阈值等；告警设置参数，如：告警上、下限，告警屏蔽时间段，是否启动声音告警等；通信与端口参数，如通信速率、串行数据位数、端口与模块数量和地址等；采集器补偿参数，如：采集点斜率补偿、相位补偿和函数补偿等。

2）组态功能。组态功能是监控系统个性化的一个标志，体现了系统操作以人为中心的特点，提高了系统的适应性。组态功能包括界面组态、报表组态和监控点组态等。

3）校时功能。监控系统是一个实时系统，对时间的要求很高。如果系统各部分的时钟不统一，将会给系统的记录和操作带来混乱。系统的校时功能能够有效地防止这种混乱的发生。校时功能包括自动校时和手动校时。

（4）安全管理功能

监控系统中的"安全"包含两层含义：一是监控系统的安全；二是设备和人员的安全。监控系统采取了一些必要的措施来保证他们的安全，这项功能称为安全管理功能。

1）用户管理功能。为了保证监控系统的安全性，需要为每个登陆系统的用户设置不同的用户账号、权限和密码。用户权限通常分为 3 种：一般用户、系统操作员和系统管理员。其中一般用户只能进行一些简单的浏览、查看和检索操作；系统操作员则能够在此基础上，进行告警确认、设备遥控以及一些参数配置等维护操作；系统管理员具有最高权限，除具有系统操作员的权限外，还能够进行全面的参数配置、用户管理和系统维护等操作。每个用户以不同的账号来区分，并以密码进行保护。

2）操作记录管理功能。系统的操作记录常常是查找故障、明确责任的重要依据。监控系统对维护人员所进行的所有的重要操作都进行了详细的记录，如登录、遥控、修改参数和增删监控点等。记录的内容包括操作的时间、对象、内容、结果和操作人等。

3）遥控操作安全保障功能。遥控操作是通过业务台直接向设备发出指令，要求其执行相应动作的过程。不适当的遥控可能对设备造成损害，甚至造成人员伤亡。使用单位应针对监控系统制定详细的操作细则，以保证遥控操作的安全性。同时在监控系统中也对遥控操作采取了一些相应的安全措施，如：要求在对设备发出遥控命令时，验证密码；再如，在监控中心对设备进行遥控时，能够以声、光等信号提醒可能存在的现场人员警觉等。

（5）自我管理功能

自我管理是监控系统对自身进行维护和管理的功能。按照要求，监控系统的可靠性必须高于被监控设备，自我管理功能是提高系统运行稳定性和可靠性的重要措施。

1）系统自诊断功能。监控系统自身必须保持健康，一个带故障运行的系统是不能进行良好的监控管理的。系统的自诊断功能从系统自身的特点出发，对每个功能模块进行自我检查和测试，及时发现可能存在的故障，找出原因，提醒维护人员予以解决。

2）系统日志管理功能。系统日志是系统记录自身运行过程中各种软事件的记录表，是系统进行自我维护的重要工具。建立完善的系统日志可以帮助维护人员发现监控系统中存在的异常，排除系统故障。

（6）档案管理功能

档案管理功能是监控系统的一项辅助管理功能。它将与监控系统相关的设备、人员和技术资料等内容作归纳整理，进行统一管理。

1）系统维护信息管理。系统维护信息是指整个监控系统建设、组网、调测过程中产生或记录的软、硬件、网络配置及维护信息，如计算机名称、配置、IP 地址、使用地点；公用网络设备端口、配置、路由、网关；各局（站）维护及服务人员、电话号码；调测记录、故障分析及维修记录等。对这些信息的集中管理，可以在关键时刻解决重要而繁杂的问题，迅速有效地排除小故障，避免造成更大损失。

2）设备管理功能。设备管理功能将下属局（站）所有重要电源设备以及监控系统的重要硬件设备进行统一管理，记录其名称、型号、规格、生产厂家、购买日期、启用日期、故障和维修情况等信息，以备查询。设备管理功能对设备维护以及监控系统本身的维护都具有重要的帮助作用。

3）人员管理功能。人员管理是指将监控中心及下属局（站）的相关电源维护管理人员登记造册，记录其姓名、职务和联系电话等与维护有关的内容，以方便管理维护工作的开展。

4）技术文档管理功能。监控系统在其建设的过程中，会形成大量的技术文档和资料，包括系统结构图、布局图、布线图、测点列表和器件特性等。这些资料对设备维护以及系统的维护、扩容和升级都具有相当重要的意义。利用计算机对这些资料进行集中管理，可以提高检索效率。

4　智能分析功能

智能分析功能是采用专家系统、模糊控制和神经网络等人工智能技术模拟人的思维，在系统运行过程中对设备相关的知识和以往的处理方法进行学习，对设备的实时运行数据和历史数据进行分析、归纳，不断地积累经验，以优化系统性能，提高维护质量，帮助维护人员提高决策水平的各项功能的总称。常见的智能分析功能包括以下几个方面。

（1）告警分析功能

告警分析是指系统运用自身的专家知识库，对所产生的告警进行过滤、关联，分析告警原因，揭示导致问题出现的根本所在，并提出解决问题的方法和建议。

（2）故障预测功能

故障预测即根据系统监测的数据，分析设备的运行情况，提前预测可能发生的故障。这项功能也被称为预告警功能。

（3）运行优化功能

运行优化是指系统根据所监测的数据，自动进行设备性能分析、节能效果分析等工作，给维护人员提供节能建议和依据，或者直接对设备的某些参数进行调整。

智能分析功能的运用，使传统的监控理论向真正的智能化方向发展，拓宽了监控技术领域，具有划时代的意义。

5　帮助功能

一个完善的计算机系统，有其完备的帮助功能。在监控系统中，帮助信息的方式是多种多样的。最常见的是系统帮助，它是一个集系统组成、结构、功能描述、操作方法、维护要点及疑难解答于一体的超文本，通常在系统菜单的“帮助”项中调用。系统帮助给用户提供了目录和索引等多种查询方式。

此外，有的系统还为初使用的用户提供演示和学习程序，有的系统将一些复杂的操作设计成“向导”模式，逐步地指导用户进行正确的操作。随着多媒体技术在监控系统中的运用，还会出现语音、图像等方式的帮助信息，使维护人员能够更快、更好地使用监控系统。

提示

在通信电源集中监控系统中，通常把遥调归入到遥控当中，因此，简称"3遥"。

8.2

监控系统的监控内容及性能

8.2.1 电源集中监控系统的监控对象和内容

要构建一个监控系统，就要明确监控目的，也就是要知道监控对象和监控内容。监控对象就是被监控的设备、机房和环境等；监控内容就是各种监控对象中具体被监控的物理量，也称为监控项目或监控点。

1 电源集中监控系统的监控对象

（1）电源集中监控系统的被监控设备

电源监控系统的被监控设备按用途可分为动力系统和环境系统两大类。动力系统是电源集中监控系统的主要监控对象，其监控对象包括高压配电设备、变压器、低压配电设备、油机发电机组、UPS、逆变器、整流配电设备、蓄电池组以 DC-DC 变换器等动力设备；环境系统包括机房温度、湿度、水浸、门禁和烟感等环境设备。

按被监控设备本身的特性可分为智能设备和非智能设备。智能设备本身能采集数据和处理数据，并带有智能通信接口（如 RS-232），可直接与后台计算机进行通信，如智能高频开关电源系统。非智能设备本身不能采集数据和处理数据，没有智能通信接口，不能直接与后台计算机进行通信，如蓄电池组、低压配电柜等；对于监控系统中的非智能设备，要接入监控系统，需要通过数据采集器将其智能化才能进行。

（2）被监控信号

被监控信号主要是指各种传感器获取的信号，可分为非电量信号和电量信号两大类。在监控系统中，对被监控信号的处理一般要经过传感、变送、转换 3 个过程，才能转换为计算机能够识别和处理的信号。

在工程实践中主要使用的电源环境集中监控系统的监控对象实际上已经发展成为一个以通信电源为主，集环境、安全以及传输、管线、测量等监控功能于一体的综合监控系统，它所包括的监控对象如表 8.1 所示。

表 8.1　电源集中监控系统的监控对象

分　类		监 控 对 象
电源设备	高压配变电设备	进线柜、出线柜、母联柜、直流操作电源柜、变压器
	低压配电设备	进线柜、主要配电柜、电容器柜、稳压柜
	电源变换设备	UPS、逆变器、直流变换器
	整流配电设备	交流屏、整流器/开关电源、直流屏、蓄电池组
	发电设备	油机发电机组、燃气轮机发电机组、太阳能电源、风力发电机组
空调设备		机房专用空调、分体空调、中央空调
机房环境		环境条件、图像监控
火警		火灾探测器、大楼消防系统、智能烟雾探测系统、灭火装置
安防管理		智能门禁系统、门磁开关、防盗、图像监控
辅助监控		总配线架（MDF）、传输电源列柜、通信电缆充气机
监控系统		监控系统软、硬件、通信线路

表中还列出了图像监控的内容，这是对数据监控的有力补充，它通过摄像机和各种图像处理设备将监控现场的图像传送到监控中心的监视器上，使监视器做到可视。

2　监控内容

监控内容也称为监控点，是指对上述监控对象所设置的基本监控项目（监控点或测点）。从数据类型上看，这些信号量包括模拟量、数字量、状态量、开关量等；从信号的流向上看，又包括输入量和输出量两种。由此可以将这些监控项目分为遥测、遥信、遥控和遥调 4 种类型。

遥测是指通过对设备或环境的连续变化的模拟量进行采集，远程获取这些数据的过程。遥信是指通过对现场设备或环境的运行状态进行监视，来远程获取相应状态量的过程；遥信的内容一般包括设备运行状态和状态告警信息两种。遥控是指监控系统对远端设备发出特定的指令，使设备执行相应的动作的过程。遥调是指监控系统远程改变设备运行参数的过程。遥调量一般是数字量。

在通信电源集中监控系统中，通常把遥调归入到遥控当中，因此监控项目可分为遥测、遥控、遥信 3 种类型，简称"3 遥"。

根据通信行业标准 YD/T1051—2000《通信局（站）电源系统总技术要求》的规定，各种监控对象的监控内容如表 8.2 所示。

表 8.2　集中监控系统电源监控内容

监控对象		监控内容		
		遥　测	遥　信	遥控/遥调
高压配电设备	进线柜	三相电压、电流及有功和无功功率	开关状态，过电流、速断、失压跳闸告警，接地跳闸告警（可选）	
	出线柜		开关状态，过电流、速断跳闸告警，失电压、瓦斯、接地跳闸告警（可选）	
	变压器	温度	过温告警	
	母联柜		开关状态，过电流、速断跳闸告警	
	直流操作电源柜	储能电压、控制电压	开关状态，储能、控制电源高/低、操作柜充电机故障告警	
低压配电设备	进线柜	三相输入电压、电流，频率，功率因素	开关状态，缺相、过电压、欠电压告警	开关分合闸（可选）
	主要配电柜		开关状态	开关分合闸（可选）
	稳压器	输入、输出电压，输入、输出电流	工作状态（正常/故障，工作/旁路），输入过/欠电压，缺相，输入过电流	
	电容器柜		补偿电容器工作状态	
油机发电机组		输出电压、电流，输出功率，输出频率/转速，水温（水冷），润滑油压力/温度，启动电池电压和油箱液位	工作状态（运行/停机），工作方式（自动、手动）、主备用机组，自动转换开关（ATS）状态；过/欠电压，过电流，频率高，水温高（水冷），皮带断裂（风冷）、润滑油油温高、润滑油油压低，启动失败，过载，启动电池电压高/低，紧急停机，市电故障，充电器故障告警（可选），油位低告警	开/关机、紧急停机、选择主备用机组
燃气轮发电机组		输出电压、电流，输出功率，输出频率/转速，进、排气温度，润滑油油温、油压，启动电池电压，控制电池电压，输出功率	工作状态（运行、停机），工作方式（自动/手动），主备用机组，自动转换开关（ATS）状态；过电压/欠电压，过电流，频率/转速高，排气温度高，润滑油油温高、油压低，启动失败，启动电池电压高/低、控制电池电压高/低，紧急停机，市电故障，充电器故障	开/关机、紧急停机、选择主备用机组
整流配电设备	交流屏	三相输入电压、电流，频率（可选）	输入过电压/欠电压，缺相，输出过流，频率过高/过低，熔体故障，开关状态故障	
	整流器	整流器输出电压，各整流模块输出电流	各模块工作状态（开/关机、均充/浮充/测试，限流/不限流），整流模块故障告警	模块启动/停机、模块浮充/均充、测试
	直流屏	直流输出电压，总负载电流，主要分路电流，蓄电池充/放电电流	输出电压过电压/欠电压，蓄电池熔体状态，主要分路熔体/开关故障	
蓄电池组		蓄电池组总电压，每只蓄电池电压，蓄电池组充/放电流，标识电池温度，各组蓄电池容量（可选）	蓄电池组总电压高/低，每只蓄电池电压高/低，标示电池温度高，充电电流高告警	

续表

监控对象		监控内容		
		遥　测	遥　信	遥控/遥调
交流不间断电源设备（UPS）		交流输入电压，直流输入电压，交流输出电压/电流，标识电池电压，标识电池温度及输出频率	同步/不同步状态，UPS/旁路供电，蓄电池放电电压低，市电故障，整流器故障，逆变器故障和旁路故障	
逆变器		交流输出电压/电流，输出频率，直流输入电压（可选）	输出电压过电压/欠电压，输出过电流，频率过高/过低告警	
DC/DC 变换器		输入电压（可选），输出电压、电流	输出过电压/欠电压，输出过电流告警	
分散空调设备		主机工作电压、电流，送风、回风温度和湿度，压缩机吸气、排气压力	开/关机，电压、电流过高/低，回风湿、温度过高/低，过滤器正常/堵塞，风机、压缩机正常/故障	开/关机、温度和湿度设定
集中空调设备	冷冻系统	冷却水进/出温度、冷冻机工作电流、冷冻水泵/冷却水泵工作电流	冷冻/冷却水泵、冷冻机、冷却塔风机的开关机故障告警	开/关冷冻机、开/关冷却水泵、开/关冷冻水泵、开/关冷却塔风机
	空调系统	送风、回风的温度和湿度	风机工作状态、故障告警、过滤器堵塞告警	开/关风机
	配电柜	电源电压和电流	电源电压高/低告警，工作电流过高	
环境条件		温度和湿度	烟感、温感、湿度、水浸、红外、玻璃破碎、门窗告警	

8.2.2　电源集中监控系统的性能

评价一个监控系统的好坏，除了要看它所能实现的功能外，还要看它的性能是否优越，是否能够让维护人员真正得心应手而又放心地使用它。通信电源集中监控系统应具有如下性能。

1　实用性

实用性是产品的一个基本特性，任何系统要得到广泛的推广和使用必须具备实用性。监控系统的实用性首先应具备功能齐全、界面友好、操作简便，能够真正做到少人值守甚至无人值守而确保通信系统正常运转；其次系统应具有较高的可靠性和性价比。

2　可靠性

可靠性是系统能够被放心使用的重要保证。监控系统的可靠性应高于任何被监控设备的可靠性。按照相关规定，监控系统硬件可靠性指标：平均失效间隔时间（MTBF）

应大于 10 万 h；平均故障修复时间（MTTR）应小于 0.5h；整个系统的平均失效间隔时间（MTBF）应大于 2 万 h。

3 实时性

实时性是衡量监控系统及被监控设备能否正确对来自对方的各种事件响应快慢程度的性能指标。实时性包括监测的实时性和控制的实时性两个方面。监测的实时性反映了系统及时报送监测数据和告警信息的能力；控制的实时性反映了系统及时将控制台命令下发到设备，使之执行的能力。组成监控系统的各监控级应能实时监测其监控对象的状态，发现故障及时告警。从故障事件发生至反映到有人值守监控级的时间间隔不应大于 30s。各监控级应有多事件多点同时告警功能，告警准确度的要求为 100%。

4 准确性

准确性是衡量监控系统及被监控设备能否正确接收对方发来信息的性能指标，准确性包括两个方面：一是系统必须准确无误地接收并上报设备运行数据及告警信息；二是系统必须准确无误地将控制台命令下发到指定设备，并使其执行命令。准确性反映了监控系统正确处理和传输信息的能力。

5 精确性

精确性是衡量监控系统所采集到的设备运行数据与真实数据之间的误差大小的统计性能指标。数据的准确性和精确性是两个完全不同的概念，准确性是指测量的可信度；而精确性是在准确性基础上强调数据偏离其真值（即多次测量时的平均值）的大小程度。精确性也不同于精度，精度是指测量的精细程度，通常用小数点后的有效位数来表示。监控系统的测量精度要求是：电量一般应优于 2%（直流电压包括单体蓄电池电压应优于 0.5%）；非电量一般应优于 5%。

6 可扩充性

监控系统的规模不是一成不变的，随着电源设备的更新和扩容，监控系统也要进行相应的扩充。可扩充性就是用来衡量监控系统对电源系统规模变化的适应能力的性能指标。为了提高监控系统的可扩充性，系统的软、硬件均应采用分层的模块化结构；使之具有最大的灵活性和扩展性，以适应不同规模监控系统网络和不同数据监控对象的需要。

7 兼容性

兼容性又称开放性，也有称为互联性。它是指监控系统与各种不同设备、监控系统与其他类型的监控系统之间互相联系、互相通信的能力。由于智能化通信电源设备种类和同类设备的生产厂家很多，各种智能化通信电源产品的设备监控单元采用的计算机系统各不相同，因此，监控系统不可避免地要在内部与多种类型的设备监控单元进行互联互通。这就要求监控系统必须能够适应不同的接口标准和通信协议。当然，最好的办法还是采用统一的通信接口和通信协议。

8　可维护性

可维护性是反映监控系统能否在其发生故障时及时准确地予以排除，能否方便地进行系统扩容、升级以及性能优化等系统维护工作的性能要求。监控系统从以下几方面来提高自身的可维护性。

1）从结构上。监控系统的软、硬件都采用了分层的模块化结构，有利于系统的维护。

2）从功能上。系统软件应具有自诊断、自恢复功能，并能运用智能分析功能为维护人员提供可参考的分析结论和处理建议。系统还应具有软件在线下载与升级功能，使得维护人员可以通过在中心业务台上的操作完成对各远端局（站）下位机软件的升级换代，从而大大降低了维护工作量。

3）从工程施工上。要求尽量采用结构化的综合布线系统，线缆的布放和器件的安装应整齐美观，且应有明显的标识，所有线缆和器件应有与实际相符的图纸和清单备案。

综上所述，要达到这些性能，综合起来，其目的只有一个，就是实用。因为系统的许多性能都与所采用的软、硬件有关，换句话说，与系统投入的成本有关。脱离使用实际而盲目地追求系统的性能指标，只会使系统成本猛增，意义却不大，性价比才是评判系统优劣的最终标准。

8.3

监控系统的组成和组网方案

8.3.1　监控系统的基本组成和工作过程

1　监控系统的基本组成

电源集中监控系统的基本组成如图 8.2 所示。它由前端采集控制部分，数据传输网络和中心管理系统 3 部分组成。其中，前端采集控制部分由数据的采集/转换和控制命令的执行两部分构成；数据传输网络由数据的传输和系统组网构成；中心管理系统由数据的管理和维护以及人机交互界面两部分组成。

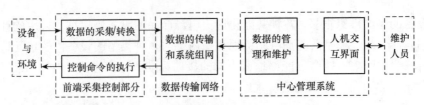

图 8.2 监控系统的组成

（1）数据的获取

利用电磁感应、热电转换、光电效应、红外、微波等技术，将设备运行数据从现场采集下来，通过变送器转换成可识别的电信号，送给计算机进行处理，就能获取设备的实时运行数据。

（2）数据的传送

数据的传输和系统的组网能从分散在各个不同的局（站）采集到的数据及时送往监控中心，同时将监控中心发出的遥控命令准确、及时地发给远端的被控设备。目前，总线技术、现代通信技术和计算机网络技术为这个问题提供了满意的解决方案。

（3）数据的分析、管理和设备的维护

从各个局（站）传送到监控中心的数据，利用电子计算机进行统计、分析和处理，得出能够直接反映设备运行情况和供电情况的结论性数据（包括告警）和统计规律，以指导维护人员做出正确的判断，进行适当的处理和合理的维护。

（4）软件系统和人机界面

监控软件将收集到的信息进行分析，发出相应的控制指令，根据需要控制位于不同地理位置的设备动作。同时人机界面将鼠标、键盘的简单操作转换成计算机所能识别的命令。

（5）设备状态的改变

通过遥控技术，能根据实际情况需要实时调整和改变电源设备的工作状态，局（站）的无人值守设备能够根据远端发来的控制指令执行正确的动作，比如：设备的启动和停机、开关状态、工作状态的改变、运行参数的调整等。目前，电子技术和单片机技术的发展，使远程控制成为可能。

2 集中监控系统的工作过程

一般的通信电源集中监控系统的硬件结构由各类传感器、数据采集模块、数据采集机、通信线路和监控机等组成。一方面，传感器与被监控设备相连接，将电压、电流、温度、湿度等模拟量采集下来，经变送器转换成为可被数据采集/控制机易于识别、处理的电信号，该信号通过网络传输到远端的电源监控中心，经过计算机和监控软件对实时采集的数据进行分析、判断和处理，最后经由人机交互界面与维护人员交流；另一方面，维护人员可通过交互界面发出控制命令，经过计算机处理后，传输至现场由控制命令执行机构使电源设备以及环境设备完成相应动作。

数据采集机接收从采集模块送来的数据并存储。监控机可将采集来的数据显示，并提供接口供操作人员对监控设备进行控制。

8.3.2　电源集中监控系统的结构

1　计算机控制系统的结构

工业计算机控制系统经历了从集中式控制系统向分布式控制系统的发展过程。如图 8.3 所示。早期由于计算机价格昂贵，为了提升系统性价比，往往采用集中控制方式，但该方式面临可靠性差和处理速度慢两大难题。随着计算机技术的发展，控制硬件费用的降低和软件技术的完善，分布式控制系统就应运而生，目前，监控系统的基本结构主要采用分布式结构。

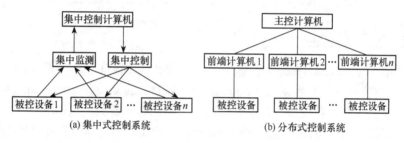

图 8.3　控制系统的结构

分布式控制系统就是把对全局的管理和协调工作集中在主控计算机上，把对设备的监测和控制、局部的管理、局部阶段性的数据处理等工作交给分散在不同地点的前端计算机来实现。这样做的结果使得监控过程条理清楚、层次分明，既分散了系统故障的危险，提高了系统可靠性，又分担了系统负担，使多项工作协调并行处理，提高了系统的实时性。

2　集中监控系统的总体结构

根据通信发展形势和维护改革要求，按照通信行业标准 YD/T 1051—2000 的规定，通信电源集中监控系统宜采用逐级汇集的三级网络结构，在此基础上可根据实际情况和维护管理要求灵活配置网络结构形式。典型的三级网络结构如图 8.4 所示。

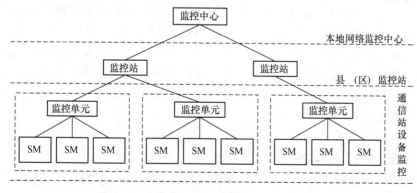

图 8.4　监控系统的总体结构

在图 8.4 中，监控中心（SC）与监控站（SS）或监控站（SS）与监控单元（SU）组成二级结构；监控中心（SC）、监控站（SS）与监控单元（SU）组成三级结构，且二级结构能够平滑过渡到三级结构。监控管理中心和监控站中监控主机为 IBM-PC 机，监控单元通常由单片机构成。监控模块（Supervision Module）可以是通信电源集中监控系统中安装的数据采集器，也可以是通信电源集中监控系统中要监控的智能设备。

> **相关知识**
>
> 在通信电源集中监控系统中，通常将 SM 软件各种功能通常做成子程序的形式，由系统中断来调用。

3 几个基本概念

1）监控级（Supervision and Control Level）。其是组成监控系统的不同层次的监控设备。

2）设备监控单元或监控模块（Equipment Supervision Unit or Supervision Module）。其是与被控设备接口的监控级，用于监控被控设备的各种参数和工作状态等。

3）监控管理中心（Supervision and Management Center）。其是在一定规模的监控系统中，监控管理若干下级监控级的最高层次的监控级。

4）监控对象（Object of Supervision and Control）。被监控的一台设备或多台设备的组合，例如，一台整流器或直流供电系统。

8.3.3 电源集中监控系统的传输与组网

集中监控系统组网的基本结构如图 8.5 所示。它包括监控中心、监控站、监控单元以及传输系统 4 部分。

监控中心（Supervision Center，SC）与监控站（Supervision Station，SS）都是由服务器、主监控台和辅助监控台组成。监控中心通常设在一个本地网的网管中心并受网管中心管理，一般对应市（州）通信局（站），是监控系统的管理中枢；监控站一般对应区（县）通信局（站），是监控系统的操作维护中心。监控中心与监控站两级采用相同的应用软件，监控站受监控中心调度，并执行对下属监控单元的维护操作。

监控单元（Supervision Unit，SU）由数据采集器、智能设备、计算机系统构成。监控单元通常位于不同地理区域的端局或接入点，负责对端局内的各个监控模块进行管理。端局计算机用来完成数据采集、处理和上报任务，同时可以接受、执行从监控台发来的控制命令，对相关设备进行控制。

传输系统在电源监控系统中承担信息双向传送任务，采用全双工方式工作，在工程规划时，传输系统可以利用本地网络的通信资源实现。

通信电源集中监控系统从逻辑上可以分为数据采集处理系统、传输网络系统和软件系统 3 部分。

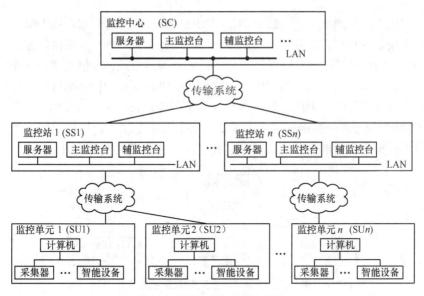

图 8.5 监控系统的基本结构

1 数据采集处理系统

　　数据采集处理系统包含监控单元（SU）和监控模块（SM）两部分。在通信电源集中监控系统中，监控单元由端局计算机承担，负责对数据进行处理和分发，包括监控命令的上传下达、监控数据的分析、处理、存储、显示打印等。监控模块包括数据采集器和智能设备，它的主要作用：一是实时采集被监控设备（智能型和非智能型）及机房环境的运行参数和工作状态，收集故障告警信息，并直接与端局计算机通信；二是实时接收监控中心传来的监测和控制命令并对设备实施控制操作。

　　在监控系统中，对被监控端局设备数据的采集，有很多种采集方案，其中用得比较多，比较简单的就是串行通信的数据采集方案。

　　在监控系统中，端局计算机与数据采集器或智能设备之间一般通过串行接口通信。由于一个端局的设备较多，测点也较多，因此，在端局可以采用总线方式或多串口方式进行数据采集。

　　1）总线方式的数据采集方案。总线方式是在一条总线上并接多台数据采集器或智能设备，端局计算机对总线上每一个数据采集器或智能设备采用轮询方式采集数据，如图 8.6 所示。

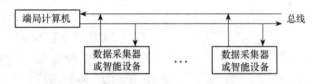

图 8.6 总线方式的数据采集方案

总线方式采用的通信接口一般为 RS-422/RS-485，该方案要求总线上每一个数据采集器或智能设备的接口方式和通信协议都相同，地址完全不同；如果接口方式不同但通信协议相同，则可以通过接口转换接入总线；如果接口方式相同但通信协议不同，则可以通过协议转换器接入总线；如果接口方式和通信协议都不相同，则可以通过接口转换和协议转换器接入总线。因此，该方案数据采集周期较长，工作速度慢。

2）多串口卡方式的数据采集方案。多串口卡方式是端局计算机通过多串口卡分别与各个数据采集器或智能设备通信，该方式可以同时采集数据，如图 8.7 所示。

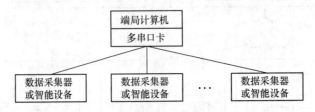

图 8.7　多串口卡方式的数据采集方案

在多串口卡方式的数据采集方案中，所用的通信接口一般为 RS-232。该方案对各个数据采集器或智能设备的通信协议和地址没有具体要求。因此，该方案数据采集周期短，采集速度快。

2　传输网络系统

在图 8.5 中，监控中心（SC）、监控站（SS）一般是由多台计算机组成的局域网。端局以下部分也就是说端局计算机与数据采集器或智能设备之间通信为串行接口通信，而端局以上部分，含监控单元（SU）、监控站（SS）、监控中心（SC）各部分是基于 TCP/IP（Transmission Control Protocol/Internet Protocol）协议的广域网。在 SU 与 SS 之间和 SC 与 SS 之间的部分就是传输网络系统。下面就常用通信接口、数据传输信道等几个方面，介绍传输网络系统的相关内容。

1）常用通信接口。并行通信与串行通信是计算机常用的两种通信方式，而串行通信有同步和异步之分，在监控系统中常采用串行异步通信方式来实现智能设备、采集器与端局计算机之间的通信。

串行通信有多种接口方式，监控系统中常用的接口有 RS-232、RS-422、RS-485 3 种接口方式，下面分别对它们进行简要介绍。

① RS232 串行通信接口。RS-232 是美国电工协会 EIA 制定出来的串行通信标准接口，目前，广泛使用的是 RS-232-C 接口，习惯常把 RS-232-C 简称为 RS232（RS-232 与 CCITT V.24 基本兼容）。RS-232 的机械接口有 DB9、DB25 两种形式，均可分为公头（针）和母头（孔）两种结构。常用的 DB9 接口外形及针脚序号，如图 8.8 所示。

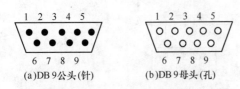

(a)DB 9公头(针)　　(b)DB 9母头(孔)

图 8.8　RS-232 接口外形示意图

DB9 和 DB25 两种串行接口的引脚信号定义如表 8.3 所示。

表 8.3　DB9 和 DB25 两种串行接口的管脚信号定义

9针	25针	引脚名称	简　称	信号流向	功　能
一	1	保护地	PGND	公共	保护地
3	2	发送数据	TD	DTE→DCE	DTE 发送串行数据
2	3	接收数据	RD	DTE←DCE	DTE 接受串行数据
7	4	请求发送	RTS	DTE→DCE	DTE 请求切换到发送方式
8	5	清除发送	CTS	DTE←DCE	DCE 已切换到准备接收
6	6	数据设备就绪	DSR	DTE←DCE	DCE 准备就绪可以接收
5	7	信号地	SGND		公共信号地
1	8	载波检测	DCD	DTE←DCE	DCE 已接收到载波
4	20	数据终端就绪	DTR	DTE→DCE	DTE 准备就绪可以接收
9	22	振铃指示	RI	DTE←DCE	通信线路已接通

其中，DTE（Data Terminal Equipment）表示数据终端设备，如：计算机、智能终端、数据采集器等；DCE（Data Circuit Terminating Equipment）表示数据电路终接设备，如：调制解调器（Modem）、线路耦合器和数据端接设备 DTU（Data Terminal Unit）等。

RS-232 用于组网时，只能实现点到点的通信，数据传输速率为 20kbit/s，传输距离为 15m，工作方式为全双工方式。

② RS-422 串行通信接口。RS-422 接口定义比较复杂，一般使用 4 个端子即数据发送端 TX＋、TX－和数据接收端 RX＋、RX－。工作方式为全双工。用于组网时，能够实现点到多点的通信即构成总线通信方式，通信距离和速率为：通信距离 12m，通信速率 10Mbit/s；通信距离 120m，通信速率 1Mbit/s；通信距离 1200m；通信速率 100kbit/s。典型应用如图 8.9 所示。

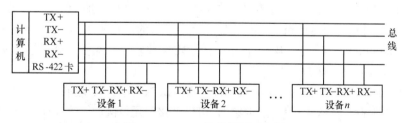

图 8.9　RS-422 总线组网示意图

③ 3RS-485 串行通信接口。RS-485 是 RS-422 的子集，只需要 DATA+（D+）、DATA-（D-）两根线。RS-485 的工作方式为半双工方式，用于组网时，能够实现点到多点及多点到多点的通信，其通信距离和通信速率与 RS-422 基本相同。典型应用如图 8.10 所示。

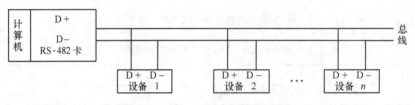

图 8.10 RS-485 总线组网示意图

对于图 8.9 和图 8.10 需要说明的是：在这两个图中，都要求各设备有相同的通信协议和相同的接口方式，但各个设备的地址都不能相同。在实际应用时，如果设备的通信接口、通信协议不相同，则在设备和通信总线间增加协议转换器进行通信协议和接口的转换。

小提示

RS-422 与 RS-485 的最主要区别是前者是全双工，后者为半双工。

2）数据传输信道。通信电源集中监控系统可以采用多种数据传输信道传输数据，最常用的有以下几种。

① 公共电话网（Public Switched Telephone Network，PSTN）。PSTN 是目前用得非常多的数据传输信道，它提供的传输资源主要有电话线（有拨号电话线和专用电话线两种信道）和 PCM 线路（E1 中继即 2M 中继）。电话线传输的是模拟信号，当用于数字传输时，需要调制解调器进行 A/D、D/A 转换，电话线提供的通信速率为 300bit/s～56kbit/s。而采用 E1 传输时，数据通常只使用 E1 中的一个时隙，因此，需要用从 E1 中抽取时隙的设备即数据服务单元 DSU（Data Service Unit）/通道服务单元 CSU（Channel Service Unit）将 2M 中的一个、几个或全部时隙提取出来用于数据传输。

② 数字数据网（Digital Data Network，DDN）。DDN 是通信局（站）的一种数据业务网，DDN 可以向用户提供端到端的透明数字串行专线，而 DDN 提供透明串行专线又可分为同步串行专线和异步串行专线。同步串行专线提供的通信速率从 64kbit/s～$n\times$64kbit/s，最高可达 2.048Mbit/s；异步串行专线提供的通信速率一般小于 64kbit/s，从 2400bit/s、9600bit/s，直到 38.4kbit/s。在使用 DDN 传输时，需要 DDN 通信设备，常用的 DDN 数据端接设备有 DTU。

③ 97 网或（Data Communication Network，DCN）网。97 网或 DCN 网是电信企业内部的一个广域网，该网提供以太网接口，可以直接使用。例如，端局计算机就可以通过网卡直接接入到 97 网的集线器，这样就可以通过 97 网将数据传送到监控中心的服务器。

④ 数字公务信道。数字公务信道一般多用作基站的数据传输信道，它提供标准的 RS-232 接口或 V.11 接口。V.11 接口的接线端子定义为 In＋、In－、Out＋、Out－，这 4 个端子分别与 RS-422 接口的数据接收端子 RX+、RX－和数据发送端子 TX＋、TX－相对应，可直接使用，V.11 接口的用法和 RS-422 接口的用法一样。

除上面提到的数据传输信道之外，音频专线等也可以作为通信电源集中监控系统的数据传输信道。

3）传输与组网设备。在通信电源集中监控系统中，两地之间数据的传输主要是通过传输网络系统完成的，而要组成传输网络，除了需要数据传输信道之外，还需要传输与组网设备。根据传输与组网设备在网络互连中所起作用，可分为以下类型。

① 接入设备。接入设备用于接入各个终端计算机，如：多串口卡等。在监控系统中，通信局（站）的所有数据采集器和智能设备都连接到端局计算机的串口上，而计算机提供的串口就一个或两个，远远不能满足要求，因此，需要安装多串口卡以扩充计算机的串口。多串口卡对外提供标准的 RS-232 或 RS-422 接口。

② 通信设备。通信设备用于承担网络线路上的数据通信功能，如：调制解调器，数据端接收设备（DTU）、数据服务单元/通道服务单元（DSU/CSU）等。

调制解调器（Modem）：在监控系统中，当选用电话线作为数据传输信道时，由于电话线上传输的信号是模拟信号，而计算机（或计算机与数据采集器、智能设备）之间的通信只能使用数字信号，为实现数字信号在模拟信道——电话线上传输的目的，需要用调制解调器来进行数字信号和远程传输的模拟信号之间的转换。

数据端接设备（DTU）：DTU 是 DDN 的专用设备，其作用是在接入 DDN 时实现信号的转换，使数据信号能在不同传输介质中顺利传送。DTU 提供的串行接口一般有 RS-232 和 V.35 两种。

数据服务单元/通道服务单元（DSU/CSU）：在监控系统中，当选用 E1 作为传输信道时，需要 DSU/CSU 从 2M 中继抽取一个或几个时隙作为监控系统数据传输信道。

③ 网络交换设备。网络交换设备用来实现网络互连的设备，用于提供数据交换服务，构建互连网络的主干，如：路由器等。

在监控系统中，监控中心、监控站一般是由多台计算机组成的局域网，路由器的主要作用就是把两个局域网连接起来，为两个局域网提供数据交换服务，从而构成广域网。

3　软件系统

通信电源集中监控系统所使用的软件包括系统软件和监控应用软件两大类。

系统软件：其是用来支撑应用软件运行的环境平台，主要有操作系统、数据库管理系统。常用的操作系统有 Windows 系列、NT Server 操作系统、NT Workstation 操作系统等，常用的数据库管理系统 FoxPro、Access、SyBase 等。

应用软件：由于不同厂家生产的电源集中监控系统中所采用的应用软件不同，在这里不作阐述。

8.3.4　集中监控系统的组网方案

通信电源集中监控系统一般采用逐级汇集的三级网络结构。对于不同地理位置，不同分布区域可以在此基础上根据实际情况配置不同网络结构形式。常见的几种通信电源集中监控系统组网方案如下。

1 基于 PSTN 的组网方案

图 8.11 所示为基于 PSTN 的组网方案。

基于 PSTN 的组网方案是指利用普通电话调制解调器在 PSTN 的普通电话线上进行数据信号传送，当上网用户发送数据信号时，利用调制解调器将个人计算机的数字信号转化为模拟信号，通过公用电话网的电话线发送出去；当上网用户接收数据信号时，利用调制解调器将经电话线送来的模拟信号转化为数字信号提供给个人计算机。

2 基于 DDN 的组网方案

DDN 是利用数字信道传输数据信号的数据传输网，它的传输媒介有光缆、数字微波、卫星信道以及用户端可用的普通电缆和双绞线。主要为用户提供永久或半永久的出租数字线路；DDN 采用交叉连接装置，可根据用户需要，在约定的时间内接通所需带宽的线路。图 8.12 所示为基于 DDN 的组网方案。

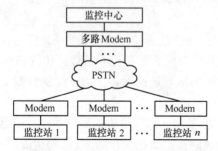

图 8.11　基于 PSTN 拨号的组网方案

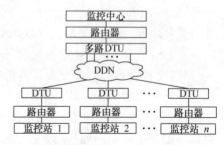

图 8.12　基于 DDN 的组网方案

3 基于 E1 的组网方案

图 8.13 所示为基于 E1 的组网方案。

欧洲的 30 路脉码调制 PCM 简称 E1，速率为 2.048Mbit/s。E1 的一个时分复用帧（其长度 T=125μs）共划分为 32 等长的时隙，时隙的编号为 CH0~CH31。其中时隙 CH0 用作帧同步用，时隙 CH16 用来传送信令，剩下 CH1~CH15 和 CH17~CH31 共 30 个时隙用作 30 个话路。

4 基于 97 网的组网方案

图 8.14 所示为基于 97 网的组网方案。

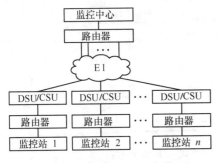

图 8.13　基于 E1 的组网方案

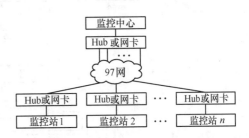

图 8.14　基于 97 网的组网方案

97 网是电信企业内部的一个广域网，该网采用 Ethernet 技术，提供以太网接口，可以直接使用。计算机通过网卡直接接入到 97 网的集线器，这样就可以通过 97 网将数据传送到监控中心的服务器

8.3.5　远程实时图像监控系统

1　系统概述

远程实时图像监控是一种综合利用多种技术，新型的，高科技的监控手段，它将更加有效地促进通信局（站）的监控朝着少人和无人值守化方向发展。远程实时图像监控是通信电源集中监控系统的一个组成部分，是对动力数据监控的性能补充。由于远端局（站）分布广，无人值守，设备的正常运行、防盗、防火以及人员出入管理等机房安全问题成为我们关注的问题，实现远程实时图像监控能有效地解决我们的后顾之忧。

远程图像监控系统采用先进的数字图像压缩编解码处理技术，可以实施大范围、远距离的图像集中监控，图像清晰度高、实时性好、组网方便。可实现告警联动，实时告警录像等功能。

2　系统的结构

远程图像监控系统一般主要由监控中心、监控端局和 E1 通信链路 3 部分组成。监控中心还可以通过多级级联构成多级监控系统。端局的图像视频信号通过视频切换器，由图像编码压缩设备完成图像的 MPEG-1 的编码，形成视频码流，再由 2M 时隙复用设备送到 E1 线路上，传到监控中心。监控中心对端局上传的 E1 码流经过时隙交换，图像解码，输出视频信号，通过监视器显示或进行告警录像。典型的远程图像监控系统结构框图，如图 8.15 所示。

3　系统的功能

系统可通过 E1、ISDN、DDN、PSTN 等传输线路将监控端局（站）摄像机的图像经过压缩编码后上传监控中心，监控中心进行反过程的解码，送出视频信号到监视器。

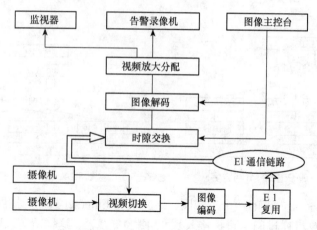

图 8.15 远程实时图像监控系统

在监控中心可通过图像主控台控制中心及端局（站）的图像设备查看任一路图像，并可遥控端局（站）摄像机的云台和镜头，以达到对端局（站）环境的监视作用。

系统还具有红外、图像告警联动功能。当端局（站）出现红外等告警时，监控中心可以根据预定的程序自动控制摄像头切换到告警点上，录像机自动录像，记录告警信息，同时可以打开告警点上的照明，触发现场警铃，并且以字幕、声音形式报警。

相关知识

云台是用来承载摄像机进行水平、竖直两个方向转动的装置。

8.4

常见监控硬件

在监控系统中，前端信号的测量与控制是一个关键环节，其测量准确性、测量精度、控制速度、可靠性及科学性将决定监控系统的整体性能指标，为了更好地掌握电源集中监控技术，掌握一定的信号测量与控制技术及其常见监控硬件是必要的。

信号是指具有特定意义，用来传递消息或命令的物理信息。信号的测量与控制就是对被测设备运行数据的采集、转换以及对其工作状态和工作参数的调整和改变。

8.4.1 信号的测量与控制

监控系统对信号的测量，其目的是为了将反映设备运行状况或环境优劣的各种物理量采集下来，并转换成计算机能够识别和处理的数据量。测量又称检测，是利用专门的技术工具依靠实验和计算找到被测量的值。

1　信号测量过程

在工业控制中，应用最广泛的是电子测量，它包括两个过程：一是通过敏感元件将被测物理量检出，并进行一次或多次的能量形式转换，转换的最终结果通常是电量；二是通过模拟或数字电路，依据预定的测量基准和单位，线性地或依照其他某种函数关系将转换后的电量变换到一个标准的大小范围内，以便于通过比较得出测量值。

在实际中，测量的第一个过程通常用传感器来实现，第二个过程用检测电路或变送器来实现。也有的器件能够同时实现以上两个过程，成为传感变送器，习惯上也常称为变送器。控制系统中所有的数据都要通过计算机来进行处理，所以还必须通过数字电路将变换所得的标准信号转换成数字信号。

2　信号控制的概念和原理

信号控制就是利用电子技术将人或计算机的控制指令转换成被控设备能够识别的电子信号，使被控设备完成预期的动作或调整到预期的状态。根据被控量数据类型的不同，控制可分为状态控制（开关）和数值控制；当进行远程控制时，这两种控制又分别称为遥控和遥调（通常统称为遥控）。

从表面上看，信号的控制是信号测量的逆过程，但实际上却比测量过程复杂得多。可以将实现控制过程的所有软、硬件的组合称为一个控制系统。如果被控量在整个控制过程中只能受制于输入的控制量，而不对控制量产生任何影响，那么这样的控制系统称为开环控制系统，如图 8.16（a）所示；如果在整个控制过程中被控量能够反馈到输入端，与输入控制量进行比较，构成误差信号，并利用这个误差信号来调整、修正输入控制量，从而使被控量趋于预期值，这样的控制系统称为闭环控制系统，如图 8.16（b）所示。

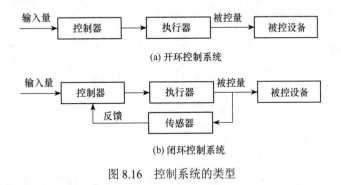

(a) 开环控制系统

(b) 闭环控制系统

图 8.16　控制系统的类型

8.4.2　传感器和变送器

传感器是能感受规定的被测量并按照一定的规律转换成可用输出信号的器件或装置。传感器通常由敏感元件和转换元件组成。

敏感元件是指能够灵敏地感受被测变量并做出响应的元件，它是传感器中能直接感受被测量的部分。敏感元件通常根据其基本感知功能可分为热敏元件、光敏元件、气敏元件、力敏元件、磁敏元件、湿敏元件、声敏元件、放射线敏感元件、色敏元件和味敏元件等类。

转化元件是指传感器中能将敏感元件的输出转换为适于传输和测量的电信号部分。一般传感器的转化元件是需要辅助电源的。有的传感器可以直接通过敏感元件将感受到的被测量转换为电信号输出，这时可以省略转换元件；也有的传感器需要经过多次转换，才能够输出符合要求的电信号，这时就需要多个转换元件来共同完成转换工作。

综上所述，传感器是一种检测装置，能感受到被测量的信息，并能将检测感受到的信息，按一定规律变换成为电信号或其他所需形式的信息输出，以满足信息的传输、处理、存储、显示、记录和控制等要求，它是实现自动检测和自动控制的首要环节。下面对常见的传感器进行简要介绍。

1　温度传感器

温度传感器是利用物质各种物理性质随温度变化的规律把温度转换为电量的传感器。温度传感器的种类很多，现在经常使用的有热电阻：PT100、PT1000、Cu50、Cu100；热电偶：B、E、J、K、S 等。温度传感器不但种类繁多，而且组合形式多样，应根据不同的场所选用合适的产品。

常用的温度传感器有热电阻传感器、热电偶温度传感器及集成温度传感器等。热电阻测温是基于金属导体的电阻值随温度的增加而增加这一特性来进行温度测量的；热电阻大都由纯金属材料制成，目前应用最多的是铂和铜，此外，现在已开始采用镍、锰和铑等材料制造热电阻。热电偶基本工作原理来自物体的热点效应。通常热电阻测量精度高，但测量范围比较小；热电偶测量范围较宽，一般为 $-100℃\sim+200℃$；集成温度传感器，它的线性好，灵敏度高、体积小、使用简便。

相关知识

温度传感器的测温原理是根据电阻阻值、热电偶的电势随温度不同发生有规律变化的原理，我们可以得到所需要测量的温度值。

2　湿度传感器

湿度传感器是能感受气体中水蒸气含量，并转换成可用电信号的传感器。湿度传感器分为电阻式和电容式两种，产品的基本形式都为在基片涂覆感湿材料形成感湿膜。空气中的水蒸汽吸附于感湿材料后，组件的阻抗、介质常数发生很大的变化，从而制成湿敏组件。下面简单介绍几种常用的湿度传感器。

（1）阻抗型湿敏元件组成的湿度传感器

其湿敏材料主要为金属氧化物陶瓷材料，一般采用厚薄膜结构，它们有较宽的工作湿度范围，并且有较小响应时间。缺点是阻抗的对数与相对湿度所成的线性度不够好。

（2）电容式湿敏元件组成的湿度传感器

相对湿度的变化影响到内部电极上聚合物的介电常数，从而改变了元件电容值，由此引起相关电路输出电量的变化，其线性度较好、响应快。

（3）热敏电阻式湿度传感器

它是利用潮湿空气和干燥空气的热传导之差来测定湿度，一般接成电桥式测量电路。

3　火灾探测器

火灾探测器是消防火灾自动报警系统中，对现场进行探查、发现火灾的设备。火灾探测器按现场的信息采集类型分为：感烟探测器、感温探测器、火焰探测器等。工程上使用最多的是感烟探测器。

（1）感烟探测器

感烟探测器是将探测部位烟雾浓度的变化转换为电信号实现报警目的一种器件。感烟式火灾探测器有离子感烟式、光电感烟式、红外光束感烟式等几种型式。

（2）感温探测器

感温探测器是通过感温元件探测温度变化的装置。感温式火灾探测器可根据其作用原理分为以下几种。

1）定温式火灾探测器。它是在规定时间内，火灾引起温度上升超过某个定值时起动报警的火灾探测器。

2）差温式火灾探测器，差温式火灾探测器是在规定时间内，火灾引起的温度上升速率超过某个规定值时起动报警的火灾探测器。

3）差定温式火灾探测器。

（3）火焰探测器

火焰探测器是探测到物质燃烧时光照强度和火焰的闪烁频率的一种火灾探测器。根据火焰的光特性，目前使用的火焰探测器有 3 种：一种是对火焰中波长较短的紫外光辐射敏感的紫外探测器；另一种是对火焰中波长较长的红外光辐射敏感的红外探测器；第三种是同时探测火焰中波长较短的紫外线和波长较长的红外线的紫外/红外混合探测器。

4　红外传感器

红外光的最大特点就是具有光热效应，辐射热量，它是光谱中最大光热效应区。自然界中任何物体，只要其温度在绝对零度之上，都能产生红外光辐射。红外光的光热效应对不同的物体是各不相同的，热能强度也不一样，将产生不同的光热效应。

红外传感器是将红外辐射量变化转换成电量变化的装置。红外传感器是根据热电效应和光子效应制成的，前者称为热敏传感（探测）器，后者称为光子传感（探测）器。

热敏探测器是利用辐射热效应，使探测元件接收到辐射能后引起温度升高，进而使探测器中依赖于温度的性能发生变化。检测其中某一性能的变化，便可探测出辐射。多数情况下是通过热电变化来探测辐射的。当元件接收辐射，引起非电量的物理变化时，可以通过适当的变换后测量相应的电量变化。

热敏探测器对红外辐射的响应时间比光电探测器的响应时间要长得多。前者的响应时间一般在 ms 以上，而后者只有 ns 量级。热探测器不需要冷却，光子探测器多数要冷却。

（1）热释电红外传感器

热释电红外传感器主要用来检测红外线的增量，对于与背景温度高出几度的温差，将会作出迅速的响应，因此，热释电红外传感器可以用来检测运动的人体，当人体进入该传感器的有效视野范围时，传感器的输出端就会立即输出一个高电平，让执行器件作出反应。

热释电红外传感器的探测元件是高热电系数的材料，如：锆钛酸铅系陶瓷、钽酸锂、硫酸。在每个探测器内装入一个或两个探测元件，并将两个探测元件以反极性串联，以抑制由于自身温度升高而产生的干扰。由探测元件将探测并接收到的红外辐射转变成微弱的电压信号，经装在探头内的场效应管放大后向外输出。为了提高探测器的探测灵敏度以增大探测距离，一般在探测器的前方装设一个菲涅尔透镜，该透镜用透明塑料制成，将透镜的上、下两部分各分成若干等份，制成一种具有特殊光学系统的透镜，它和放大电路相配合，可将信号放大 70dB 以上，这样就可以测出 10～20m 范围内人的行动。

菲涅尔透镜利用透镜的特殊光学原理，在探测器前方产生一个交替变化的"盲区"和"高灵敏区"，以提高它的探测接收灵敏度。当有人从透镜前走过时，人体发出的红外线就不断地交替从"盲区"进入"高灵敏区"，这样就使接收到的红外信号以忽强忽弱的脉冲形式输入，从而增强其能量幅度。

（2）红外温度检测系统

自然界一切温度高于绝对零度的物体，由于分子的热运动，都在不停地向周围空间辐射包括红外波段在内的电磁波，其辐射能量密度与物体本身的温度关系符合普朗克（Plank）定律。人体的红外辐射特性与它的表面温度有着十分密切的关系，因此，通过对人体自身辐射的红外能量的测量，便能准确地测定人体表面温度。

5　液位传感器

液位传感器是指对液体的高度或高度的变化进行实时连续检测的传感器。它在现代工业中应用十分广泛，如：液态原料存量检测、冷却水液面监测、河面以及渠道的水位测量等。常用的液位传感器有浮力式、静压式和电容式等。

电容式液位传感器的原理是在电容器的金属面之间充以不同介质时，其电容量的大小是不同的。可以用测量电容量的变化来检测液位或两种不同介质的液位分界面。

浮力式液位传感器是基于液体的浮力使浮子随着液位的变化上升或下降而测量液

位。浮子有很多种形式，常用的按结构原理和形状可分为：浮球液位计、浮筒液位计、钢带液位计、磁浮子液位计等。

静压式液位传感器是一种测量液位的压力传感器。它是基于所测液体静压与该液体的高度成比例的原理，采用隔离型扩散硅敏感元件或陶瓷电容压力敏感元件，将静压转换为电信号的传感器。

（1）警戒液位传感器

常用的警戒液位传感器是根据光在两种不同媒质界面发生反射和折射原理来测量液体的存在。常被用于测量是否漏水，俗称为水浸探测器。

（2）连续液位传感器

连续液位传感器利用的测量压力（压降）或随液面变化带动线性可变电阻的变化，并经过一定的换算来测出液位的高度。在监控系统中常被用来测量柴油发电机组油箱油位的高度。

> **小提示**
>
> 监控系统中常用的防盗入侵传感器是红外传感器和微波传感器。

6　变送器

变送器是将物理测量信号或普通电信号转换为标准电信号输出或能够以通信协议方式输出的设备。变送器通常由隔离耦合电路和变换电路组成。

由于传感器输出的电信号各式各样，有交流也有直流，有电压也有电流，而且大小不一，而一般 D/A 转换器件的量程都在 5V 直流电压以下，所以有必要将不同传感器输出的电量变换成标准的直流信号，具有这样功能的器件就是变送器。换句话说，变送器是能够将输入的被测电量（电压、电流等）按照一定的规律进行调制、变换，成为可以传送的标准输出信号（一般是电信号）的器件。

变送器除了可以变送信号外，还具有隔离作用，能够将被测参数上的干扰信号排除在数据采集端之外，同时也可以避免监控系统对被测系统的反向干扰。

变送器的种类很多，用在工控仪表上面的变送器主要有温度变送器、压力变送器、流量变送器、电流变送器、电压变送器等。

此外，还有一种传感变送器，实际上是传感器和变送器的结合，即先通过传感部分将非电量转换为电量，再通过变送部分将这个电量变换为标准电信号进行输出。

8.4.3　执行器

监控系统对设备的控制最终是通过执行器来完成的，这些控制包括设备的启停、工作状态的切换、开关的分合以及开关电源电压调节、空调温湿度调节等。通常把实现电路通断、设备启停、工作状态改变等控制称为开关控制，而把改变设备电流、电压、转速、流量、温湿度等物理量的大小变化的控制称为连续控制。

工业控制的执行器分为气动、液动和电动 3 类。气动执行器是以压缩空气为动力进行控制动作的，其特点是简单、可靠、维护方便，大量用于工业生产线和大型机电设备上；液动执行器以高压液体为动力进行控制动作，推力大，但不如气动的简单可靠，使用不是很多；电动执行器相对比较复杂，他接收来自调节器的标准信号，转换为相应的电路开关动作或部件的机械动作，其特点是采用电信号控制，方便联网与集中控制，因此，应用广泛。通信电源集中控制系统的执行器都是电动执行器。

常用的电动执行器分为电磁式和电动式两种。电磁式执行器有继电器、接触器和电磁阀等；电动势执行器有伺服电机、步进电机等。

1 继电器和接触器

（1）继电器

继电器是根据一定的信号（如：电流、电压、时间和速度等物理量）的变化来接通或断开小电流电路和电器的自动控制电器。继电器一般由 3 个基本部分组成：检测机构、中间机构和执行机构。低压控制系统中的控制继电器大部分为电磁式结构。图 8.17 为电磁式继电器的典型结构示意图。

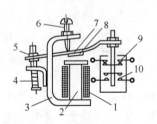

图 8.17　电磁式继电器结构示意图

1. 线圈；2. 铁心；3. 磁轭；4. 弹簧；
5. 调节螺母；6. 调节螺钉；7. 衔铁；
8. 非磁性垫片；9. 动断触电；10. 动合触电

电磁式继电器由电磁机构和触点系统两个主要部分组成。电磁机构由线圈、铁心、衔铁组成。触点系统由于其触点都接在控制电路中，且电流小，故不装设灭弧装置。它的触点一般为桥式触点，有动合和动断两种形式。另外，为了实现继电器动作参数的改变，继电器一般还具有改变弹簧松紧和改变衔铁打开后气隙大小的装置，即反作用调节螺钉。

当通过电流线圈的电流超过某一定值，电磁吸力大于反作用弹簧力，衔铁吸合并带动绝缘支架动作，使动断触点断开，动合触点闭合。通过调节螺钉来调节反作用力的大小，即调节继电器的动作参数值。

（2）接触器

接触器是利用线圈流过电流产生磁场，使触头闭合，以达到控制负载的电器。接触器由电磁系统（铁心、静铁心、电磁线圈）、触头系统（常开触头和常闭触头）和灭弧装置组成。其原理是当接触器的电磁线圈通电后，会产生很强的磁场，使静铁心产生电磁吸力吸引衔铁，并带动触头动作。其动作过程为：常闭触头断开，常开触头闭合，两者是联动的。当线圈断电时，电磁吸力消失，衔铁在释放弹簧的作用下释放，使触头复

原。其复原过程为：常闭触头闭合，常开触头断开

（3）继电器与接触器的关系

继电器用于控制电路、电流小，没有灭弧装置，可在电量或非电量的作用下动作；接触器用于主电路、电流大，有灭弧装置，一般只能在电压作用下动作。

接触器与继电器的区别：接触器原理与电压继电器相同，只是接触器控制的负载功率较大，故体积也较大。交流接触器广泛用作电力的开断和控制电路。

2　电磁阀

电磁阀是一种常见的电动执行器，主要用于流体控制。同通过电磁线圈控制阀芯的开启、闭合或偏转，来改变管道中流体的流量、流速和流向，广泛应用于工业生产线和机电设备中。在通信电源设备上主要用于油机油路的控制、空调制冷剂的控制等。

常见的电磁阀有直动式和偏转式两种，按照控制方式又可分为开关式控制和连续控制。

3　伺服电机

伺服电机是一种特殊的电动机，通过其内部特殊的构造，它能将输入交流电的变化准确地转换为一定的转数或角度，再通过涡轮变速机构将其转换成可以直接驱动机械结构动作的角度位移或轴向位移。伺服电机体积小、扭矩大、控制简单，大量应用于生产流水线、数控机床等自动化生产装置中。

8.4.4　监控模块

监控模块又叫设备监控单元，是监控系统网络中的底层，它与设备直接相连接，对被监控设备进行监视、数据采集处理和控制。由于通信电源设备种类繁多，各监控厂商生产的监控模块也各不相同，但不管哪种监控模块，它们的基本组成原理和软、硬件基本功能都是相同的。

监控模块本身就是一个小型计算机集中控制系统，它的核心部分就是单片机。由于它要对被监控设备的工作状态和运行参数进行采集，同时要向被监控设备发出控制命令，所以必须具有各种类型的输入/输出通道接口。监控模块要将其采集到的各种数据和告警信息向上一级监控中心传送，同时要接收和执行上一级监控中心下发的各种监测和控制指令，它必须具有同上级进行通信的接口。维护人员在检修、调试设备时，需要直接通过监控模块来了解设备工作状态、通信状态，以及进行参数设定、工作状态的调整和改变等操作，所以监控模块通常还具有 LED 指示灯、LCD 显示器等显示设备以及按钮、键盘等输入设备；有的监控模块还带有串行打印接口，可以直接通过串行打印机输出监控数据；还有的监控模块具有专门用于调试

的"控制"通信接口，可以直接与便携机进行连接。此外，监控模块还具有一定容量的存储芯片，以保存监测设备运行状态和执行控制命令所必需的一些参数以及少量的监控数据。以上各部分通过总线（地址总线、数据总线、控制总线）连接在一起。监控模块的基本硬件结构如图 8.18 所示。下面分别对监控模块的各组成部分进行介绍。

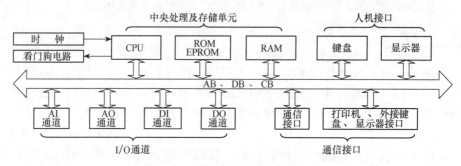

图 8.18　控制模块的基本硬件结构

1　中央处理器

　　中央处理器（CPU）是监控模块的核心，它严格按照预先编写的程序，对监控模块的各个组成部分进行统一指挥和控制。CPU 由运算器、控制器和寄存器组等组成。运算器负责完成各种算术和逻辑运算任务；控制器负责统一指挥和控制监控模块中各个部件的操作；寄存器组是用以保存运算和控制过程中所需暂存信息的临时存储单元。CPU 通过总线与其他部件相连接，实现各部件之间地址、数据以及控制信号的传送。

　　在实际的监控模块中，通常使用单片机来代替单纯的 CPU。单片机是将 CPU、一定容量的存储器、I/O 通道、中断处理器、通信控制器以及总线等集成在一个芯片上的计算机。采用单片机可以提高处理速度、降低成本以及提高监控模块硬件的集成度。

2　存储器

　　监控模块中使用的存储器一般包括随机存储器（RAM）、只读存储器（ROM）、可擦写只读存储器（EPROM）和电可擦写只读存储器（E^{2}PROM）等。只读存储器（ROM、EPROM 或 E^{2}PROM）用以将系统程序以及所有固定的数据（如：编码表、译码表、标准数据、初始数据等）通过"固化"的方法保存在其中，这些程序和数据内容在系统掉电时，不会丢失。RAM 中的数据可以在程序运行时，实时更改，它用于存储实时采集的监测数据、计算的中间结果、通信的数据以及控制设备或产生告警所必需的一些设置值，如：告警阈值等。RAM 中的数据内容在掉电时，会丢失，有的监控模块通过配备后备电池来保证这些数据内容在系统掉电时仍能得以保存。

　　闪存（Flash Memory）是一种类似于 E^2RPOM 的非易失性可擦写存储器，其擦写不需要专用设备，且掉电时，信息不会丢失。此外，闪存还具有功耗低、密度高、体积小、可靠性高等优点，而且由于是电读写介质，闪存完全不受磁性干扰的影响。由于闪存的这些特点，使得它成为许多电子产品（如，移动电话、数码相机和电子仪器等）首选的存储器件。许多监控模块也采用它来存储数据以使监控系统不再担心前端停电造成历史记录的丢失。

　　单片机中通常包括含有一定容量的 RAM 和 E^2RPOM，用来保存用户程序和运行数据。

③　输入输出通道（I/O）

　　输入/输出（I/O）通道是在计算机和被监控设备之间进行信息传递和变换的接口装置，又称为过程通道。输入/输出通道包括模拟量输入/输出通道、状态量输入/输出以及脉冲输入/输出通道。下面分别予以介绍。

　　（1）模拟量输入通道（AI）

　　模拟量输入通道将传感器和变送器测量变换后得到的标准模拟电信号码通过模拟滤波器、多路采样器和 A/D 转换器转换成数字量，再送入主机处理。由于监控现场环境恶劣，为了避免现场的各种电气干扰以及被测量本身的异常突变影响监控模块的正常工作，需要在 CPU 和现场设备之间进行隔离，许多传感器和变送器，尤其是智能化的传感变送设备，其本身已经对输入和输出信号进行了隔离，但通常在监控模块的输入/输出通道中也同时采取隔离措施。模拟量输入通道的隔离方式有两种，一种是采用隔离放大器，在输入信号和 A/D 转换器之间进行隔离；另一种是采用光耦合器，在 A/D 转换器和 CPU 之间进行隔离。

　　（2）模拟量输出通道（AO）

　　模拟量输出通道将 CPU 输出的数字控制信号经过 D/A 转换器转换成电压、电流等模拟控制信号，去控制设备执行机构。模拟量输出通道通常存在于智能设备自带的监控模块，一般在通用的监控模块中都不设该通道。同模拟量输入通道一样，模拟量输出通道也必须采取信号隔离措施。

　　（3）状态量输入通道（DI）

　　状态量输入通道是用以接入设备的各种运行状态或告警状态信号的过程通道。由于过程通道中的状态量大多数都是"通断"式的，可以逻辑"0"和"1"来表示，所以又称为开关量输入通道。该通道通常包括电平转换、光电隔离和寄存器等几部分。电平转换是将交流、直流输入信号转换成标准电平；光电隔离是利光电耦合器将通道的输入和输出信号进行电气隔离；寄存器用来保存各路输入量的值，供 CPU 来读取。

　　（4）状态量输出通道（DO）

　　状态量输出通道又称开关量输出通道，用于输出状态控制量（通常是开关控制量）去控制各种被控设备的启停，指示设备运行状态和开关状态以及进行声光告警等。状态量输出通道通常是利用继电器触点的开合来输出控制信息的。CPU 输出的状态量控制信息通过锁存、译码以及光隔离后，去驱动相应的继电器动作，以实现对设备预定的控制。通常该通道包含有驱动电路，以增大输出驱动电流。

（5）脉冲量输入通道（PI）

通信电源设备的有些测量信号'如'电能、转速等，经变送器变换后输出的是脉冲信号，脉冲量输入通道就是供这类信号输入的通道。该通道中包含有可编程计数器，它可以给出输入脉冲的累计值、脉冲周期和频率，CPU 可根据这些数据计算出被测量的实际数值。需要说明的是，脉冲信号也可以通过采用其他专用变送器，变换成标准模拟电信号，由模拟量输入通道进行采集。

4　通信接口

通信接口是计算机与计算机之间进行通信的"桥梁"。在这里通信接口指监控模块与其他监控模块或上级监控主机之间进行通信的接口。按照数据传送方式，通信接口可以分为并行接口和串行接口，分别用于并行通信和串行通信。并行通信是以字或字节为单位将多个数据位同时进行传送，所以通信速度快，但需要较多的通信信道，线路投资较大，适用于短距离的数据通信，如：与打印机等设备之间的通信。串行通信是以位为单位，按照时间顺序逐位进行传送的，因此，通信速率较慢，但只需要一个信道，线路投资较少。监控模块具有的通信接口一般是串行接口，如：RS-232、RS-422、RS-485 等。

5　总线

总线（BUS）是一组以位为传输单位的信号线或信号线与缓冲寄存器的组合，是一种传送规定信息的公共信道。它具有寄存器的某些特性，即接收数据、暂存数据和发送数据。在计算机系统中，CPU、RAM、接口和通道等都是通过总线联系在一起的。

按照功能来分，总线可以分为地址总线（AB）、数据总线（DB）和控制总线（CB）3 部分，地址总线是 CPU 与存储器或其他外围芯片连接的地址通道；数据总线是 CPU 和所有其他外围芯片之间传送数据和指令的通道；控制总线是用来对存储器、I/O 通道、中断、时钟以及 CPU 等各部件及信号操作的通道。

按照使用范围的不同，总线一般可以分为芯片总线、板级总线、系统总线和外总线。监控模块中的总线一般包括芯片总线和板级总线，极少有采用系统总线的。

6　键盘与显示器

键盘和显示器是监控模块配备的直接用来与操作人员进行交互的输入输出设备。由于监控模块在监控系统中主要是与上级监控主机进行通信，因此，并不是所有的监控模块都具有键盘和显示器，都提供现场操作功能。键盘与显示器通过专门的接口电路与CPU 通信。不同的监控模块中键盘的键数和排列各不相同，有单键、双键的，也有复杂的键盘阵列的；显示器的形式也是多种多样，最简单的是 LED 指示灯，更高级一些的有 8 段数字 LCD 显示屏、中英文 LCD 显示屏，甚至彩色 LCD 显示屏。

7　其他辅助硬件

监控模块要提高其工作性能，还需要有一些其他的辅助硬件，通常是一些特殊用途的电路，如：看门狗电路、译码电路和时钟电路等。其中看门狗电路是用来防止程序跑飞，对程序进入死循环等异常错误进行检测和自动复位，使系统恢复正常。

此外，为了在系统掉电时，不至于丢失保存在 RAM 中的配置数据和程序运行参数，许多监控模块还配置了后备电源，通常是采用银锌电池（电压 $1.5V \times n$）。但其容量是很小的，只能用于保存数据，不能够使监控模块正常运行。

8.4.5　协议转换器

协议就是指通信双方的一种约定。约定包括对数据格式、同步方式、传送速度、传送步骤、检纠错方式以及控制字符定义等问题做出统一规定，通信双方必须共同遵守。因此，也称为通信控制规程。终端设备只有通过这些功能才能互相交谈。

通信协议，原电信总局的《通信协议》中作了详细的规定，其内容包括通信机制、通信内容、命令及应答格式、数据格式和意义、通用及专用编码等。通信双方如果协议不一致，就会像两个语言不通的人一样难以进行相互交流。对于目前已经存在的大量智能设备通信协议与标准的《通信协议》不一致的情况，必须通过协议转换来保证通信。实现协议转换的方法一般是采用协议转换器，将智能设备的通信协议转换成标准协议，再与局（站）中心监控主机进行通信。

协议转换器（Protocol Converter）就是完成协议转换功能的设备，也叫做接口转换器。协议转换器也就是网关，它能使处于通信网上采用不同高层协议的主机仍然互相合作，完成各种分布式应用。协议转换器工作在传输层或更高层，用于构架网络连接，将一种协议转换为另一种协议。

协议转换器一般用一个 ASIC 芯片就可以完成，成本低、体积小。如：利用协议转换器将 IEEE 802.3 协议的以太网同 G.703 协议的 2M 接口之间进行相互转换。它将以太网信号转换为 E1 信号，以 E1 信号形式在同步/准同步数字网上进行长距离传输。主要目的是为了延长以太网信号和 V.35 信号的传输距离，是一种网络接入设备。

相关知识

传感器输出的电信号通常不是标准的 0 ~ 5V 或 4 ~ 20mA 信号，需要变送器将其变换成标准的 0 ~ 5V 或 4 ~ 20mA 信号。

8.5

集中监控系统的使用和维护

8.5.1 电源集中监控系统的使用

通信电源集中监控系统主要对通信电源系统中的高低压配电、变压器、开关电源、蓄电池、空调、油机等电信机房的电源设备，以及机房环境的温度、湿度、门禁、烟雾等环境因素，进行实时集中化监测、控制与管理，在设备维护与管理工作中应能做到以下几个方面。

1 实时监视设备运行情况，发现问题及时处理

监控中心实行 24 小时值班，值守人员应及时了解所有被监视设备的运行情况，及时侦测各种故障和险情，根据相关规定进行处理。监控系统工作人员应能熟练切换每个监控局（站）或接入点，能以图、表或其他软件提供的功能查看各监控局（站）设备运行及环境数据；能通过各种遥控功能，根据数据分析结果或根据预先设定的程序，对设备的工作状态和工作参数进行远程控制、调整，提高其运行效率，降低能耗，实现科学管理。

2 分析电源系统运行数据，协助故障诊断，做好故障预防

通过监控系统，对电源设备的各种运行参数（包括实时数据、历史数据和运行曲线等）进行观察和分析，可以及早发现设备的故障隐患，并采取相应的措施，把设备的故障消除在萌芽状态，进一步提高通信电源系统的可靠性、安全性。

3 辅助设备测试

对电源设备进行性能测试是了解设备质量，及时发现故障，进行寿命预测的重要手段，监控系统可以在设备测试过程中详细记录各种测试数据，为维护人员提供科学的分析依据，例如，蓄电池组的放电试验。

4 实现维护工作的管理与监督

监控系统可以根据预先设定的程序，提醒维护人员进行例行维护工作，如：定期巡检、试机、更换备品、清洗滤清器等；也可以根据所监测的设备状况，提醒维护人员进

行加油、加水、充电等必要的维护工作。

监控系统还可以对维护人员的维护工作进行监督管理。例如，通过交接班记录、故障确认及处理记录等，可以了解维护人员是否按时交接班，是否及时进行故障确认和处理，处理结果如何等。

此外，通过监控系统提供的巡更、考勤等功能，可以协助管理部门更好地实现各种维护，巡检的管理与监督。

5　实现档案管理科学化

设备管理、人员管理和资料管理等档案信息管理是监控系统提供的重要功能。充分利用信息管理平台，将电源系统的设备运行情况、交直流供电系统图、防雷接地系统图、机房布置平面图、交直流配电屏输出端子编号及所接负载以及维护管理人员等信息录入监控系统，并做到及时更新，可以使维护管理人员准确、便捷地查询各种信息，及时掌握设备运行状况，并以此为依据，有效地指导设备维护和检修。

借助于电源监控信息管理平台，根据备品备件使用情况随时更新管理报表信息，能够做到科学采购、配置和使用备品备件，降低设备维护使用费用。

8.5.2　电源监控系统的维护体系

传统的人工值守方式也不能适应电源集中监控系统管理的需要，为了全面改善通信电源供电的可靠性，确保供电安全，充分发挥监控系统"集中监控、集中管理和集中维护"的需要，各大通信运营商正在尝试新的维护管理体制，并在实践中逐步完善。其主要是建立新的维护管理组织机构。

新的维护管理组织机构必须从"三集中"原则出发，建立一种高效、流程化的机制，各部门、各成员之间应有很好的协调性，分工明确、职责到位。研究这样一种新的维护管理组织机构是一个大课题，既要能满足维护管理流程的需要，缩短故障处理周期，提高维护效率和质量，减少资源浪费，又要充分利用资源的因素，要调动起绝大多数工作人员的积极性，建立起良好的协调配合机制。

在新的维护管理体制下，原有的交换、传输、数据、电源等各专业中心合并为一个统一物理平台的网络监控中心，集中维护管理体制下的维护管理组织架构如图 8.19 所示。

在集中维护管理体制下，各专业值班人员共同值班，负责本专业系统的监控，及时发现和处理告警，对涉及的重大故障、紧急告警需及时通知相关人员进行处理。此外，值班人员还要进行日常的数据统计、分析和报表管理维护工作，为设备和系统维护提供参考依据。同时这种分专业值班模式应逐步向少量人员综合值班模式过度。分专业值班模式可分为监控值班人员、技术维护人员和应急抢修人员。

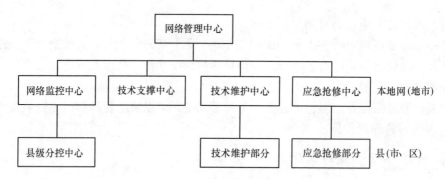

图 8.19 集中维护管理体制下的维护管理组织架构

（1）监控值班人员

监控值班人员是各种故障的第一发现人和责任人，也是监控系统的直接操作者和使用者。值班人员的主要职责是：坚守岗位，监测系统及设备的运行情况，及时发现和处理各种告警；进行数据分析，按要求生成统计报表，提供运行分析报告；协助进行监控系统的测试工作；负责监控中心部分设备的日常维护和一般性故障处理。

对监控值班人员的素质要求是：具有一定的通信电源知识和计算机网络知识，了解监控系统的基本原理和结构；能够熟练地掌握和操作监控系统所提供的各种功能，能够处理监控中心一般性的故障。

（2）技术维护人员

当值班人员发现故障告警后，需要相应的技术维护人员进行现场处理，包括电源系统和监控系统本身。此外，技术维护人员日常更重要的职责是对系统和设备进行例行维护和检查，包括对电源和空调设备、监控设备、网络线路和软件等检查、维护、测试、维修等，建立系统维护档案。

对技术维护人员的素质要求是：具有较高的专业技术，对所维护的设备及系统非常熟悉，具有丰富的通信电源、计算机网络和监控知识以及维护经验。

（3）应急抢修人员

当发生紧急故障，需要一支专门的应急抢修队伍进行紧急修复，同时该队伍还可以承担一定的工程职责（比如：电源的割接设备安装等）和配合技术支撑维护人员进行日常维护工作。

对应急抢修人员的素质要求是：综合素质要求高，特别是协调工作的能力和应变的能力，同时要求有很高的专业知识和丰富的经验。

以上各种人员除了具有较高的专业知识和经验以外，还都应具有良好的心理素质和高度的责任心，同时他们需要一个管理协调部门来统一指挥、统一调度，这就是网络管理中心，同时网络管理中心还可以负责诸如维护计划的编制、人员的考核培训和其他部门的交流合作等。

8.5.3　故障处理流程

1　各种故障的发现途径

电源集中监控系统的故障发现途径如表 8.4 所示。这里的"故障"是指被监控设备以及监控系统本身的所有异常情况，其中绝大部分可以通过监控系统的告警信息反映出来，也有少部分是通过分析监控数据、观测监控系统运行异常、进行设备例行维护以及接受故障申告发现的。

表 8.4　监控系统各种故障的发现途径

故障发现途径		反 映 情 况	说 明 及 举 例
监控系统反映	监控告警信息发现	非故障	反映设备工作状态、不需修理（但可能需要询问、处理、汇报），一定条件下可自恢复的告警
		故障	绝大多数故障应通过监控系统告警信息发现，包括被监控设备故障以及监控系统本身故障。如：市电停电告警
	通过数据分析发现	故障或隐患	例如，三相负载不平衡、电压偏高（低），但未告警，直流电压抖动等
	发现监控系统异常	监控系统故障	例如，监控系统误告警、监测数据不准、数据不刷新、系统死机等，有的也可能是由于设备故障引起
设备例行维护中心发现		故障或隐患	包括未监控设备的故障以及监控系统难以发现的故障，如：熔断器过热
用户或响应中心申报故障		故障	包括未监控设备的故障、监控系统难以发现的故障以及用户或其他部门的特殊用电要求

2　告警的等级划分

由于绝大多数故障是由监控系统告警信息发现的，因此，及时、正确地分析和处理各类告警，成为监控中心值班人员一项非常重要的职责。为了分清主次，告警信息按其重要性和紧急程度划分为一般告警、重要告警和紧急告警。

一般告警（包括告警信息和非重要告警），它反映了设备或系统的一种非正常状态，告警的产生在特定时间不会立即导致设备的瘫痪，但有可能影响设备运行或发展为更严重的告警，需要维护人员及时安排时间处理。

重要告警是指引起告警的原因较多，告警的产生在特定的时间可能会影响该区域或设备的正常运行、故障影响面较大，如果维护人员不立即进行处理肯定会造成故障蔓延或故障扩大的重要端局的环境或设备的告警。

紧急告警是指告警的产生在特定时间可能已经使该区域或设备运行的安全行、可靠性受到严重威胁，故障产生的后果严重，不立即修复可能会造成重大通信事故、安全事故的机房安全告警或电源空调系统告警。

3 故障处理流程

当值班人员发现告警后，应立即进行确认，并根据告警等级和告警内容进行分析判断并进行相应处理。在各种告警信息中，有的告警反映了设备或系统的故障情况，而有的告警反映的并非是真正的设备故障。例如，绝大多数的告警信息，他们反映了被监控对象的一种工作状态或事件，不需修理即可自动消除（满足条件时），但其中有一些必须及时进行处理（如，非工作时段的红外、门禁告警）。对于反映设备或系统故障的告警，应按照图8.20所示的故障处理流程进行处理。

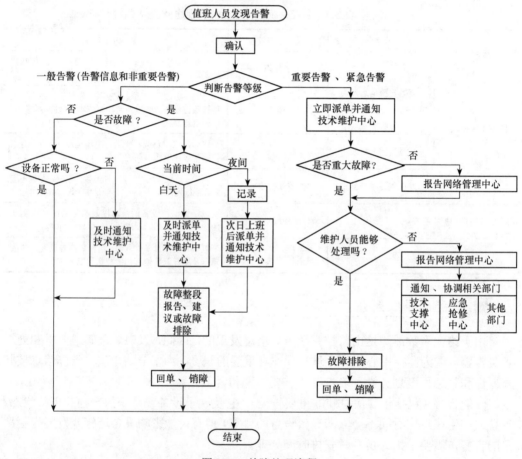

图8.20　故障处理流程

4 故障派修单格式

对于出现的故障告警，如：需要维护人员进行检测、维护，要派发派修单，维护人员根据派修单上所提供的信息进行故障处理，派修单的内容必须充分，要避免因描述不清而影响故障的修复，故障修复后，维护人员应及时将故障原因、处理过程、处理结果及修复时间填入派修单，返回监控中心，监控中心进行确认后再销障、存档，故障派修单格式如图 8.21 所示。

故 障 派 修 单

监控中心：　　　　　　　　　　　　　　　　流水号：

	派单人		工号		日期		时间	
故障情况	故障区域		故障点					
	告警等级		告警类别	上限告警	告警发生时间			
	告警门限		告警值		告警恢复时间			
	告警描述							
派修部门		技术中心			派修人员			
处理结果					修复时间			
故障处理过程及原因分析								

图 8.21　派修单格式

5　集中监控系统周期维护检测项目

电源集中监控系统周期维护检测项目表如表 8.5 所示。

表 8.5　电源集中监控系统周期维护检测项目表

项目	维护检测内容	维护检测要求	周期	责任人
监控系统	监控主机、业务台、图像控制台、IP 浏览台运行状况	端局数据上报是否正常，监控系统的常用功能模块、告警模块、图像功能及联动功能等是否正常	日	中心值班人员
	系统记录	查看监控系统的用户登录记录、操作记录、操作系统和数据库日志，是否有违章操作和运行错误	日	系统管理员
	本地区所有机房浏览	浏览监控区域内所有机房，查看设备的运行状况是否正常	日	中心值班人员
	监控系统病毒检查	每星期杀毒一次	周	中心值班人员
	检查系统主机的运行性能和磁盘容量	检查业务台、前置机和服务器的设置及机器运行的稳定性，检查各系统和数据库的磁盘容量	月	系统管理员
	资料管理	监控系统软件、操作系统软件管理、报表管理	月	系统管理员
	采集器、变送器、传感器	与中心核对端局（站）采集的数据，确定采集器、变送器、传感器是否正常工作	月	中心值班人员及端局（站）监控责任人
	端局图像硬件系统	中心配合端局（站）人员对摄像头、云台、PLD、画面分割器、视频线和接插件进行检查	月	中心值班人员及端局（站）监控责任人
	广播和语音告警	检查音箱和话筒，测试广播和语音告警	月	中心值班人员及端局（站）监控责任人
	端局前端设备现场管理	检查监控区域内所有端局设备和采集器等的布设、安装连接状况，线缆线标等是否准确	月	端局（站）监控责任人
	监控系统设备清洁	对 IDA 监控机架等进行清洁	月	端局（站）监控责任人

项目	维护检测内容	维护检测要求	周期	责任人
数据量	低压柜	三相电压是否平衡,市电频率是否波动频繁	季	中心值班人员及端局(站)监控责任人
	ATS	开关状态,油机自启动功能检查	季	中心值班人员及端局(站)监控责任人
	油机	启动电池电压不应低于额定电压,观察油机运行的各项参数(尤其是油位、油压和频率)	季	中心值班人员及端局(站)监控责任人
	开关电源	整流器模块的输出电流是否均流。观察直流输出电流和输出电压以及蓄电池总电压是否正常	季	中心值班人员及端局(站)监控责任人
	UPS	UPS输出的三相电压是否平衡,三相电流是否均衡,检查UPS的工作参数是否正确	季	中心值班人员及端局(站)监控责任人
	交直流屏	三相电压是否平衡,市电频率是否波动频繁,负载电流是否稳定正常	季	中心值班人员及端局(站)监控责任人
	机房空调	观察空调的温度设置和湿度设置是否合理,是否符合机房环境要求。风机及压缩机工作是否正常	季	中心值班人员及端局(站)监控责任人
环境量	空调地湿及水浸	传感器是否能够正常运行	季	中心值班人员及端局(站)监控责任人
	电力室温度	传感器是否能够正常运行,精度是否达到要求	季	中心值班人员及端局(站)监控责任人
	交换机房温湿度	传感器是否能够正常运行,精度是否达到要求	季	中心值班人员及端局(站)监控责任人
	传输机房温湿度	传感器是否能够正常运行,精度是否达到要求	季	中心值班人员及端局(站)监控责任人
	门禁系统	门管理、卡管理和卡授权是否正确	季	中心值班人员及端局(站)监控责任人
	红外告警	红外传感器能否准确告警	季	中心值班人员及端局(站)监控责任人
	其他非重要项目检测	按照硬件、软件功能测试对其他非重要项目进行测试	年	中心值班人员及端局(站)监控责任人

本 章 小 结

通信电源集中监控技术的应用,标志着通信电源的维护和管理从人工看守式的维护管理模式向计算机集中监控和管理模式转换,其目的为以下几点。

1)与通信技术发展相适应,提高对通信电源设备的维护管理水平。

2)提高通信电源供电质量,使供电系统有更高的可靠性和经济性。

3)充分发挥计算机技术优势,使电源设备管理向自动化、智能化方向发展。

4)实现通信电源设备少人、无人值守。

5)提高维护效率,降低维护成本。

电源集中监控系统最根本的目的和意义是对通信网上供电系统的监测和早期预警,

因此监控系统最重要的功能是故障告警和实时监测。

20 世纪 90 年代初，电子器件更趋成熟、完善；计算机技术、通信技术、传感器技术和自动控制技术的迅猛发展，为电源监控系统的发展创造了必要的客观条件。

从应用的角度出发，通信电源集中监控管理系统的功能可以分为监控功能、交互功能、管理功能、智能分析功能以及帮助功能 5 个方面。其中管理功能又包括数据管理功能、告警管理功能、配置管理功能、安全管理功能、自我管理功能和档案管理功能等。

通信电源集中监控系统监控的对象是被监控的设备、机房和环境等；监控的内容是各种监控对象中具体被监控的物理量，也称为监控项目或监控点。

评价一个监控系统的优劣，除了要看它所能实现的功能外，还要看它的性能是否优越，是否能够让维护人员使用时得心应手。通信电源集中监控系统应具有如下性能（要求）：实用性、可靠性、实时性、准确性、精确性、可扩充性、兼容性、可维护性等。

电源集中监控系统由前端采集控制部分，数据传输网络和中心管理系统 3 部分组成。

工业计算机控制系统经历了从集中式控制系统向分布式控制系统的发展过程。早期由于计算机的价格高，为了提升系统性价比，往往采用集中控制方式，随着技术的发展，目前监控系统的基本结构主要采用分布式结构。

根据通信发展形势和维护改革要求，按照通信行业标准 YD/T1051-2000 的规定，电源集中监控系统采用逐级汇集的三级网络结构。

监控中心（Supervision Center，SC）与监控站（Supervision Station，SS）都是由服务器、主监控台和辅助监控台组成。监控中心通常设在一个本地网的网管中心并受网管中心管理，一般对应市（州）通信局，是监控系统的管理中枢。

监控单元（Supervision Unit，SU）由数据采集器、智能设备、计算机系统构成。监控单元通常位于不同地理区域的端局（站）或接入点，负责对端局（站）内的各个监控模块进行管理。端局（站）计算机用来完成数据采集、处理和上报任务，同时可以接收、执行从监控台发来的控制命令，对相关设备进行控制。

传感器是能感受规定的被测量并按照一定的规律转换成可用输出信号的器件或装置。传感器通常由敏感元件和转换元件组成。

变送器是将物理测量信号或普通电信号转换为标准电信号输出或能够以通信协议方式输出的设备。变送器通常由隔离耦合电路和变换电路组成。

常用的电动执行器分为电磁式和电动式两种。电磁式执行器有继电器、接触器和电磁阀等；电动势执行器有伺服电机、步进电机等。

为了充分利用监控系统的科学管理功能，必须建立与之相适应的电源维护管理体制，电源专业根据这套维护管理体系可分为监控值班人员、应急抢修人员和技术维护人员等。

大多数故障是通过监控系统告警信息发现的，告警信息按其重要性和紧急程度分为一般告警、重要告警和紧急告警。

习 题

一、填空题

1. 通信电源集中监控系统是对分布的_____和空调系统及设备进行"3 遥"的计算机控制系统。

2. 从应用的角度出发，通信电源集中监控管理系统的功能可以分为_____功能、交互功能、管理功能、智能分析功能以及帮助功能五个方面。

3. 监控功能中的"监"是指_____，"控"是指控制。

4. 通信电源集中监控系统是一个集中并融合了计算机技术_____，技术，现代电子技术 和自动控制技术而构成的计算机集成系统。

5. 监控系统的监视功能可归纳为遥_____和遥_____。

6. 监控系统的控制功能可归纳为遥_____和遥_____。

7. 监控系统的管理功能有_____管理功能、告警管理功能、配置管理功能、安全管理功能、自我管理功能和档案管理功能。

8. 监控系统管理功能中的数据包括_____和历史数据。

9. 通信电源集中监控系统由_____部分、数据传输网络和中心管理系统 3 部分组成。

10. 工业计算机控制系统经历了从集中式控制系统向_____控制系统的发展过程。

11. 监控管理中心和监控站中监控主机为 IBM-PC 机，监控单元通常由_____构成。

12. 在监控系统中，对被监控信号的处理一般要经过_____、变送和转换 3 个过程。

13. 监控模块可以是通信电源集中监控系统中安装的_____，也可以是通信电源集中监控系统中要监控的智能设备。

14. 传感器是能感受规定的被测量并按照一定的规律转换成可用输出信号的器件或装置。传感器通常由_____元件和转换元件组成。

15. 监控系统中常见的防盗入侵传感器有_____传感器和微波传感器等。

16. 监控系统对设备的控制最终是通过_____来完成。

17. 工业控制的执行器分为气动、_____和电动 3 类。

18. 协议转换器又称接口转换器，它是完成协议转换功能的设备。因此，协议转换器也就是_____，它能使处于通信网上采用不同高层协议的主机仍然互相合作，完成各种分布式应用。

19. 监控系统的 3 集中是集中监控、_____和集中维护。

20. 监控系统的告警信息按其重要性和紧急程度划分为一般告警、重要告警和_____告警。

二、选择题

1. 通信电源集中监控系统中的 SS 是指（　　）。
   A．监控中心
   B．监控站
   C．监控单元
   D．监控模块

2. 通信电源集中监控系统中的管理软件是属于（　　）。
   A．系统软件
   B．工具软件
   C．应用软件
   D．操作系统

3. 下列内容不属于动力环境集中监控系统的监控范围的是（　　）。
   A．市电输入电压
   B．机房空调故障告警
   C．程控交换机故障告警
   D．机房烟雾告警

4. 现代通信电源系统的控制、管理核心是（　　）。
   A．集中监控系统
   B．监控软件
   C．应用软件
   D．监控模块

5. 通信电源集中监控系统中的监控项目分为（　　）。
   A．遥测、遥控和遥调
   B．遥测、遥信和遥调
   C．遥测、遥调和遥信
   D．遥测、遥控和遥信

6. 在通信电源集中监控系统中，远距离对模拟信号进行测量，如：测量电压、电流和温度等属于（　　）。
   A．遥测
   B．遥信
   C．遥调
   D．遥控

7. 在通信电源集中监控系统中，远距离对模拟量信号值进行设定属于（　　）。
   A．遥测
   B．遥信
   C．遥调
   D．遥控

8. 在通信电源集中监控系统中，远距离对设备的开关操作，如：开启油机、开关空调等属于（　　）。
   A．遥测
   B．遥信
   C．遥调
   D．遥控

9. 原邮电部颁布的《通信电源和空调集中监控系统技术要求（暂行规定）》出台的时间是（　　）。
   A．1876
   B．1946
   C．1996
   D．2009

10. 监控系统以图像的方式对设备、环境进行直接监视，需要增设的硬件设备是（　　）。
    A．DC
    B．DV
    C．AV
    D．CATV

11．监控系统与人之间以及监控系统之间相互对话的功能属于（　　　）。

    A．交互功能   B．管理功能

    C．智能分析功能   D．帮助功能

12．对监控系统的设置以及参数、界面等特性进行编辑修改，保证系统正常运行，优化系统性能，增强系统实用性的功能是（　　　）。

    A．监控功能   B．配置管理功能

    C．智能分析功能   D．帮助功能

13．电源监控系统被监控设备按用途可分为动力系统和（　　　）。

    A．交流系统   B．直流系统

    C．环境系统   D．配电系统

14．控制系统把对全局的管理和协调工作集中在主控计算机上，把对设备的监测和控制、局部的管理、局部阶段性的数据处理等工作由前端计算机来实现的系统是（　　　）。

    A．集中控制系统   B．分布控制系统

    C．程控系统   D．自动控制系统

15．通信电源集中监控系统的二级结构由（　　　）。

    A．监控中心与监控站组成   B．监控单元与监控模块组成

    C．监控中心与监控模块组成   D．监控设备与监控模块组成

16．通信电源集中监控系统中安装的数据采集器属于（　　　）。

    A．监控中心   B．监控站

    C．监控模块   D．控制设备

17．被监控的一台设备或多台设备的组合，属于（　　　）。

    A．监控对象   B．监控项目

    C．服务器   D．传输系统

18．利用普通电话 Modem 在公用电话网上进行数据信号传送的电源集中监控系统组网方案是（　　　）。

    A．PSTN 的组网方案   B．DDN 的组网方案

    C．基于 E1 的组网方案   D．基于 97 网的组网方案

19．欧洲的 30 路脉码调制 PCM 简称（　　　）。

    A．T1   B．E1

    C．E2   D．T2

20．97 网是电信企业内部的一个广域网，该网采用（　　　）。

    A．总线技术   B．Ethernet 技术

    C．令牌技术   D．广域网技术

三、判断题

1．电源集中监控以监控电源设备的状态为主，环境量的监控是可选项。（　　　）

2．传感器一定是将非电量转成电量的装置。（　　　）

3．转化元件的作用是将敏感元件输出转换为适于传输和测量的电信号。　　（　　）

4．传感器是一种检测装置，能感受到被测量的信息，并能将检测感受到的信息，按一定规律变换成为电信号或其他所需形式的信息输出。　　（　　）

5．实现集中监控后的设备维护，不需要技术精湛、经验丰富的电源专家，降低了运维成本。　　（　　）

6．时延指标直接反映了监控系统实时性的好坏程度。　　（　　）

7．变送器是将非标准电量变成标准电量的装置。　　（　　）

8．SM 软件各种功能通常做成子程序的形式，由系统中断来调用。　　（　　）

9．RS－422 与 RS－485 的最主要区别为前者是全双工，后者为半双工。　　（　　）

10．云台是用来承载摄像机进行水平、竖直两个方向转动的装置。　　（　　）

四、简答题

1．什么是通信电源集中监控系统，它有何意义？

2．通信电源集中监控系统地监控内容是什么？

3．通信电源集中监控系统的功能有哪些？对每项功能加以简要说明。

4．什么是"3 遥"，并加以说明。

5．什么是监控单元，简述其构成及其作用。

6．监控系统常用的传感器有哪些？它与变送器有何区别？

7．电磁式执行器有哪些，并进行简要介绍。

8．画出通信电源集中监控系统的基本结构示意图，简要说明每一部分的作用。

9．在监控系统中，常用的通信接口有哪些？并进行简要介绍。

第 9 章

新型电源和新技术

❖ **本章内容简介**

本章从太阳电池原理出发，阐述了太阳能转换为电能的原理，以及太阳电池的基本性质和通信电源的发展趋势。主要对新型电源和新电源技术进行了简要介绍。

❖ **本章重点**

本章重点是太阳电池原理和太阳电池的基本性质。

❖ **本章难点**

本章难点是太阳能转换成电能的原理。

9.1 太阳能电池

太阳光电能是干净、无污染且随手可得的能源，而且是取之不尽、用之不竭的能源。在能源逐渐短缺的今天，选择太阳光电能作为替代能源是解决能源危机的途径之一。然而目前太阳电池的成本高、效率低却成为它发展的重要瓶颈，因此，如何在单位面积的内使太阳电池发挥最大的发电量，就成为发展太阳能工业的一大研究重点。以下对太阳电池原理做简单的介绍。

相关知识

太阳电池的英文名为 Solar Cell，在物理学上称为 Photovoltaic Cell，简称 PV。

9.1.1 太阳能电池原理

太阳电池的能量转换是应用 PN 结面的光电效应。首先对 PN 结面二极管做一简单说明，如图 9.1 所示，为理想的 PN 结面二极管的电流-电压（I-V）特性图，其对应的方程式如下：

$$I_{pn}=I_s\left[\exp\left(\frac{qV_{pn}}{nKT}\right)-1\right]=I_s\left[\exp\left(\frac{V_{pn}}{nV_T}\right)-1\right] \tag{9.1}$$

式中，V_{pn}、I_{pn} 是 PN 结面二极管的电压及电流；K 是玻尔兹曼常数（Boltzmann Constant: 1.38×10^{-23}J/k）；q 是电子电荷量（1.602×10^{-19} 库仑）；T 是热力学温度（开氏温度 $0°$ K＝摄氏温度℃ -273 度）；I_s 是等效二极管的反向饱和电流；V_T 是热电压（Thermal Voltage：25.68mV）。

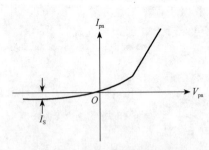

图 9.1 PN 结面二极管 I-V 特性图

所有物质（气体、固体、液体）的原子，都是由电子和原子核构成的。电子以原子核为中心，按不同的轨道排列在原子核周围旋转，这些特定的轨道称为能级，对半导体材料，电子的能级重叠在一起形成能带。其中能量低的能带称为价带 E_1，能量高的能带称为导带 E_2，E_2 和 E_1 之间的能量差称为禁带，电子不可能占据禁带。

一般说来，处于高能级的导带的电子是不稳定的，它们会向低能级的价带跃迁，而将能量以光子的形式释放出来，发射光子的能量 hf 等于导带和价带的能量差，即：

$$hf = E_2 - E_1 = E_{ph} \tag{9.2}$$

式中，$h = 6.626 \times 10^{-34}$（焦·秒）是普朗克常数，$E_{ph}$ 是禁带能量。

对于半导体发光二极管（LED）和半导体激光器（LD）两种半导体发光器件都是利用 PN 结发光。半导体器件由适当的 P 型材料和 N 型材料构成，两种材料的交界区形成 PN 结。PN 结就是不同导电类型的两个区之间的过渡层。

如果在 PN 结加上正向偏压，则 N 型区的电子和 P 型区的空穴源源不断地注入 PN 结区。在 PN 结区中，电子与空穴自发地复合。复合时，电子从高能级的导带跃迁到低能级的价带，同时发射一定频率的光子。这就是半导体器件的发光机理。电子在 E_2 和 E_1 之间的跃迁有 3 种基本方式，如图 4.1（a）为自发辐射、(b) 为受激吸收、(c) 为受激辐射。太阳电池将太阳光能转换为电能是依赖自然光中的量子——光子（Photons），而每个光子所携带的能量为 E_{ph}。

$$E_{ph}(\lambda) = \frac{hc}{\lambda} \tag{9.3}$$

其中，h 是普朗克常数，若以电子伏特（eV）·秒（s）为能量单位，则 $h = 4.13 \times 10^{-15} \text{eV} \cdot \text{s}$（Planck Constant $= 14.4 \times 10^{-15} \text{eV} \cdot \text{S}$）；$c$ 是光速（3×10^8 m/s）；λ 是光子波长。

但并非所有光子都能顺利地由太阳电池将光能转换为电能，因为在不同的光谱中光子所携带的能量不一样，就如同 PN 结面二极管。

1）当外加能量大于能隙（Band Gap）时，电子由价电带（Valence Band）跃迁至导电带（Conduction Band）而产生所谓的"光生电流"，所以当光子所携带的能量若大于能隙时，便可以由光子转换成电能。

2）若光子所携带的能量小于能隙时，就对太阳电池而言并没有什么作用，不会产生任何的电流。但在太阳光照射到太阳电池产生电子—电洞对（Electro-Hole Pair）的同时，也会有部分的能量以热能形式散失掉而不能被有效的利用。

> **提示**
>
> 被束缚的电子要成为自由电子，就必须获得足够的能量从而跃迁到导带，这个能量的最小值就是禁带宽度。锗的禁带宽度为 0.785ev；硅的禁带宽度为 1.12ev；砷化镓的禁带宽度为 1.424ev。禁带非常窄就成为金属了，反之成为绝缘体。半导体反向耐压正向压降都和禁带宽度有关。

PN 结二极管把光信号转换为电信号的功能，是由半导体 P—N 结的光电效应实现的，如图 9.2 所示。P—N 结可以是同质的，也可以是异质的。

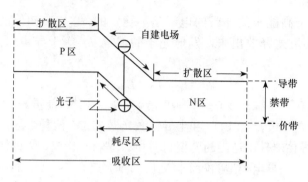

图 9.2   P—N 结的光电效应

在 P—N 结界面上，由于 P 型材料和 N 型材料之间能级的不同，电子和空穴的扩散运动，在 P—N 结界面附近形成一个能带弯曲的区域，存在着 10^4V/cm 的内建电场，内建电场使电子和空穴产生与扩散运动方向相反的漂移运动，从而在 P—N 结界面附近形成耗尽层。当入射光作用在 P—N 结时，如果光子的能量大于或等于禁带宽度（即 $hf \geqslant E_{ph}$），便会产生受激吸收，使处于价带的电子吸收能量跃迁到导带而在耗尽区里形成许多电子—空穴对，即光生载流子。光生载流子在 P—N 结的内建电场作用下，电子向 N 区漂移，空穴向 P 区漂移，于是 P 区有多余的空穴累积，N 区有多余的电子累积，形成光生电动势。接通回路，N 区多余的电子通过外部电路流向 P 区，同样，P 区的空穴流向 N 区，便形成了光生电流。当入射光变化时，光生电流亦随之做线性变化，从而把光信号转换成电信号。

如上所述，太阳光被吸收后产生电子—空穴对，在受到结面部分所形成的强电场的吸收，促使电子流入 N 区且空穴流入 P 层而形成电流。

在其外部电路开路的状况下，因有载流子（Carrier）流入，结果会使 N 层带负电且P 层带正电，而在 PN 两端的费米能阶（Fermil Level），则会产生电位差 V_{oc}（V_{oc} 是太阳光照射时的开路电压）。当外部负载变为短路时，会有与入射光量成正比的短路电流通过。太阳电池相当于具有与受光面平行的极薄 PN 接面的大面积的等效二极管，因此，可以假设太阳电池为一个二极管与太阳光电流的发生源所并联的等效电路，如图 9.3 所示。

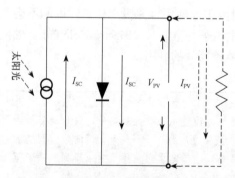

图 9.3   太阳能电池理想状态等效电路

太阳电池发电系统是利用光电效应原理制成的太阳能电池将太阳能辐射能直接转换成电能的发电系统。它由太阳电池方阵、控制器、蓄电池组、直流/交流逆变器等部分组成，系统组成如图 9.4 所示。

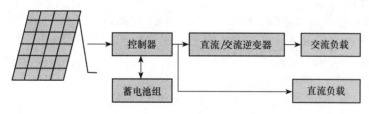

图 9.4　太阳能电池发电系统示意图

9.1.2　太阳能电池基本性质

1　硅系太阳电池

（1）单晶硅太阳电池

硅系列太阳电池中，单晶硅太阳电池转换效率最高，技术也最为成熟。高性能单晶硅电池是建立在高质量单晶硅材料和相关成热的加工处理工艺基础上的。现在单晶硅电池工艺已经成熟，在电池制作中，一般都采用表面织构化、发射区钝化、分区掺杂等技术，开发的电池主要有平面单晶硅电池和刻槽埋栅电极单晶硅电池。

提高转换效率主要是靠单晶硅微表面结构处理和掺杂工艺来实现。德国夫朗霍费莱堡太阳能系统研究所采用光刻照相技术将电池表面织构化，制成倒金字塔结构，并在表面把 13mm 厚的氧化物钝化层与两层减反射涂层相结合，通过改进了的电镀过程增加栅极的宽度和高度的比率，使得电池转化效率超过 23%，最大值可达 23.3%。Kyocera 公司制备的大面积（225cm^2）单电晶太阳电池转换效率为 19.44%。国内北京太阳能研究所也积极进行高效晶体硅太阳电池的研究和开发，研制的平面高效单晶硅电池（2cm×2cm）转换效率达到 19.79%，刻槽埋栅电极晶体硅电池（5cm×5cm）转换效率达 8.6%。单晶硅太阳电池转换效率无疑是最高的，在大规模应用和工业生产中仍占据主导地位，但由于受单晶硅材料价格及相应繁琐的电池工艺影响，致使单晶硅成本价格居高不下，要想大幅度降低其成本是非常困难的。为了节省高质量材料，寻找单晶硅电池的替代产品，发展了薄膜太阳能电池，其中多晶硅薄膜太阳能电池和非晶硅薄膜太阳能电池就是典型代表。

（2）多晶硅薄膜太阳电池

通常的晶体硅太阳能电池是在厚度为 350～450μm 的高质量硅片上制成的，这种硅片从提拉或浇铸的硅锭上割据而成，因此，实际消耗的硅材料很多。为了节省材料，人们从 20 世纪 70 年代中期就开始在廉价的衬底上沉积多晶硅薄膜，但由于生长的硅膜晶粒太小，未能制成有价值的太阳电池。为了获得大尺寸晶粒的薄膜，人们一直没有停止过研究，并提出了很多方法。目前制备多晶硅薄膜电池多采用化学气相沉积法，包括低压化学气相沉积（LPCVD）和等离子增强化学气相沉积（PECVD）工艺。此外，液相外延法（LPPE）和溅射沉积法也可用来制备多晶硅薄膜电池。化学气相沉积主要是以 SiH_2Cl_2、$SiHCl_3$、$SiCl_4$ 或 SiH_4 为反映气体，在一定的保护环境下反应生成硅原子并沉积在加热的衬底上,衬底材料一般选用 Si、SiO$_2$、Si$_3$N$_4$ 等。但研究发现,在非硅衬底上很难形成较大的晶粒,并且容易在晶粒间形成空隙。解决这一问题的办法是先用 LPCVD 在衬底上沉积一层较薄的非晶硅层,再将这层非晶硅层退火,得到较大的晶粒,然后再在这层籽晶上沉积厚的多晶硅薄膜。因此,再结晶技术无疑是很重要的一个环节,目前采用的技术主要有固相结晶法和中区熔再结晶法。

多晶硅薄膜电池除采用了再结晶工艺外,还采用了几乎所有制备单晶硅太阳电池的技术,这样制得的太阳电池转换效率明显提高,德国费莱堡太阳能研究所采用再结晶技术在 FZSi 衬底上制得的多晶硅电池转换效率为 19%,日本三菱公司用该法制备电池,效率达 16.42%。美国 Astropower 公司采用 LPE 制备的电池效率达 12.2%。液相外延(LPE)法的原理是通过将硅熔融在母体里,降低温度析出硅膜。中国光电发展技术中心采用液相外延法在冶金级硅片上生长出硅晶粒,并设计了一种类似于晶体硅薄膜太阳电池的新型太阳电池,称之为"硅粒"太阳电池。多晶硅薄膜电池由于所使用的硅远比单晶硅少,又无效率衰退问题,并且有可能在廉价衬底材料上制备,其成本远低于单晶硅电池,而效率高于非晶硅薄膜电池,因此,多晶硅薄膜电池不久将会在太阳能电池市场上占据主导地位。

(3)非晶硅薄膜太阳电池

开发太阳能电池的两个关键问题就是:提高转换效率和降低成本。由于非晶硅薄膜太阳电池的成本低,便于大规模生产,普遍受到人们的重视并得到迅速发展。早在 20 世纪 70 年代初,Carlson 等就已经开始了对非晶硅电池的研制工作,目前世界上已有许多家公司在生产该种电池产品。非晶硅作为太阳能材料尽管是一种很好的电池材料,但由于其光学带隙为 1.7ev,使得材料本身对太阳辐射光谱的长波区域不敏感,这样就限制了非晶硅太阳电池的转换效率。此外,其光电效率会随着光照时间的延续而衰减,即所谓的光致衰退 S—W 效应,使得电池性能不稳定。解决这些问题的途径就是制备叠层太阳电池,叠层太阳电池是由在制备的 p、i、n 层单结太阳能电池上再沉积一个或多个 p-i-n 子电池制得的。

叠层太阳能电池提高转换效率、解决单结电池不稳定性的关键问题在于以下几点。

1)它把不同禁带宽度的材料组合在一起,提高了光谱的响应范围。

2)顶电池的 i 层较薄,光照产生的电场强度变化不大,保证 i 层中的光生载流子抽出。

3)底电池产生的载流子约为单电池的一半,光致衰退效应减小。

4)叠层太阳电池各子电池是串联在一起的。

非晶硅薄膜太阳能电池的制备方法有很多,其中主要包括反应溅射法、PECVD 法、LPCVD 法等,反应原料气体为 H$_2$ 稀释的 SiH$_4$,衬底主要为玻璃及不锈钢片,制成的非晶硅薄膜经过不同的电池工艺过程可分别制得单结电池和叠层太阳电池。目前非晶硅太阳电池的研究取得两大进展:第一、三层结构非晶硅太阳电池转换率达到 13%,创下新的纪录;第二、三叠层太阳电池年生产能力达 5MW。

虽然非晶硅太阳电池由于具有较高的转换效率和较低的成本及重量轻等特点,有着极大的潜力，但是由于它的稳定性不高，直接影响了它的实际应用。如果能进一步解决稳定性问题及提高转换率，那么非晶硅太阳电池无疑将是太阳电池的主要发展产品之一。

2　多元化合物薄膜太阳电池

为了寻找单晶硅电池的替代品，人们除开发了多晶硅、非晶硅薄膜太阳电池外，又不断研制其他材料的太阳电池。其中只要包括砷化镓Ⅲ-Ⅴ族化合物、硫化镉及铜铟硒薄膜电池等。上述电池中，尽管硫化镉、碲化镉多晶薄膜电池的效率较非晶硅薄膜太阳电池效率高，成本较单晶硅电池较低，并且也易于大规模生产，但由于镉有剧毒，会对环境造成严重的污染，因此，并不是晶体硅太阳电池最理想的替代，砷化镓Ⅲ-Ⅴ化合物及铜铟硒薄膜电池由于具有较高的转换效率受到人们的普遍重视。GaAs 属于Ⅲ-Ⅴ族化合物半导体材料，其能隙为 1.4ev，正好为高吸收率太阳光的值，因此，是很理想的电池材料。GaAs 等Ⅲ-Ⅴ化合物薄膜电池的制备主要采用 MOPVE 和 LPE 技术，其中 MOPVE 方法制备 GaAs 薄膜电池受衬底错位、反应压力、Ⅲ-Ⅴ比率、总流量等诸多参数的影响。除 GaAs 外，其他Ⅲ-Ⅴ化合物，如：GaSb、GaInP 等电池材料也得到了开发。

3　聚合物多层修饰电极型太阳电池

在太阳能电池中以聚合物代替无机材料是刚刚开始的一个太阳电池制造的研究方向。其原理是利用不同氧化还原型聚合物的不同氧化还原电势，在导电材料（电极）表面进行多层复合，制成类似于无机 P-N 结的单向导电装置。其中一个电极的内层由还原电位较低的聚合物修饰，外层聚合物的还原电位较高，电子转移方向只能由内层向外层转移；另一个电极的修饰正好相反，并且第一个电极上两种聚合物的还原电位均高于后者的两种聚合物的还原电位。当两个修饰电极放入含有光敏化剂的电解波中时，光敏化剂吸光后产生的电子转移到还原电位较低的电极上，还原电位较低电极上积累的电子不能向外层聚合物转移，只能通过外电路，通过还原电位较高的电极回到电解液，因此，外电路中有光电流产生。由于有机材料具有柔性好，制作容易，材料来源广泛，成本低等优势，因此，对大规模利用太阳能，提供廉价电能具有重要意义。但以有机材料制备太阳电池的研究仅仅开始，不论是使用寿命，还是电池效率都不能和无机材料特别是硅电池相比，能否发展成为具有实用意义的产品，还有待于进一步研究探索。

4　纳米晶化学太阳电池

在太阳能电池中，硅系太阳能电池无疑是发展最成熟的，但由于成本居高不下，远不能满足大规模推广应用的要求。为此，人们一直不断在工艺、新材料、电池薄膜化等方面进行探索，其中最新发展的纳米 TiO_2 晶体化学能太阳电池受到国内外科学家的重视。自瑞士 Gratzel 教授研制成功纳米 TiO_2 化学太阳能以来，国内一些单位也正在进行这方面的研究。纳米晶化学太阳电池（简称 NPC 电池）是由一种在禁带半导体材料修饰、组装到另一种大能隙半导体材料上形成的，窄禁带半导体材料采用过渡金属 Ru 以及 Os 等有机化合物敏化染料，大能隙半导体材料为纳米多晶 TiO_2 并制成电极，此外 NPC 电池还选用适当的氧化还原电解质。

纳米晶 TiO_2 工作原理：染料分子吸收太阳光能跃迁到激发态，激发态不稳定，电子快递注入到紧邻的 TiO_2 导带，染料中失去的电子则很快从电解质中得到补偿，进入 TiO_2 导带中的电子最终进入导电膜，然后通过外回路产生光电流。

纳米晶 TiO_2 太阳电池的有点在于它廉价的成本和简单的工艺及稳定的性能。其光电效率稳定在 10%以上，制作成本仅为硅太阳电池的 1/5～1/10，寿命达到 20 年以上。但由于此类电池的研究和开发刚刚起步，估计在不久的将来会逐步走上市场。

9.2 通信电源发展趋势

1 高效率节能

（1）高频变化仍是电源技术发展的主流

电源技术的精髓是电能变换，即利用电能变化技术将市电或电池等，经过一次电源变换为适用于各种用电对象的二次电源。其中开关电源在电源技术中占有重要地位，从 10kHz 发展到高稳定度、大容量、小体积、开关频率达到兆赫兹级，开关电源的发展为高频变化提供了硬件基础，促进了现代电源技术的繁荣和发展。

所谓高频变化，是指靠谐振变换、移相谐振、零开关 PWM、零过渡 PWM 等电路拓扑理论和功率因数校正、有源箝位、并联均流、同步整流、高频磁放大器、高速编程、遥感遥控、微机监控等新的理论和技术来指导现代电源技术。高频化带来最直接的好处是降低原材料消耗，使得电源装置小型化，并加快系统的动态反应，推动电源进入更广阔的应用领域，特别是高新技术领域。

在高频变化的相关技术中，软开关技术、准谐振技术的研究趋于成熟稳定，具有代表性的是上述提到的谐振变换、移相谐振、零开关 PWM、零过渡 PWM 等理论，这些新技术减少了过去硬开关模式下电源设备开通时，开关器件在开关过程中电压上升/下降和电流上升/下降波形交叠产生的损耗和噪声，实现了零电压/零电流开关，降低损耗的同时提高了电源系统的稳定性和效率，同时，有源功率因数校正技术（APFC）的开发与应用，提高了 AC-DC 开关电源功率因数，既治理了电网的谐波"污染"，又提高了开关电源的整体效率。

（2）功率集成技术简化电源结构

功率集成技术简化了电源结构，使其向模块化、集成化方向发展，以高速集成的硅晶片为例，其内部元件数目就减少了 2/3 以上，结构也更加紧密，相比于分立元件的布局减小了杂散电感、分布电容及连线电阻，降低损耗的同时提高了效率。

2　网络化管理

随着互联网技术应用日益普及和信息处理技术的不断发展，通信系统从以前的单机或小局域系统逐渐发展至大局域网系统或广域网系统，这就要求保护通信互联网终端的电源设备必须具备数据处理和网络通信能力，而要通过 RS-232 接口实现网络化通信就要求电源设备必须具备以下功能。

1）具有智能型人机界面，使网络技术人员可以随时监视电源设备运行状态和各项技术参数。

2）具有各种保护、告警和数据信息储存、处理、打印等功能。

3）具有远程开关机功能，使网络技术人员可定时开关交流或备用电源。

3　全数字化控制

通信设施所处环境越来越复杂，人烟稀少、交通不便都增大了维护的难度。此时数字化技术就表现出了传统模拟技术无法实现的优势，如：对 AC/DC 整流稳压、DC/AC 逆变、SPWM、同步锁相、蓄电池的管理等。随着微处理器和监控软件的引入，采用全数字化控制技术的电源自我监控能力普遍增强，可以实时监视设备本身的各种运行参数和状态，并具备了预警功能和故障诊断功能，有效地实现了通信动力设备无人值守与远程监控，大大提高了设备的可靠性和对用户的适应性。

4　低电流谐波处理技术

在通信电源开发、生产早期、人们主要集中研究电源的输出特性，较少考虑到电源的输入特性。例如，传统的在线式电源输入 AC/DC 部分通常采用桥式整流滤波电路，其输入电流呈脉冲状，导通角约为π/3，波峰因数大于纯电阻负载的 1.4 倍。这些谐波电流大的电源给电网带来了严重的污染，使电网波形失真，实际负荷能力降低，对于三相四线制的电网来说，还很有可能因中性线电流过大而出现不安全隐患。

随着网络时代人们环保意识和安全意识的增强以及电力电子技术、功率器件的发展，低谐波输入技术正在逐渐成熟并被推广使用，通信电源中采用有源谐波处理技术已势在必行。低谐波输入不但可以改善电源对电网的负载特性，减少对其他网络设备的谐波干扰，同时也大大提高了电源的源效应。可以预见，网络时代通信电源必将逐渐发展成为低谐波输入的新一代绿色电源。

5 电池及电池组的小型化、环保化和智能化

目前电池在我们的日常生活、工作以及生产科研领域起到了越来越重要的作用。蓄电池在通信领域里作为后备电源，是确保通信设备正常运行的最后一道防线，其质量的优劣对保证后备直流电源正常运行尤为重要。随着微电子领域关键技术的突破，数字化硬件平台得到迅速发展，电池及电池组趋向于小型化、环保化和智能化，我国对于高能高效电池（包括锂离子蓄电池）、燃料电池（绿色能源）、新型材料、自动化、智能化技术以及技术标准也都加大了研究力度。

本 章 小 结

太阳光电能是干净、无污染且随手可得的能源，而且是取之不尽、用之不竭的能源。在能源逐渐短缺的今天，选择太阳光电能作为替代能源是解决能源危机的途径之一。

当入射光作用在 P—N 结时，如果光子的能量大于或等于禁带宽度（即 $hf \geqslant E_{\text{ph}}$），便会产生受激吸收，使处于价带的电子吸收能量跃迁到导带而在耗尽区里形成许多电子-空穴对，即光生载流子。光生载流子在 P—N 结的内建电场作用下，电子向 N 区漂移，空穴向 P 区漂移，于是 P 区有多余的空穴累积，N 区有多余的电子累积，形成光生电动势。接通回路，N 区多余的电子通过外部电路流向 P 区，同样，P 区的空穴流向 N 区，便形成了光生电流。当入射光变化时，光生电流亦随之做线性变化，从而把光信号转换成电信号。

太阳电池发电系统是利用光电效应原理制成的太阳电池将太阳能辐射能直接转换成电能的发电系统。它由太阳电池方阵、控制器、蓄电池组、直流/交流逆变器等部分组成。

硅系列太阳电池中，单晶硅太阳电池转换效率最高，技术也最为成熟。高性能单晶硅电池是建立在高质量单晶硅材料和相关成熟的加工处理工艺基础上的。现在单晶硅的电池工艺已近成熟，在电池制作中，一般都采用表面织构化、发射区钝化、分区掺杂等技术，开发的电池主要有平面单晶硅电池和刻槽埋栅电极单晶硅电池。

通信电源发展趋势。

1）高效率节能。

2）网络化管理。

3）全数字化控制。

4）低电流谐波处理技术。

5）电池及电池组的小型化、环保化和智能化。

习 题

一、填空题

1. 对半导体材料，电子的能级重叠在一起形成_____。其中能量低的能带称为

E_1，能量高的能带称为_____E_2，E_2 和 E_1 之间的能量差称为_____，电子不可能占据_____。

2．电子在 E_2 和 E_1 之间的跃迁有_____、_____、_____ 3 种基本方式。

3．太阳能电池发电系统由_____、_____、_____、_____等部分组成。

4．通信电源发展趋势朝：_____；网络化管理；_____；_____；电池及电池组的小型化、环保化和智能化等五个方向发展。

二、选择题

1．PN 结二极管把光信号转换为电信号的功能，是由半导体 P—N 结的（　　）效应实现的。

A．电光　　　　　　　　　　B．光电

C．磁电　　　　　　　　　　D．电磁

2．电子不可占据（　　）。

A．价带　　　　　　　　　　B．导带

C．禁带　　　　　　　　　　D．能带

3．下列对太阳电池法错误的是（　　）。

A．太阳电池的能量转换是应用 PN 结面的光电效应

B．太阳电池将太阳能辐射能直接转换成电能的发电设备

C．并非所有光子都能顺利地由太阳电池将光能转换为电能，因为在不同的光谱中光子所携带的能量不一样

D．太阳电池是利用光电受激辐射原理将光能转换成电能的

三、判断题

1．所有光子都能顺利地由太阳能电池将光能转换为电能，因为在不同的光谱中光子所携带的能量一样。　　　　　　　　　　　　　　　（　　）

2．太阳电池是将电能转换为太阳能的一种装置。　　　　　　（　　）

3．硅系列太阳电池中，单晶硅太阳电池转换效率最高，技术也最为成熟。（　　）

四、简答题

1．太阳电池的能量转换是应用 PN 结面的光电效应，那么 PN 结面是如何将光能转换成电能的？

2．太阳电池发电系统有哪几部分组成？

3．单晶硅太阳电池有什么特性？

参 考 文 献

侯振义，等．2002．通信电源站原理与设计 [M]．北京：人民邮电出版社．

冀常鹏．2010．现代通信电源 [M]．北京：国防工业出版社．

贾继伟，等．2004．通信电源的科学管理与集中监控 [M]．北京：人民邮电出版社．

李爱文．2001．现代通信基础开关电源的原理和设计 [M]．北京：科学出版社．

刘贤兴，等．2003．新型智能开关电源技术 [M]．北京：机械工业出版社．

漆逢吉，等．2008．通信电源系统 [M]．北京：人民邮电出版社．

强生泽，等．2009．现代通信电源系统原理与设计 [M]．北京：中国电力出版社．

王鸿麟，等．2001．通信基础电源 [M]．2版．西安：西安电子科技大学出版社．

武文彦，等．2009．军事通信网电源系统及维护 [M]．北京：电子工业出版社．

徐小涛，等．2009．现代通信电源技术及应用 [M]．北京：北京航空航天大学出版社．

电源技术网论坛　http://www.power-bbs.com/bbs/

美国电源协会　http://www.psma.com

通信电源技术期刊网站　http://www.tptpower.com/

网博电源工程师社区　http://www.dianyuan.com/bbs/

中国电信通电源技术网站　http://power.gsta.com/power/default.asp

中国电源网　http://www.china-power.net/

中国电源网　http://www.china-power.net/literature.

中国通信电源情报网　http://www.telepower.com.cn